COOPERACIÓN EN CIENCIAS OCEÁNICAS

LOS ESTADOS UNIDOS Y MÉXICO TRABAJANDO CONJUNTAMENTE

Grupo de Trabajo Conjunto en Ciencias Oceánicas

Ocean Studies Board
Commission on Geosciences, Environment, and Resources
National Research Council

y

Academia Mexicana de Ciencias

NATIONAL ACADEMY PRESS
Washington, D.C.

NATIONAL ACADEMY PRESS • 2101 Constitution Avenue, N.W. • Washington, DC 20418

AVISO: El objetivo del proyecto que sustenta el tema de este informe fue aprobado por la Junta de Gobierno del Consejo Nacional de Investigación de los Estados Unidos (Governing Board of the U.S. National Research Council), cuyos miembros provienen de los consejos de la Academia Nacional de Ciencias (National Academy of Sciences), la Academia Nacional de Ingeniería (National Academy of Engineering), y el Instituto de Medicina (Institute of Medicine). Este proyecto también fue aprobado por la Junta Directiva de la Academia Mexicana de Ciencias. Los miembros del grupo de trabajo responsables del informe fueron escogidos por su experiencia y capacidad, respetando un equilibrio disciplinario.

Este informe fue patrocinado por la Administración Nacional Oceánica y Atmosférica (National Oceanic and Atmospheric Administration) y por la Fundación Nacional de Ciencia (National Science Foundation) en los Estados Unidos, y a través de fondos provenientes del Consejo Nacional de Investigación y de la Academia Mexicana de Ciencias. Los puntos de vista expresados en este trabajo son exclusivos de los autores y no necesariamente reflejan aquellos de los patrocinadores.

Esta traducción ha sido hecha procurando apegarla al texto original en inglés.

Número de Catálogo en la Biblioteca del Congreso 97-68979
International Standard Book Number 0-309-05881-3

Copias adicionales de este informe están disponibles en:

National Academy Press
2101 Constitution Avenue, N.W.
Box 285
Washington, D.C. 20055
800-624-6242
202-334-3313 (en el área metropolitana de Washington, D.C.)
http://www.nap.edu

GRUPO DE TRABAJO NRC-AMC SOBRE CIENCIAS OCEÁNICAS

AGUSTÍN AYALA-CASTAÑARES *(Copresidente)*, Instituto de Ciencias del Mar y Limnología, Universidad Nacional Autónoma de México, México, D.F.

ROBERT A. KNOX *(Copresidente)*, Universidad de California, San Diego

J. EDUARDO AGUAYO-CAMARGO, Instituto de Ciencias del Mar y Limnología, Universidad Nacional Autónoma de México, México, D.F.

M. ELIZABETH CLARKE (hasta Septiembre, 1996), Universidad de Miami, Florida

DANIEL COSTA, Universidad de California, Santa Cruz

ELVA G. ESCOBAR-BRIONES, Instituto de Ciencias del Mar y Limnología, Universidad Nacional Autónoma de México, México, D.F.

D. JOHN FAULKNER, Universidad de California, San Diego

ARTEMIÓ GALLEGOS-GARCÍA, Instituto de Ciencias del Mar y Limnología, Universidad Nacional Autónoma de México, México, D.F.

GERARDO GOLD-BOUCHOT, Centro de Investigaciones y de Estudios Avanzados del Instituto Politécnico Nacional, Unidad Mérida, Mérida, Yucatán

EFRAÍN GUTIÉRREZ-GALÍNDO, Universidad Autónoma de Baja California, Ensenada, B.C.

ADRIANA HUYER, Universidad Estatal de Oregon, Corvallis

DALE C. KRAUSE, Universidad de California, Santa Barbara

DANIEL LLUCH-BELDA, Centro Interdisciplinario de Ciencias Marinas, Instituto Politécnico Nacional, La Paz, Baja California Sur

CHRISTOPHER S. MARTENS, Universidad de Carolina del Norte, Chapel Hill

MARIO MARTÍNEZ-GARCÍA, Centro de Investigaciones Científicas del Noroeste, S.C., La Paz, Baja California Sur

CHRISTOPHER N.K. MOOERS, Universidad de Miami, Florida

JOSÉ LUIS OCHOA DE LA TORRE, Centro de Investigación Científica y de Educación Superior de Ensenada, Ensenada, Baja California

GILBERT T. ROWE, Universidad de Texas A&M, Texas

LUIS A. SOTO, Instituto de Ciencias del Mar y Limnología, Universidad Nacional Autónoma de México, México, D.F.

FRANCISCO VICENTE-VIDAL LORANDÍ, Dirección de Posgrado e Investigación, Instituto Politécnico Nacional, Cuernavaca, Morelos

VÍCTOR MANUEL VICENTE-VIDAL LORANDÍ, Dirección de Posgrado e Investigación, Instituto Politécnico Nacional, Cuernavaca, Morelos

Staff
EDWARD R. URBAN, JR., Director del Estudio
JENNIFER WRIGHT, Asistente del Proyecto

La Academia Nacional de Ciencias es una asociación privada, no lucrativa y auto-sustentable, formada por distinguidos acádemicos comprometidos con la investigación científica e ingenieril, dedicados a la promoción de la ciencia y la tecnología y su uso para el bienestar general. Con la autoridad que le fue conferida en su acta constitutiva, por el Congreso en 1863, la Academia tiene un mandato que le demanda asesorar al gobierno federal en materia científica y tecnológica. El Dr. Bruce Alberts es el presidente de la Academia Nacional de Ciencias.

La Academia Nacional de Ingeniería fue establecida en 1964, bajo el acta constitutiva de la Academia Nacional de Ciencias, como un organismo paralelo de ingenieros destaca-dos. Es autónoma en su administración y en la selección de sus miembros, y comparte, junto con la Academia Nacional de Ciencias la responsabilidad de asesorar al gobierno federal. La Academia Nacional de Ingeniería también patrocina programas de ingeniería dirigidos a satisfacer necesidades nacionales, fomenta la educación y la investigación, y reconoce los logros sobresalientes de los ingenieros. El Dr. William Wulf es presidente de la Academia Nacional de Ingeniería.

El Instituto de Medicina fue establecido en 1970 por la Academia Nacional de Ciencias para obtener los servicios de miembros eminentes de profesiones capacitadas en el examen de las políticas relacionadas con la salud pública. El Instituto actúa bajo la responsabilidad dada a la Academia Nacional de Ciencias, mediante su acta congresional, para ser asesor del gobierno federal y, bajo su propia iniciativa, para identificar asuntos de atención, investiga-ción y educación médicas. El Dr. Kenneth I. Shine es presidente del Instituto de Medicina.

El Consejo Nacional de Investigación fue organizado por la Academia Nacional de Ciencias en 1916 para vincular a la comunidad de ciencia y tecnología con los propósitos de la Academia de promover el conocimiento y asesorar al gobierno federal. Funcionando de acuerdo con las políticas generales determinadas por la Academia, el Consejo se ha convertido en la principal agencia operadora tanto de la Academia Nacional de Ciencias como de la Academia Nacional de Ingeniería para proveer servicios al gobierno, al públi-co, y a las comunidades científicas y de ingeniería. El Consejo es administrado conjunta-mente por ambas Academias y el Instituto de Medicina. El Dr. Bruce Alberts y el Dr. William Wulf son el presidente y vice-presidente, respectivamente, del Consejo Nacional de Investigación.

La Academia Mexicana de Ciencias (AMC), anteriormente la Academia de la Investi-gación Científica (AIC), es una asociación independiente, no lucrativa, fundada en 1959, a la cual están afiliados de manera individual distinguidos científicos mexicanos. La Aca-demia Mexicana de Ciencias se ha dedicado al desarrollo de la investigación científica en México y a la consolidación de la comunidad académica nacional. La AMC ha abogado porque la producción de conocimiento siempre sea para el beneficio de la humanidad y para la preservación del ambiente, mientras asegura que la actividad científica sea gober-nada por los principios éticos del bien común. El compromiso de la AMC con la nación mexicana es promover el diálogo entre los científicos y los miembros de la sociedad civil y las autoridades estatales para la evaluación y solución de los problemas nacionales. El Dr. Francisco Bolívar Zapata es su presidente.

La Fundación Nacional de Investigación (FNI) es un consorcio de tres Academias Mexicanas, a saber: la Academia Mexicana de Ciencias, la Academia Mexicana de Medi-cina y la Academia Mexicana de Ingeniería. El FNI es un organismo auxiliar que sirve como el brazo operador de las tres academias para llevar a cabo estudios conjuntos con expertos mexicanos y extranjeros.

Agradecimiento a los Revisores

El borrador de este informe ha sido revisado por personas elegidas dadas sus diversas perspectivas y experiencia técnica, de acuerdo con los procedimientos aprobados por el Comité de Revisión de Informes del Consejo Nacional de Investigación. El propósito de esta revisión independiente fue el de proporcionar comentarios críticos y sinceros que ayudasen al Consejo Nacional de Investigación a publicar un informe tan válido como fuese posible para asegurar que éste cumpliese con los estándares institucionales de objetividad, evidencia, y sensibilidad al propósito encomendado. Para proteger la integridad del proceso de deliberación los comentarios de la revisión del borrador serán confidenciales. Deseamos agradecer a las siguientes personas, por su participación en la revisión de este informe:

Robert Dunbar, Universidad Stanford
J. Frederick Grassle, Universidad Rutgers
Robert Herzstein, Shearman y Sterling, Washington, D.C.
John Knauss, Instituto Oceanográfico de Scripps/Universidad de Rhode Island
Thomas Malone, Universidad Estado de Carolina del Norte
Bruce Phillips, Universidad Curtin de Technologíca, Perth, Australia
Alberto Zirino, Centro Naval de Systemas Oceanicas, San Diego

El informe también fue revisado por otras tres personas, incluidos dos revisores mexicanos, quienes desearon permanecer en el anonimato. Aunque las personas nombradas anteriormente han aportado muchos comentarios y sugerencias constructivas, debe enfatizarse que la responsabilidad sobre el contenido final de este informe descansa enteramente en el comité autoral y el Consejo Nacional de Investigación.

Prefacio

Nos es muy grato el presentar el siguiente informe del Grupo de Trabajo Conjunto en Ciencias Oceánicas (JWG) el cual surge de la colaboración entre la Academia Mexicana de Ciencias (AMC) y el Consejo Nacional de Investigación (National Research Council) de los Estados Unidos. Este trabajo integra el resultado de los esfuerzos de cooperación de los científicos marinos de México y los Estados Unidos durante un período de dos años y medio. El informe es publicado tanto en español como en inglés con el propósito de que esta información sea accesible a los científicos de ambas naciones. Creemos que este informe proveerá los fundamentos para acrecentar la cooperación entre los científicos marinos y los funcionarios encargados de promover las políticas marinas binacionales tanto en México como en los Estados Unidos, para el beneficio de los ciudadanos de ambos países.

Ha sido valioso el trabajar juntos, como colegas, y haber tenido la oportunidad de identificar temas científicos promisorios que serían mejor explorados mediante actividades científicas binacionales. También fuimos desafiados por los asuntos sociales y ambientales de las ciencias del mar en ambas naciones, cuya solución requerirá de una fuerte capacidad científica interactiva binacional. Esperamos que este sea sólo el principio de una cooperación binacional más fuerte. Es alentador el ver a miembros del JWG encabezar el camino de la cooperación binacional al invitar a la participación en un crucero de investigación, al ser anfitrión de científicos en su año sabático, y al organizar conjuntamente una conferencia multinacional enfocada al Golfo de México. Esperamos que este informe aliente la multiplicación de estas actividades.

Extendemos nuestros agradecimientos a todos los miembros del JWG, quienes trabajaron con gran diligencia en la realización de este informe. Un agradecimiento especial para Edward Urban, director del estudio en la Junta Directiva de Estudios del Océano, sin cuyo extraordinario y tenaz trabajo, paciencia y diligencia este informe no se hubiese concluido. El JWG también extiende su agradecimiento a los patrocinadores de este estudio: a la Academia Mexicana de Ciencias en México, a la Administración Nacional Oceánica y Atmosférica y a la Fundación Nacional de Ciencia en los Estados Unidos.

AGUSTÍN AYALA-CASTAÑARES
Co-presidente por México

ROBERT A. KNOX
Co-presidente por
los Estados Unidos

Contenido

RESUMEN EJECUTIVO   1

1 INTRODUCCIÓN   7

2 EJEMPLOS DE PROYECTOS Y PROGRAMAS
  CIENTÍFICOS PROMISORIOS   16
  Regiones del Océano Pacífico y del Golfo de California, 17
    Escenario Oceanográfico, 17
    Variabilidad Pesquera, 22
    Mamíferos y Aves Marinas, 28
    Sedimentos Laminados Controlados por el Clima, 31
    Contaminación Marina, 31
    Transporte de los Sedimentos en el Alto Golfo de California, 33
    Desarrollo Tectónico de la Provincia Marginal Continental de California
      y del Golfo de California, 34
    Sistemas de Ventilas Hidrotermales, 38
  El Mar Intra-Americano, 42
    Introducción, 42
    Física del Mar Intra-Americano, 47
    Acoplamiento Biofísico, 55
    Biología del Mar Intra-Americano, 59
    Dinámica Sedimentaria e Impacto Ambiental en las Zonas Costera y
      Oceánica del Golfo de México, 62
    Manifestaciones Asociadas con el Petróleo y el Gas en el sur del Golfo
      de México, 63
    Calidad del Ambiente Marino, 63
  Productos Marinos Naturales, 67
    Conservación de la Diversidad Biológica Marina, 68
    Biotecnología Marina, 70

Cambios Climáticos Regionales, 71

3 ACCIONES PARA MEJORAR LA COOPERACIÓN E INFLUIR
   EN EL ESTABLECIMIENTO DE POLÍTICAS EN EL CAMPO DE LAS
   CIENCIAS OCEÁNICAS   73
   Formación de los Recursos Humanos y de sus Capacidades, 74
     Educación al Nivel de Maestría, Doctorado y Posdoctorado, 75
     Educación Continua de Científicos Universitarios y
       Gubernamentales y los Intercambios Binacionales, 77
   Infraestructura Científica, 78
     Recursos Fiscales, 79
     Recursos Físicos, 80
   Cooperación Mexicano-Estadounidense en Programas Internacionales
       Importantes Sobre las Ciencias Oceánicas, 85
   Sistemas Regionales y Globales de Observación Oceánica, 86
   Acontecimientos Científicos y Publicaciones, 88
   Fuentes Potenciales de Financiamiento para Actividades Binacionales, 90

4 HALLAZGOS Y RECOMENDACIONES   93
   Investigaciónes Binacionales y Multinacionales, 93
     Programas Vigentes, 97
     Financiamiento Multinacional, 98
     Mecanismos para Proyectos Binacionales, 99
     Actividades Científicas Trilaterales, 100
   Intercambios y Concientización, 101
     Cuestiones Relacionados con las Publicaciones, 102
     Agencia Oceánica Mexicana, 103
     Componente Oceánico de la Academia Mexicana de Ciencias (AMC)
       o de la Fundación Nacional de Investigación (FNI), 105
   Capacidad Científica, 106
   El Papel de la Industria, 107
   Infraestructura Observacional, 108
     Observaciones e Instrumentos, 108
     Buques, 108
     Sistemas de Observación, 109

REFERENCIAS   111

APÉNDICES   127

A Acuerdo de la AMC-NRC para Crear un Grupo de Trabajo Conjunto sobre
     Ciencias Oceánicas, 129
B Biografías de los Miembros del Grupo de Trabajo Conjunto, 131
C Definición de Acronismos, 137

Resumen Ejecutivo

México y los Estados Unidos tienen una larga historia de interacciones económicas, políticas y sociales. Estos dos países, en virtud de su relación geográfica y económica, tienen muchos intereses comunes y destinos vinculados. Más aún, México y los Estados Unidos tienen áreas costeras y oceánicas adyacentes en el Océano Pacifico, el Golfo de México y el Mar Caribe. Las corrientes oceánicas, los procesos de mezcla a gran escala en cada región y la migración animal conectan indivisiblemente a estas regiones oceánicas. Desafortunadamente, las fronteras políticas nacionales y las diferencias culturales forman barreras artificiales para la cooperación en las ciencias marinas y en la solución de problemas relativos a los recursos vivos y a la calidad del ambiente. En las áreas costeras compartidas, así como en las aguas internacionales adyacentes, las acciones tomadas por una nación afectan a la otra, y el conocimiento obtenido por los investigadores de una nación puede ayudar a resolver los problemas en la otra. Ejemplos de asuntos marinos que afectan tanto a los Estados Unidos como a México incluyen la administración de la pesca comercial y recreativa, la protección de aves y mamíferos marinos, la cantidad y calidad del agua, el desarrollo de la industria petrolera y del gas natural, el desarrollo turístico y comercial, la diversidad biológica, y la administración de la zona costera. Manejar y proteger los recursos marinos compartidos y resolver los problemas ambientales comunes requerirá de una más fuerte cooperación binacional en educación, investigación, monitoreo, modelación y administración.

A pesar del ímpetu natural por conjuntar actividades en áreas oceánicas y costeras compartidas, ha habido una relativamente limitada cooperación en asuntos oceánicos entre México y los Estados Unidos. La carencia general de actividades de cooperación ha sido (en parte) a causa de que sólo se ha puesto una menor atención a tal cooperación por parte de los gobiernos de ambas naciones, posiblemente por una falta de apreciación de las ventajas nacionales que se devengarían de los esfuerzos binacionales. Adicionalmente, la barrera del idioma, la diferencia en el desarrollo de la infraestructura científica y los recursos humanos y la desproporción en el financiamiento han dificultado la cooperación.

Para disminuir o eliminar algunas de las barreras que separan a los científicos marinos en México y los Estados Unidos y para promover las ciencias oceánicas binacionales, representantes de la Academia Mexicana de Ciencias (AMC, anteriormente la Academia de la Investigación Científica) y el Consejo Nacional de Investigación (National Research Council [NRC]) de los Estados Unidos se reunieron en 1994. En ese encuentro, los participantes discutieron un proyecto interacadémico para distinguir los beneficios que se obtendrían al incrementar la interacción binacional en las ciencias oceánicas, describir los temas potenciales para la investigación conjunta, identificar las barreras para la cooperación en investigación, y sugerir caminos para disminuir estas barreras. Los participantes del encuentro discutieron la necesidad de una mayor cooperación entre los científicos del océano de México y los Estados Unidos y concordaron en formar un grupo interacadémico para explorar los intereses de investigación comunes (véase el Apéndice A para la revisión del Acuerdo). Tanto el NRC como la AMC formaron cada uno un comité de científicos, patrocinados y administrados separadamente, y que juntos fungieron como el JWG sobre Ciencias Oceánicas de la AMC y del NRC (véase el Apéndice B para la revisión de las biografías de los miembros del JWG). Este informe ofrece ejemplos relevantes de investigación que podrían ser realizados binacionalmente en el Océano Pacífico/Golfo de California y en el Golfo de México/Mar Caribe.

En el Océano Pacífico, hay importantes preguntas de investigación relacionadas con las causas de las variaciones regionales en la abundancia de peces, particularmente la influencia de los procesos físico-oceánicos y sus efectos en los grandes depredadores tales como los mamíferos y las aves marinas. Existen evidencias de que el régimen físico-biológico del Sistema de la Corriente de California, probablemente en respuesta a las variaciones climáticas globales, varía alternativamente entre los regímenes biológicos e hidrográficos, evidenciado, por ejemplo, por los cambios en el dominio del nivel medio de los ecosistemas por parte de las sardinas o las anchovetas. Igualmente, en relación con el clima, tanto la Provincia Marginal Continental de California como el Golfo de California proveen la oportunidad de estudiar anteriores condiciones climáticas a través del análisis de los sedimentos laminados cuya acumulación está afectada por el clima.

Aunque el Golfo de California se localiza enteramente dentro las fronteras de México, los Estados Unidos tienen un efecto determinante sobre este golfo debido a la reducción de la cantidad y la calidad del agua que descargan por la cabeza del golfo a través del Río Colorado, al igual que por el gran impacto de los turistas estadounidenses en la región. Adicionalmente, las costas del Pacífico y del

Golfo de California están físicamente conectadas y comparten muchas características físicas, biológicas y geológicas. La Provincia Marginal Continental de California y el Golfo de California tienen una evolución tectónica compartida, por lo que la investigación geológica y geofísica moderna de estas dos regiones ayudaría a resolver problemas de un profundo significado científico. Un número de temas de investigación específicos del Golfo de California son interesantes e importantes para la sociedad, por ejemplo, el transporte de materia a través de la plataforma continental del Golfo de California, la tectónica y la geología del golfo, y los sistemas de ventilas hidrotermales bloqueados por sedimentos que existen en esta región.

Los Estados Unidos y México colindan con el Golfo de México. Debido a la naturaleza semi-cerrada de esta cuenca, las actividades de ambas naciones pueden tener efectos significativos y duraderos en el ambiente marino no solamente dentro de la cuenca, sino también aguas arriba a lo largo de la Costa Este de los Estados Unidos y posiblemente aguas abajo en las costas del Caribe debido a la recirculación de masas de agua. El Sistema de las Corrientes del Lazo y Florida, integra a la Corriente de Yucatán, y une a la Península de Yucatán con el sur de Florida. La región del Golfo de México-Mar Caribe constituye una ubicación lógica para la instauración de un sistema de observación regional oceánico, con redes coordinadas de comunicación para la investigación y la educación pública, y programas binacionales de investigación a gran escala. Se requiere de investigación para entender las conexiones entre los procesos físicos en esta zona del océano (circulación, la Corriente del Lazo, la dinámica de vórtices y los intercambios de masas de agua) y la pesca, el clima continental, y los riesgos naturales. También son importantes las actividades científicas relacionadas con la exploración y explotación del petróleo y del gas natural, los impactos del petróleo y de otros contaminantes sobre los organismos marinos y los humanos, la ecología de los hidrocarburos y las infiltraciones salinas. Finalmente, la destrucción del hábitat y los cambios en la diversidad biológica, que resultan de las actividades humanas a través de la región, se traducen en importantes impactos sociales. La administración y mitigación de tales impactos humanos pueden alcanzarse mejor mediante políticas basadas en información científica completa y precisa, con modelos apropiados, y con la correcta aplicación de la información disponible.

Nuestras áreas oceánicas combinadas son ricas en vida marina, especialmente en especies de invertebrados. Estudios distribuidos mundialmente han demostrado que los invertebrados marinos producen una amplia gama de productos bioquímicos que pueden ser útiles para los humanos. El campo de los productos químicos marinos naturales ha sido desarrollado para buscar esos componentes útiles, entender sus funciones naturales, y predecir su potencial comercial. En la exploración y desarrollo de los productos naturales marinos hay un potencial substancial para la colaboración entre los Estados Unidos y México.

No obstante el gran potencial científico de las áreas arriba descritas, se deben tomar un número de acciones para hacer más efectiva la investigación en colaboración, para mejorar el alcance de las ciencias marinas, y para fortalecer las asociaciones entre México y los Estados Unidos. Mayor importancia tendría el fortalecer la infraestructura de las ciencias marinas en México, pues incrementaría la capacidad de los científicos mexicanos para colaborar con científicos de otras naciones. Los medios principales para lograr esta meta son: (1) la investigación conjunta y (2) el intercambio de personal para su educación y capacitación. Los intercambios podrían incluir a estudiantes, miembros del personal académico, técnicos, y funcionarios de gobierno. Igualmente se podrían incluir consultas regulares de academia a academia con respecto a los asuntos de las ciencias oceánicas, mayor difusión e intercambio de información y simposios científicos enfocados a las ciencias oceánicas binacionales. En la actualidad, la falta de un enfoque institucional de las ciencias oceánicas en México dificulta la cooperación entre ambas naciones. El gobierno federal mexicano debería examinar los méritos de crear una agencia responsable de sus asuntos marinos y de sus servicios de información oceánica, incluyendo a las ciencias y la tecnología del océano, ya sea mediante una nueva agencia o insertándola en otra ya existente. Dicha entidad sería capaz de cooperar con las agencias de los Estados Unidos, como la Administración Nacional Oceánica y Atmosférica (National Oceanic and Atmospheric Administration), y podría coordinar la aplicación de la ciencia del océano a las necesidades ambientales y sociales de México. De la misma manera, la AMC (o su brazo operativo, la Fundación Nacional de Investigación) debería evaluar las ventajas de crear la contraparte mexicana a la Junta Directiva de Estudios Oceánicos (Ocean Studies Board) para facilitar la frecuente comunicación interacadémica sobre asuntos marinos de interés binacional y atender las necesidades mexicanas sobre la ciencia del océano.

Adicionalmente al fortalecimiento de la "infraestructura" humana, la infraestructura física de las ciencias marinas debería de compartirse en el corto plazo para ventaja mutua entre México y los Estados Unidos. Igualmente, a largo plazo, la infraestructura mexicana en las ciencias oceánicas deberá ser construida para alcanzar una capacidad autosostenible. Dichas capacidades son importantes tanto para facilitar la cooperación de científicos mexicanos del océano, con sus colegas de los Estados Unidos y de otras naciones, como para permitir que los científicos mexicanos respondan de manera más efectiva a los retos y oportunidades oceanográficas de su nación.

Para desarrollar un mejor entendimiento de los procesos oceánicos y de las actividades humanas que pueden afectar estos procesos, las agencias que financian la investigación básica y aquella orientada a misiones específicas en ambas naciones deberán sostener un nivel de apoyo apropiado para el desarrollo de nuevas técnicas oceánicas observacionales. El compartir de una forma bien coordinada la infraestructura física aumentaría la efectividad y la utilización del instrumental desarrollado. Ejemplos representativos incluyen el mejor uso del "tiempo ocioso" de buques oceanográficos o de instrumentos caros y la provisión o el préstamo de esta herramienta de un país al otro para su uso en la investigación de campo y de laboratorio. Las instituciones paraestatales en ambas naciones deberían pugnar por sostener un balance adecuado de gastos relativos a la construcción, al mantenimiento y la operación de buques. Construir buques oceanográficos sin suministrar fondos adicionales para su mantenimiento y la investigación que los utiliza resulta en una subutilización y derroche de los recursos navieros. En el caso mexicano, se debería buscar un balance entre los fondos para la investigación, la conservación y operación de los buques existentes. Incluir a participantes mexicanos en las actividades de organización, planeación y capacitación del Sistema Nacional Universitario de Laboratorios Oceanográficos Norteamericanos podría ser mutuamente benéfico para ambas naciones, pues haría que la operación de los barcos fuese más compatible y permitiría transferir la extensa experiencia de los operadores y técnicos de los barcos de los Estados Unidos a sus contrapartes mexicanos. Las agencias y científicos mexicanos y estadounidenses deberían cooperar en el establecimiento de sistemas coordinados de observación en aguas compartidas y adyacentes, mismos que realzarían y sustentarían los esfuerzos de monitoreo oceánico de importancia regional y también servirían como partes integrales de un sistema global de observación oceánico.

Perseguir la investigación binacional, incrementar la cooperación, y construir la infraestructura necesaria dependerá de la inversión de recursos adecuados. Las significativas oportunidades científicas y las necesidades sociales relacionadas con la investigación oceánica binacional aquí descritas indican los importantes beneficios que se podrían devengar si los dos gobiernos federales dedicasen mayores recursos a la ciencia oceánica binacional y procediesen a iniciar la planeación de actividades conjuntas en las ciencias marinas. Una mayor cooperación resultaría si los fondos fuesen proveídos por los gobiernos de los Estados Unidos y México para una total participación de sus científicos en las investigaciones propuestas por éstos en las aguas contiguas de ambas naciones. En la actualidad los financiamientos para las actividades de la ciencia marina binacional son extremadamente limitados. Sería apropiado para las agencias gubernamentales, las fundaciones y los sectores industriales de ambas naciones, el dedicar recursos para la investigación marina, usando los mecanismos existentes tales como la Fundación para la Ciencia Estados Unidos-México, designando fondos específicos para ser distribuidos a través de los canales existentes, o creando nuevos vehículos para financiar actividades conjuntas.

Para reducir la probabilidad de malentendidos y de expectativas incumplidas en el desarrollo de investigaciones conjuntas, es crucial dedicar esfuerzos concretos para especificar acuerdos (por adelantado) acerca de obligaciones, responsabilidades, autorías conjuntas o separadas de publicaciones, créditos, derechos de patentes y programas de investigación. También es importante formar un marco ético y legal que rija las colaboraciones balanceadas en ciencia conjunta, el cual a su vez estará supeditado a los ideales contenidos en el tratado de las Leyes del Mar y de otras leyes internacionales y estándares éticos relevantes de conducta científica.

La mayoría de las recomendaciones contenidas en este informe requieren instrumentación por parte de las agencias federales de los Estados Unidos y México. Sin embargo, algunas de las recomendaciones también son aplicables a fundaciones privadas, agencias estatales, instituciones académicas y de investigación, e individualmente a científicos del océano, sociedades científicas y/o academias nacionales de las dos naciones. La información contenida en este informe puede servir como fundamento y estímulo para una nueva era de cooperación entre científicos del océano de los Estados Unidos y México y así podría resultar en avances científicos significativos, en el uso más efectivo y cuidadoso de los recursos naturales marinos, y en el mejoramiento de la protección del ambiente marino de ambas naciones.

1

Introducción

México y los Estados Unidos comparten una frontera terrestre común a lo largo de aproximadamente 3,000 kilómetros. Las áreas costeras y oceánicas compartidas por las dos naciones en el Golfo de México y el Océano Pacífico, donde las actividades de una nación impactan a la otra, son igualmente importantes (figura 1.1). Una tercera área marina, el Golfo de California, se encuentra totalmente dentro de los linderos de México pero está significativamente afectada por las actividades en los Estados Unidos a través de la influencia del Río Colorado y el impacto del turismo estadounidense alrededor del golfo. El Mar Caribe representa una cuarta área marina de gran importancia para ambas naciones, toda vez que el Golfo de México se ve afectado por los procesos del Mar Caribe y ambos países tienen áreas costeras limitadas por este mar. Por lo anterior, México y los Estados Unidos deberían cooperar entre sí, al igual que con otras naciones del Caribe, para mejorar el entendimiento del medio ambiente marino en la región.

Las áreas oceánicas separadas por la frontera Estados Unidos-México, aunque políticamente distintas, son en realidad sistemas naturales unificados. Ambas naciones indudablemente harán mayor uso de sus recursos marinos, vivientes e inertes, pero esperamos que esta utilización fuese racional y sustentable. Dicho desarrollo presenta oportunidades y responsabilidades únicas para la investigación binacional que podrían hacer posible un desarrollo razonable y sustentable que construyese vínculos humanos más cercanos a través de la frontera política.

En los años setenta, fue claro para todos los países en vías de desarrollo que necesitaban participar efectivamente en la Tercera Conferencia de las Naciones Unidas sobre las Leyes del Mar (UNCLOS). Estas naciones también se percataron de sus serias deficiencias en infraestructura, experiencia y conocimiento dentro de las ciencias marinas para poder funcionar y cumplir con las responsabilida-

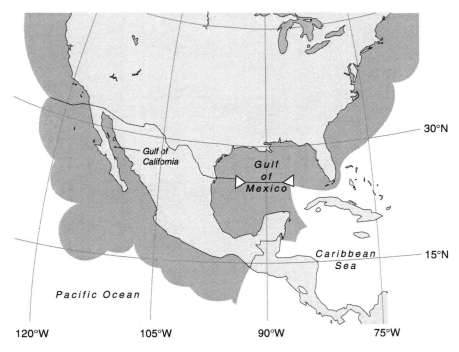

FIGURA 1.1   Vista global de las áreas costeras y oceánicas de los Estados Unidos y México a las que se refiere el informe.   Se muestran los límites aproximados de las zonas económicas exclusivas de las dos naciones.   FUENTE: Modificado de Ross y Fenwick (1992).

des definidas por la Tercera Convención de las Naciones Unidas sobre las Leyes del Mar (CONVEMAR).   Para prepararse en la implementación de la CONVE-MAR muchos países costeros y en vías de desarrollo hicieron significativas inversiones en ciencias marinas durante los años 70.

Como otras naciones costeras en desarrollo, México siguió este curso.   Circunstancia muy diferente a lo ocurrido en los Estados Unidos.   En los años 70, México financió proyectos conjuntos con recursos del Programa de las Naciones Unidas para el Desarrollo (PNUD), con fondos nacionales y, en un menor nivel, a través de préstamos del Banco Mundial y de otros bancos.   Todas estas entidades orientaban su financiamiento hacia el desarrollo de infraestructura física y de recursos humanos, fue así que México enfatizó estos aspectos de su desarrollo. Había relativamente poco financiamiento disponible, de fuentes internacionales, para la investigación.   Por ejemplo, la Agencia para el Desarrollo Internacional (AID) enfocaba su apoyo hacia programas para el desarrollo de infraestructura, en contraposición a financiar la investigación científica básica.   Sin embargo, había un compromiso subyacente que suponía que los países en desarrollo proveerían recursos propios para la investigación una vez que la infraestructura básica fuese establecida.

En los años 70, México hizo una gran inversión en ciencias marinas. A principios de la década, una política de mediano a largo plazo reunió al gobierno federal, a los gobiernos estatales, a las universidades y a las instituciones de investigación. Un gran número de expertos y profesores extranjeros visitantes participaron. México financió un gran número de becas de posgrado para estudiantes mexicanos en diversas instituciones de México y del extranjero (por ejemplo en los Estados Unidos, Canadá, España, Francia, Bélgica, Holanda, Alemania, Israel, Noruega, Suecia, la Unión Soviética, Japón, Australia y Chile), la mayoría con fondos mexicanos y con apoyos adicionales del PNUD. Estas becas tuvieron como propósito construir, al nivel de doctorado, la masa crítica fundamental de recursos humanos. Otras inversiones fueron destinadas a fortalecer las instituciones ya existentes, a crear nuevos centros de investigación en diferentes partes del país, y para comprar equipo y construir infraestructura de acuerdo con las necesidades nacionales y compromisos internacionales.

La Conferencia UNCLOS culminó en 1982 con la aprobación de la Convención de las Leyes del Mar y empezó así su proceso de ratificación. Casi simultáneamente, el mundo, especialmente en los países en vías de desarrollo, se hundió en una crisis de deuda internacional. En 1994, culminó la ratificación de la CONVEMAR y la Convención de la CONVEMAR entró en vigor. A causa de la crisis de la deuda externa mexicana, fue difícil obtener fondos significativos para la investigación en México y la ciencia marina mexicana se encontraba en desventaja al tiempo que en los Estados Unidos se hacían avances significativos en el financiamiento de las ciencias oceánicas.

Para aminorar esta situación se formó una asociación trilateral entre la Universidad Nacional Autónoma de México (UNAM), el Consejo Nacional de Ciencia y Tecnología (CONACyT) y Petróleos Mexicanos (PEMEX). Ésta incluía la operación y mantenimiento de dos buques mexicanos para la investigación, en alta mar, y les permitió a los oceanógrafos mexicanos la oportunidad de participar en el desarrollo de la investigación en mar abierto. La asociación trilateral fue un gran paso adelante y un éxito nacional único. Después de firmar el acuerdo, comenzó la parte más difícil: desarrollar el conocimiento necesario sobre la ciencia del océano en las instituciones mexicanas, fortalecer la infraestructura física para las ciencias oceánicas y establecer mecanismos adecuados de evaluación por arbitraje.

Los tres socios tuvieron preocupaciones financieras y una falta de entendimiento de que la investigación en mar abierto sólo puede realizarse con apoyo financiero ininterrumpido. Desafortunadamente, como resultado de la crisis de la deuda, este proyecto perdió su soporte político y presupuestario. Con el disminuido acceso a los buques para la investigación, el apoyo a las ciencias oceánicas mexicanas se volvió más difícil. Entre las décadas 80 y 90, los esfuerzos mexicanos en las ciencias oceánicas continuaron bajo condiciones presupuestales deprimidas. Sin embargo, durante este tiempo México participó en varias actividades y eventos oceanográficos internacionales, tales como ser anfitrión de la Asamblea Oceanográfica Conjunta realizada en Acapulco, México en 1988, de la cual resultó *Oceanografía 1988* (Ayala-Castañares et al., 1989).

Los esfuerzos y la inversión Mexicana en desarrollo oceanográfico desde 1970 hasta 1990 no fueron unilaterales; ocurrieron como una respuesta a la urgente necesidad geopolítica de México por establecer los medios para ejercer sus derechos soberanos y para sostener los recursos dentro de sus aguas territoriales y jurisdiccionales. Se puede encontrar más información sobre estos aspectos en Ayala-Castañares y Escobar (1996).

La importancia concedida a los asuntos relacionados con las costas y los océanos difiere entre los Estados Unidos y México de manera significativa. En los Estados Unidos, la densidad de la población costera está creciendo de manera más rápida que en las partes interiores de ese país y una alta proporción (45%) de la población de los Estados Unidos vive en condados costeros (Administración Nacional Oceánica y Atmosférica, 1990). La población mexicana y su historia moderna se han concentrado en el interior del país, el cual es geográficamente más frío y más conducente a la agricultura. Los Estados Unidos siempre han sido una nación marítima. Esta característica ha influido de forma importante en su desarrollo nacional y en el uso de sus recursos; desde las rutas marítimas comerciales de la Colonia hasta las actividades navales de la Guerra Fría. México ha estado mucho más enfocado hacia el desarrollo de sus recursos terrestres del altiplano y aquellos cercanos a sus costas.

Estas diferencias en historia, tradiciones marítimas, modelos comerciales y de desarrollo han afectado el enfoque y la planeación marítima en los dos países. Por ejemplo, el reconocimiento del valor de las ciencias marinas y de la educación marina como necesario para la toma de decisiones dentro del contexto más amplio de las políticas gubernamentales y nacionales, aunque relativamente modesto en los Estados Unidos, ha sido aún más modesto en México. La ubicación de plantas eléctricas en las áreas costeras de México es considerada altamente apropiada y menos sujeta a reacciones adversas por la ciudadanía local que en los Estados Unidos. Contrariamente, hay sectores en la vida nacional mexicana en los que relevantes asuntos relacionados con el océano tienen la misma importancia como en los sectores correspondientes de los Estados Unidos, aunque en ocasiones no lo reconozcan los responsables de la toma de decisiones en México. Por ejemplo, el desarrollo de una economía turística muy importante para México, ha sido posible gracias a la ocurrencia de ecosistemas arrecifales, tropicales y subtropicales, relativamente vírgenes, pero exquisitamente sensibles. Asímismo, la producción de petróleo y gas natural en alta mar constituye una importante componente de la economía mexicana y representa un estímulo decisivo para el desarrollo nacional. Esta industria depende del conocimiento generado por geólogos marinos para la exploración y de información de biólogos, químicos y físicos marinos para asegurar que las actividades desarrolladas no dañen el medio ambiente marino.

Estas diferencias económicas, históricas y culturales entre las dos naciones conllevan a diferencias en el enfoque de las prioridades requeridas para responder a los problemas ambientales marinos y se reflejan en el nivel de recursos dedicados al apoyo de las ciencias oceánicas, imprescindible para entender tales problemas. No obstante estas diferencias, el océano ignora las fronteras nacionales. México y los Estados Unidos están inextricablemente unidos en la búsqueda de soluciones científicas para muchos problemas marinos apremiantes que afectan a ambas naciones. A continuación se citan ejemplos de algunos temas cuya consecución, mediante un acercamiento binacional coordinado, es claramente más ventajosa que los esfuerzos puramente nacionales.

PESCA

Diversos cardúmenes de peces y crustáceos se extienden a través de las confluencias de las zonas económicas exclusivas (EEZs) de Estados Unidos y México, por lo que las actividades pesqueras de una nación afectan la disponibilidad de captura en la otra. Dos ejemplos obvios son el camarón y el atún en el Golfo de México y las sardinas y anchovetas en las costas de las Californias. Adicionalmente a las actividades pesqueras, los efectos indirectos por la alteración del hábitat y por la contaminación pueden afectar la población de peces en las aguas de ambas naciones. En 1987 se inició un programa llamado MEXUS-Pacífico basado en una continua colaboración entre la Pesquería Oceánica Cooperativa de California (California Cooperative Oceanic Fisheries Investigations) y el Instituto Nacional de la Pesca de México (INP). Este programa constituye una colaboración binacional, entre el Centro de Ciencias Pesqueras del Suroeste (Southwest Fisheries Science Center) del Servicio de Pesca Marina de los Estados Unidos (National Marine Fisheries Service {NMFS}) y el INP de México, para recolectar información científica sobre poblaciones compartidas de peces, mamíferos y tortugas. Un programa similar en el Golfo de México, MEXUS-Golfo, fue iniciado en 1977 y constituye un proyecto compartido entre el INP y el Centro de Ciencias Pesqueras del Sureste del NMFS.

México y los Estados Unidos participan en una variedad de organismos multinacionales designados para administrar cardúmenes pelágicos. Igualmente deseable sería la colaboración binacional en la administración de los diversos cardúmenes en áreas costeras compartidas. Tal administración podría lograrse bajo el *Acuerdo de 1995 para la Instrumentación de las Disposiciones de la Convención de las Naciones Unidas en la Ley de Mar del 10 de Diciembre de 1982, Relativo a la Conservación y Administración de Cardúmenes Dispersos y Grupos de Peces Altamente Migratorios* (UN, 1995).

AVES Y MAMÍFEROS MARINOS

Los mamíferos y las aves marinas constituyen importantes componentes biológicos de la región que incluye la costa del Pacífico de las Californias y el Golfo de California. Al igual que los peces marinos, los mamíferos y las aves marinas desconocen las fronteras internacionales y migran entre las aguas territoriales de México y los Estados Unidos. En efecto, la preocupación por la administración adecuada de estas especies ha llevado a diversos tratados binacionales e internacionales. Los mamíferos marinos y las aves de mar son económicamente importantes puesto que son depredadores de recursos pesqueros. Como "megafauna carismática" son el foco de considerable preocupación pública y forman la base de una valiosa industria ecoturística en ambas naciones. Por ejemplo, una sustancial industria ecoturística se centra alrededor de la cría de la ballena gris de California, en las lagunas costeras de Baja California (Laguna Ojo de Liebre, Bahía de Magdalena y San Ignacio), al igual que en la supervisión de los nidos para la crianza de pájaros bobos, golondrinas de mar y pelícanos en las islas a lo largo del Golfo de California (Velarde y Anderson, 1994). Más importante aún, muchas especies de mamíferos marinos y aves de mar comparten, utilizan y requieren de los hábitats marinos en ambos países. Varias especies que se han extinguido o que están en peligro de extinción en los Estados Unidos mantienen importantes poblaciones en Baja California (históricamente, el pelícano pardo y el elefante marino constituyen ejemplos representativos; ejemplos más recientes incluyen al mérgulo de xantus y a las águilas pescadoras). Afortunadamente, existe una historia de colaboración a nivel individual entre biólogos marinos mexicanos y estadounidenses. Sin embargo, los estudios en cooperación están típicamente limitados a personas o a grupos aislados y no han sido integrados a investigaciones concurrentes de procesos oceanográficos y biofísicos que, como es sabido, son fundamentales para poder determinar la abundancia, distribución y dinámica de las poblaciones de estos grandes depredadores.

CANTIDAD Y CALIDAD DEL AGUA

La cantidad y calidad del agua constituyen importantes asuntos binacionales toda vez que el represamiento del agua de ríos como el Colorado y el Bravo en los Estados Unidos impactan seriamente las aguas costeras colindantes de México y los Estados Unidos. A causa del represamiento de las aguas del río Colorado, el alto Golfo de California ha sido transformado de un delta salobre a un ambiente hipersalino. Este hecho ha alterado el flujo de sedimentos hacia el golfo y puesto en peligro de extinción a especies tales como la totoaba, un importante integrante de la pesca comercial y deportiva que alguna vez prosperó en las aguas del golfo. La entrada de agua fluvial contaminada proveniente del río Bravo y del vertedero de aguas negras de Tijuana son perjudiciales para los ecosistemas marinos y la salud humana en ambos lados de la frontera. Un manejo efectivo de estos problemas requerirá de mejor investigación y monitoreo, aunado a esfuerzos binacionales para conducir actividades científicas dentro de las regiones geográficas donde ocurren los procesos naturales, en vez de restringir los estudios de estos procesos a las fronteras nacionales. La solución de los problemas de contaminación en las costas requerirá también de la cooperación de científicos terrestres. Estos problemas del medio ambiente deberian también ser atendidos a un nivel político.

DESARROLLO DE PETRÓLEO Y GAS

Tanto México como los Estados Unidos tienen extensos recursos explotables de petróleo y gas en sus zonas costeras adyacentes, fuera de la costa de California y a través del Golfo de México. El golfo es particularmente vulnerable al daño proveniente de la contaminación del petróleo y del gas natural debido a su naturaleza semi-cerrada y a los patrones de circulación hidrodinámica. Afortunadamente, aparte de la explosión del IXTOC-1 en 1979, el Golfo de México ha sufrido relativamente pocos derrames petroleros importantes. Sin embargo, los impactos del desarrollo del petróleo y del gas natural en tierra firme han sido sustanciales en algunas regiones de los Estados Unidos (Rabalais, 1996) y México (Botello et al., 1992). La industria del petróleo y del gas natural es un gran motor de la economía regional de las costas de Texas y Louisiana en los Estados Unidos (ver NRC, 1996) y, en México, en los estados de Tamaulipas, Veracruz, Tabasco y Campeche.

En el Golfo de México y en las aguas contiguas de los estados de Tamaulipas, Veracruz, Tabasco y Campeche se concentra el 96% de la producción nacional de petróleo y de gas natural y se desarrollan las actividades industriales afines de refinación (Vidal et al., 1994d). La Bahía de Campeche contribuye con el 80% de la producción de crudo mexicano, y el 90% de su infraestructura para procesar el petróleo y el gas natural está situada en la zona costera del Golfo de México y en su zona económica exclusiva. Recientes estudios geofísicos conducidos por México han corroborado la existencia de extensos depósitos de petróleo en las aguas profundas del golfo. La combinación de reservas probadas y probables ponen a México dentro de la vanguardia de las naciones productoras de petróleo. La continua producción de petróleo y gas natural en el Golfo de México requerirá de esfuerzos concentrados para proteger los humedales costeros inundados por la marea, los estuarios y los ecosistemas situados costa afuera.

TURISMO Y DESARROLLO

Las zonas costeras de las tres áreas oceánicas consideradas en este informe han sido desarrolladas en mayor o menor grado para el turismo. Históricamente, condiciones culturales y económicas favorables han sido determinantes en el desarrollo de ciertas áreas costeras mexicanas en grandes centros turísticos. Desde una perspectiva ambiental, este desarrollo no es enteramente negativo porque gran parte del turismo demanda aguas limpias, y de ambientes marinos y arrecifales bien preservados. El reto es sostener tanto el desarrollo de los beneficios económicos del turismo como la calidad prístina del medio ambiente natural que atrae a los turistas. Por lo demás, y como se mencionó anteriormente, existe un desarrollo residencial relativamente pequeño en las zonas costeras mexicanas. Por el contrario, las zonas costeras de los Estados Unidos están más desarrolladas para el uso residencial y comercial, y algunas están tan desarrolladas que resultan de difícil acceso al público.

DIVERSIDAD BIOLÓGICA

Las áreas marinas analizadas en este informe se distribuyen desde los 10° hasta los 50°N, cubriendo zonas tropicales y templadas. A excepción de algunas formas de ecoturismo, la diversidad de los ecosistemas costeros está amenazada por las actividades arriba descritas. Al igual que en el caso de la pesca, México y los Estados Unidos tienen un importante interés en cooperar para preservar la diversidad biológica marina. La distribución de muchas especies marinas cruza nuestras fronteras comunes y el flujo genético entre poblaciones es frecuentemente necesario para preservar la diversidad genética y la adaptabilidad de las especies. La preservación de la biodiversidad marina es importante para mantener saludables a los ecosistemas marinos e igualmente podría también contribuir al descubrimiento de nuevos productos naturales provenientes de organismos marinos.

MANTENIMIENTO DE LA ZONA COSTERA

Ambas naciones están interesadas en administrar la utilización de sus áreas costeras, lo cual incluye actividades ligadas con cada uno de los temas mencionados con anterioridad. Desafortunadamente, ha habido poca cooperación en términos de la administración de la zona costera; primordialmente porque el manejo de las áreas costeras depende críticamente de las condiciones políticas, socioculturales y ambientales locales, las cuales pueden diferir de aquellas otras localizadas en el país vecino. El estado de California ha tenido un programa de administración de la zona costera desde 1972 y tiene un plan aprobado bajo el Programa de Administración de Zonas Costeras de los Estados Unidos; Texas recientemente recibió la aprobación de un programa similar.

La información necesaria para el manejo racional de las áreas costeras en México es súmamente escasa. Las zonas costeras mexicanas se encuentran relativamente despobladas, y poco se conoce sobre el funcionamiento de los ecosistemas costeros. Por su gran relevancia científica y socioeconómica para el futuro desarrollo sustentable de México, es imperativo que sus zonas costeras sean estudiadas y administradas apropiadamente. La administración y la investi gación científica binacional de la zona costera deberían ayudar a mejorar nuestro conocimiento y apoyar el desarrollo de estrategias para el uso racional de las áreas costeras.

Todas las consideraciones anteriores tienen implicaciones prácticas para los gobiernos de los Estados Unidos y de México, pero también existen importantes razones intelectuales para intensificar la colaboración entre ambos países en materia de ciencia marina fundamental. Pocas áreas de la ciencia están tan intrínsecamente vinculadas a zonas transfronterizas y es lógicamente imposible restringirlas ya sea a un lado u otro de una frontera política. Si se exploran los procesos físicos, químicos y biológicos del ecosistema que apoya a las sardinas del Pacífico o si se considera la ecología circundante a las estructuras geológicas del Golfo de México, tales como las infiltraciones de hidrocarburos, resulta evidente que es imposible realizar estudios definitivos e intelectualmente profundos sin incluir sitios en ambos lados de la frontera política. Consecuentemente, en las ciencias marinas, como en pocas otras áreas de la actividad humana, la irreductible interdependencia entre las naciones se manifiesta de una manera totalmente transparente. Los Estados Unidos y México tienen dramáticas diferencias económicas e históricas, incluidos los antecedentes culturales. El acercamiento y la colaboración binacionales para enfrentar los retos intelectuales de las ciencias marinas que confrontan a nuestras naciones constituyen un notable ejemplo de mutua cooperación benéfica entre naciones soberanas al igual que un impresionante y positivo ejemplo tanto para sus propios ciudadanos como para la extensa comunidad de naciones.

Sería esperanzador el que este informe consensuado del Grupo de Trabajo Conjunto en Ciencias Oceánicas de la AMC-NRC estimulase un enfocado y duradero esfuerzo que mejorase la colaboración entre los científicos del océano de México y los Estados Unidos para el avance del conocimiento fundamental y el beneficio práctico de ambas naciones. Los siguientes capítulos describen ejemplos de un conjunto de proyectos científicos binacionales (capítulo 2), las acciones generales que deben ser tomadas para alcanzar una ciencia oceánica conjunta (capítulo 3), y las recomendaciones para agilizar nuevas formas de interacción binacional a través de nuestra frontera común (véase capítulo 4).

2

Ejemplos de Proyectos y Programas Científicos Promisorios

Este capítulo describe un conjunto de proyectos y programas potenciales que son de interés binacional e importancia científica. Cada tema fue desarrollado por un equipo de oceanógrafos mexicanos y estadounidenses. Los estudios descritos más adelante están diseñados tanto para ilustrar la existencia de un extenso rango de posibles proyectos de interés común e importancia binacional, como para mostrar la riqueza de importantes temas que podrían requerir de la colaboración entre científicos de Estados Unidos y México. Los proyectos presentados no son una lista exhaustiva de temas científicos y se reconoce que reflejan el interés y la experiencia de los miembros del Grupo de Trabajo Conjunto en Ciencias Oceánicas (JWG) de la Academia Mexicana de Ciencias-Consejo Nacional de Investigación (AMC-NRC). La inclusión de propuestas concretas, planes de instrumentación y otros detalles requeridos para iniciar nuevas investigaciones relativas a estos y otros tópicos dependerán de la consulta e inclusión de otros científicos fuera del JWG, por ejemplo, a través de talleres específicos. El desarrollo de otras actividades binacionales en ciencias oceánicas, dependerá de que éstas comprueben ser estudios que sean (1) únicamente de interés científico para los Estados Unidos y México, en aguas adyacentes o significativamente influidas por estas naciones y (2) mejor realizados en colaboración. Otra fuente de ideas para la investigación binacional es el plan del Programa Regional de Investigación Marina del Suroeste (Southwest Regional Marine Research Program) (1996). El JWG identifica en este programa proyectos que deberían realizarse a través de la cooperación utilizando más eficientemente los escasos recursos de ambos países y aprovechando el conocimiento científico disponible (no del todo publicado) en la otra nación. Es posible que cada nación pudiese conducir por si sola la investigación, pero el desarrollo de ésta sería más eficiente si los especialistas científicos de ambas naciones pudiesen involucrarse.

La efectiva colaboración binacional en ciencias oceánicas entre los Estados Unidos y México requerirá de suficientes recursos humanos y económicos de ambas naciones para hacer la colaboración equitativa y significativa. En este aspecto, y dados los recursos limitados disponibles, sólo unos cuantos proyectos binacionales pueden ser promovidos en cualquier tiempo específico. La promoción de estos proyectos debe darse mediante un proceso de revisión por arbitraje para seleccionar aquellos enfocados a temas oceanográficos binacionales específicos, que contribuyan a responder cuestiones científicas interesantes, y ayuden a resolver los problemas oceanográficos compartidos por las dos naciones. La dimensión del proyecto no deberá ser el factor determinante. Algunas colaboraciones binacionales han sido iniciadas con pequeños proyectos que involucran a unos cuantos científicos y a estudiantes de posgrado. Otros proyectos, por ejemplo, aquellos que requieren de observaciones oceanográficas regionales, deben ser necesariamente más extensos, y requieren de presupuestos proporcionalmente más grandes e involucran un mayor número de científicos y estudiantes. La administración de proyectos, independientemente de su complejidad, no fomenta automáticamente la burocracia. La expedita canalización de recursos económicos, la disminución de barreras políticas binacionales y la libertad de organización del proyecto, al igual que su independencia administrativa, minimizan las barreras burocráticas.

Los estudios descritos más adelante incluyen tanto proyectos de una sola disciplina como multidisciplinarios, clasificados por región geográfica. En la planeación de la investigación de estos temas, se deberá reconocer que se puede devengar conocimiento no sólo por la investigación en regiones individuales, sino también a través de estudios comparativos entre las tres regiones.

REGIONES DEL OCÉANO PACÍFICO
Y EL GOLFO DE CALIFORNIA

Escenario Oceanográfico

Océano Pacífico

La región del Océano Pacífico compartida por los Estados Unidos y México está dominada por la Corriente de California, la cual fluye hacia el sur como la corriente limítrofe oriental del Océano Pacífico Norte subtropical (figura 2.1). Esta corriente superficial sobreyace a una contracorriente subsuperficial que fluye hacia el polo. La surgencia costera está impulsada por el viento prevaleciente, especialmente durante el verano. La Corriente de California está puntualmente afectada por afloramientos de aguas frías, ricas en nutrientes al igual que por chorros de corriente que se pueden extender por 100 o más kilómetros mar aden-

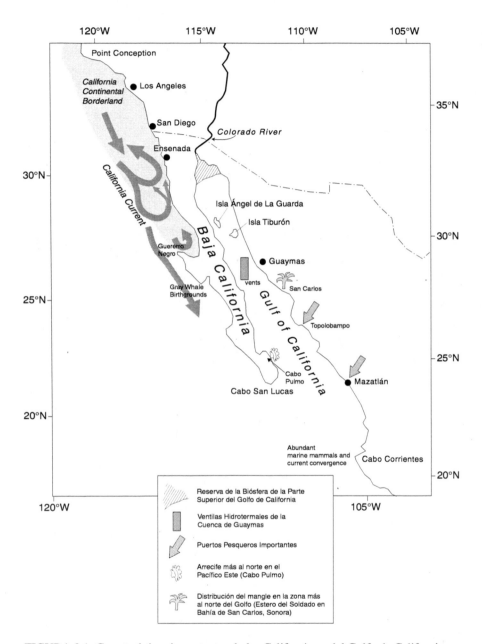

FIGURA 2.1 Características importantes de las Californias y del Golfo de California.

tro (Batteen, 1997). Estos rasgos dinámicos dependen de los patrones de viento costeros que varían con el clima (Bakun, 1990) y de otros factores tales como la topografía, la circulación interna del océano e inestabilidades de las corrientes. Batteen (1997) ha demostrado que la variabilidad meridional del parámetro de Coriolis (efecto β), las irregularidades en la geometría litoral y la componente meridional (colineal a la costa) de la presión del viento constituyen ingredientes claves que determinan las estructuras vertical y horizontal del Sistema de la Corriente de California. Tales estructuras hacen que las corrientes se vuelvan inestables, dando como resultado la generación de meandros, filamentos y remolinos.

La topografía del fondo marino de las costas de las Californias (California y Baja California) se caracteriza por tener una plataforma continental estrecha, cañones submarinos, y cuencas e islas que afectan de forma importante la circulación regional, la biología y el transporte de sedimentos. A esta región se le denomina como la Provincia Marginal de California (figura 2.1). La costa de las Californias también reúne muchas bahías que proveen importantes hábitats costeros y someros, inexistentes en la costa exterior expuesta. Para los propósitos de este informe, la región propuesta para las actividades cooperativas se extiende desde Punta Concepción en California hasta la punta sur de Baja California y el Golfo de California.

Han habido extensos estudios a largo plazo (v.gr., las Investigaciones Cooperativas en Pesquerías Oceánicas de California {CalCOFI} así como estudios intensivos (v.gr., el Experimento sobre las Surgencias Costeras {CUE}, Experimento sobre la Dinámica del Océano Costero {CODE}, Predicción Oceánica a través de la Observación, Modelado y Análisis {OPTOMA}, Experimento de la Zona de Transición Costera {CTZ}, y el Experimento de las Corrientes de Frontera Oriental {EBC}) de la Corriente de California y de sus sistemas de surgencias costeras. El programa norteamericano sobre la Dinámica de los Ecosistemas Oceánicos Globales (GLOBEC) está desarrollando un estudio científico enfocado a la dinámica del ecosistema de la Corriente de California (GLOBEC, 1994). En 1997, el Centro de Investigación Científica y de Educación Superior de Ensenada (CICESE) inició un nuevo programa para el monitoreo a largo plazo de las aguas de Baja California. Este programa, intitulado: Investigaciones Mexicanas en la Corriente de California (IMECOCAL), constituye una contraparte del programa CALCOFI, y utiliza una metodología similar al igual que ocupa estaciones en las aguas mexicanas que incluyen también aquellas de la vieja red del programa CALCOFI que habían sido abandonadas.

Con respecto a la oceanografía física, en las pasadas tres décadas se ha aprendido mucho acerca de los procesos físicos característicos de las corrientes de Frontera Oriental. Éstos inciden sobre la plataforma continental en regiones donde ésta es larga y recta, afectando particularmente a las surgencias costeras y frentes asociados a estos afloramientos, a los chorros costeros, las corrientes subsuperficiales, la respuesta a los vientos transitorios (día a día), a la circulación estacional impulsada por el viento sobre la plataforma, las ondas costeras atrapadas (períodos de días a semanas), fuerzas locales y lejanas, la propagación del oleaje del Océano Pacífico ecuatorial, perturbaciones asociadas con el fenómeno del Niño-Oscilación del Sur (ENSO), y las variaciones interanuales (Huyer, 1983, 1990; Neshyba et al., 1989; Batteen, 1997).

Más recientemente, ha habido progreso en el estudio de fenómenos más complejos tales como:

• la naturaleza de los frentes de surgencia y los chorros y remolinos asociados a estos frentes, especialmente el caso donde el frente se localiza al inicio del talud continental;

• la relación entre los chorros de surgencia costera y el núcleo de la Corriente de California;

• la evolución de los chorros y los remolinos a través de una temporada de surgencias;

• la circulación en regiones de fondo topográfico complejo (ver el número especial del *Journal of Geophysical Research,* 1991), y

• la influencia que el forzamiento del viento, las irregularidades costeras y la variación del parámetro de Coriolis tienen en la generación de muchas de las características observadas en el Sistema de la Corriente de California (Batteen, 1997).

Al sur de la frontera México-Estados Unidos se han realizado algunos muestreos de la Corriente de California hechos mediante el programa CALCOFI, mas éstos fueron interrumpidos a finales de los setentas. Aunque el programa CALCOFI cubrió latitudes al norte y al sur de la frontera México-Estados Unidos, el muestreo ha sido más intensivo y continuo del lado de los Estados Unidos. Muchos vacíos importantes persisten en el límite sur (tropical) del Sistema de la Corriente de California, a lo largo de la Baja California y en el Golfo de California.

Un ejemplo de un fenómeno de gran escala que no ha sido estudiado adecuadamente es la Contra-corriente Subyacente de California. Esta es una estrecha corriente subsuperficial proveniente del sur, de aproximadamente 20 km de ancho, que fluye hacia el polo, con su centro de flujo situado a una profundidad aproximada de 200 metros (Batteen, 1997). Esta corriente fluye casi siempre paralela al talud continental pero ocasionalmente penetra sobre la plataforma. La contra corriente contiene un trazador termohalino distintivo (v.gr., el Agua Subtropical Subyacente) que la distingue continuamente hacia el sur, un tanto más allá del Golfo de Tehuantepec. La presencia de corrientes subsuperficiales que fluyen hacia el polo es un fenómeno común a lo largo de las fronteras oceánicas orientales (ver Neshyba et al., 1989; Batteen, 1997).

Otro fenómeno de gran escala que merece un estudio más intensivo es la confluencia de las Corrientes de California y de Costa Rica, la cual ocurre cerca de la latitud de Cabo Corrientes. Las corrientes superficiales provenientes del norte y sur se mezclan y viran hacia el oeste, formando la Corriente Norecuatorial. El cambio estacional y la modulación en la posición de esta corriente no se conoce con precisión. Una característica similar merecedora de estudio es la mezcla de las aguas subárticas de la Corriente de California, con las aguas tropicales de la Corriente de Costa Rica y aquellas que salen del Golfo de California próximas a su boca.

El análisis a gran escala de las observaciones del viento marino (Parrish et al., 1983; Bakun y Nelson, 1991) muestran que el esfuerzo del viento sobre la masa de agua o el Transporte de Ekman[*] costa afuera ocurre durante todo el año al menos hasta la punta sur de Baja California. Variaciones–convergencias y divergencias–de este transporte implican surgimiento y hundimiento de la masa de agua en diferentes regiones a lo largo de la costa.[†] Las regiones de convergencia parecen separar poblaciones de peces tales como anchovetas, sardinas y macarelas. Los eventos del Niño de 1982-1983 y 1997-1998 han tenido impactos dramáticos, en el Océano Pacífico Oriental frente a México y los Estados Unidos, relacionados con los sistemas de corrientes, las propiedades oceánicas, los sistemas biológicos marinos y la pesca, así como en los climas locales. Los cuestionamientos científicos inspirados por la ocurrencia del fenómeno del Niño de 1997-1998 y los datos generados por su estudio contribuirán significativamente a la agenda de investigación en los años por venir. El fenómeno afecta todos los problemas científicos discutidos aquí.

Golfo de California

El Golfo de California, virtualmente cercado por tierra, es un medio ambiente física y geológicamente excepcional caracterizado por procesos tan singulares como:

- un amplio rango de marea, alcanzando 10 m durante las mareas vivas,

---

[*]De acuerdo a la teoría de Ekman, el estado de equilibrio del transporte acuático impulsado por el viento en el estrato superficial del océano es proporcional a la presión del viento en la superficie del mar, es dirigido 90 grados hacia la derecha (izquierda) del viento en el Hemisferio Norte (Sur), y toma lugar en un estrato (el estrato Ekman) de unas decenas de metros de profundidad. La profundidad de este estrato y la distribución de las corrientes en él dependen de los procesos de fricción en el estrato (pobremente conocidos), pero en la teoría de Ekman el transporte total integrado sobre el estrato sólo depende de la presión del viento superficial y el parámetro de Coriolis, por lo que puede ser calculado sin ninguna medición directa de las corrientes del océano.

[†]Si el transporte dentro del estrato Ekman es convergente en un lugar en particular, más agua fluye dentro de la locación que la que sale, así que debe haber una compensación, por hundimiento, fuera del estrato para conservar la masa de agua. Inversamente, un transporte Ekman divergente implica un surgimiento de agua más profunda dentro del estrato Ekman. Como no puede haber flujo a través de la frontera costera, los vientos hacia el ecuador en la Costa Oeste producen una divergencia costera de tipo Ekman y, consecuentemente, surgencias costeras. El rotacional del esfuerzo del viento (una propiedad física que involucra a los gradientes este-oeste, {norte-sur} del esfuerzo norte-sur del viento {este-oeste} arroja una estimación del afloramiento o hundimiento en el océano via la teoría de Ekman. Como los vientos que van hacia el ecuador desde la Costa Oeste tienen una máxima intensidad fuera de la costa, la componente dominante del esfuerzo del rotacional del viento es ciclónica y existen espirales ciclónicas de presión del viento sobre el lado costero de la Corriente de California, por lo que, consecuentemente, ocurren surgencias de mar abierto.

provocando la alternancia de periodos de inundación/exposición en extensas regiones cercanas a las playas;
   • áreas de tierra relativamente pristinas y áridas;
   • fuertes corrientes de marea e intensa mezcla vertical forzada por éstas,
   • extensos depósitos de finos sedimentos en agua poco profunda del delta del Río Colorado;
   • forzamiento localizado del viento genera corrientes de arrastre litoral y mezclamiento inducido por el oleaje;
   • fuerte suspensión de materia del fondo marino, probablemente correlacionada con la mezcla inducida por el viento y la marea y;
   • circulación que podría distribuir materia particulada a lo largo de la plataforma, alcanzado las cuencas más profundas cercanas a la región intermedia del golfo.

Variabilidad Pesquera

Los asuntos económicos y sociales relacionados con estudios del Sistema de la Corriente de California son obvios. Una habilidad mejorada para monitorear y predecir la productividad primaria y secundaria tiene un valor potencial para mejorar la administración de la pesca costera y posiblemente permita pronosticar la captura. Pronosticar el comienzo de los eventos del ENSO podría permitir la predicción de sus efectos en los ecosistemas costeros. Un mejor entendimiento del Sistema de la Corriente de California y sus variaciones también podría ser útil para la mitigación de los efectos de la contaminación (por ejemplo derrames de petróleo o contaminación proveniente de las comunidades costeras).

Las poblaciones de peces en esta región fluctúan considerablemente, aparentemente bajo la influencia de las variaciones oceánicas y climáticas a escala global (figura 2.2), y también son afectadas por las condiciones físicas costeras descritas en la sección previa y, desde luego, por las actividades pesqueras humanas y la depredación de otros organismos marinos. Las fluctuaciones en la abundancia de organismos reconocidos en el Sistema de la Corriente de California van en paralelo a aquellas de otros grupos de la misma (o similar) especie en otras áreas del mundo (Lluch-Belda, et al., 1992). Los mecanismos específicos a través de los cuales el medio ambiente provoca estos cambios significativos no son claros, pero ésta es una de las más importantes cuestiones a ser contestadas si se quiere lograr el apropiado manejo de la pesca. El Grupo de Trabajo 98 del Comité Científico en Investigación Oceánica (Fluctuación de las Poblaciones de Sardinas y Anchovetas a Gran Escala mundial) (Lluch-Belda et al., informe inédito) establece:

   • Las fluctuaciones coherentes en una escala de décadas afectan las poblaciones de peces y la estructura de sus ecosistemas; las transiciones entre etapas son típicamente abruptas. Los ciclos de alta o baja abundancia de ciertas especies— principalmente evidentes en las sardinas de clima templado del género *Sardi-*

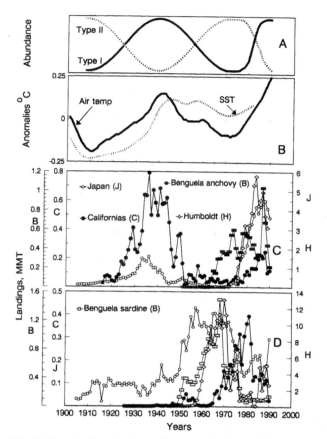

FIGURA 2.2.   Ciclos de abundancia de las especies de sardinas y anchovetas a nivel mundial, que muestran la coincidencia de abundancia de peces (recuadros A, C, D) y la temperatura de la superficie del mar (SST) y la temperatura del aire (rewadros B). Peces del Tipo I y Tipo II tienden a tener ciclos diferentes. De este modo, las especies de peces (sardinas + anchovetas de Benguela) del Tipo I tienen mayor abundancia durante períodos de alta SST y las especies del Tipo II (anchovetas + sardina de Benguela) tienen mayor abundancia durante tiempos de baja temperatura del aire y del mar. FUENTE: Lluch-Belda et al. (1992) (usado con permiso de Blackwell Scientific Publications). NOTA: mmt = millones de toneladas métricas.

nops—se alternan con la abundancia de otros grupos de especies como, por ejemplo, las anchovetas.

• Las coincidencias mundiales de tales cambios de régimen implican vínculos con la variabilidad climática global.

• En la actualidad están ocurriendo cambios de régimen en varios mega ecosistemas oceánicos (Steele, 1996).

• Estas variaciones de gran escala plantean retos severos para el desarrollo económico sustentable y para la administración de la pesca.

- Se supone que los cambios de régimen son ahora de una magnitud mucho mayor en comparación con las variaciones interanuales y fundamentalmente presentan diferentes problemas que los usualmente considerados por la ciencia pesquera. Los enfoques aplicados actualmente son inadecuados para la administración de la pesca de la sardina y la anchoveta y para el desarrollo económico asociado a esta pesquería porque no consideran los cambios de régimen que ocurren en escalas de tiempo de décadas.

Las variaciones ambientales parecen afectar directamente a los organismos marinos a través de varios mecanismos localmente diferentes. En efecto, muchos eventos locales se relacionan simultáneamente a cambios oceánicos y climáticos de gran escala. El entendimiento de cómo el clima afecta la abundancia de poblaciónes de peces es importante no sólo en las Californias, sino también en todos los sistemas de corrientes de frontera oriental en todo el mundo, las cuales son provocadas por surgencias costeras y son particularmente vulnerables a las variaciones climáticas tales como el ENSO. La efectividad de la administración pesquera dependerá significativamente de la interpretación y capacidad predictiva de tales efectos. Esto es cierto no sólo para las sardinas y las anchovetas (las cuales representan más del 10% de la captura mundial), sino también para muchas otras especies. Los cambios climatológicos no afectan solamente a unas cuantas especies de peces, sino que ejercen efectos en las características físicas y biológicas de ecosistemas enteros, como los observados en las fluctuaciones de otras poblaciones de especies comerciales (por ejemplo, ver Bakun, 1996) y de otras variables tales como la profundidad de la termoclina (Polovina et al., 1995), los volúmenes del zooplancton (Roemmich y McGowan, 1995a,b), y la abundancia de organismos marinos tales como peces (Bakun, 1996), abulón y otras especies bentónicas (Phillips et al., 1994; Vega et al., 1997).

Los cambios de régimen y los cambios asociados a la abundancia y distribución de las especies críticas tipo presa, tales como las sardinas y las anchovetas tienen una profunda influencia en la dinámica poblacional y en la condición de los mamíferos y las aves marinas. El ejemplo más notable de tales efectos son los drásticos cambios en las poblaciones de mamíferos y aves marinas asociados con los eventos de ENSO (Trillmich y Ono, 1991). En cuanto a los recursos alimenticios sobre grandes escalas espacio/temporales estas especies de ciclo de vida extenso se han adaptado a tolerar tanto las variaciones anuales como las decadales. Sin embargo, muchas especies se encuentran ahora en su nivel histórico poblacional más bajo, parcialmente debido a la sobrepesca, a la contaminación, a las perturbaciones y la degradación del hábitat, y pueden no ser capaces de adaptarse a cambios futuros en las especies depredadoras y a la composición resultante de los cambios de régimen.

La costa del Pacífico a lo largo de las Californias ofrece una oportunidad única para aprender cómo es que el medio ambiente influye tanto en las poblaciones como en los ecosistemas de las regiones donde ocurren surgencias. Esta región incluye distintas zonas de surgencia (La Ensenada del Sur de California,

Punta Banda, Punta Eugenia, Bahía Magdalena, y las grandes islas del Golfo de California) con alta productividad todo el año, controlada por diferentes mecanismos en cada zona.

Existen dos argumentos para apoyar el interés común tanto de Estados Unidos como de México en estudiar la física y la biología del Sistema de la Corriente de California. Primero, la Corriente de California constituye un importante ecosistema continuo totalmente compartido por los dos países. Como tal, es ampliamente reconocido el que exista una intensa interdependencia de poblaciones a través de patrones migratorios, de advección, de intercambio genético y de relaciones tróficas. Segundo, la necesidad de cooperación es imperativa porque la demanda de recursos marinos vivos es cada vez mayor. La preocupación social por el medio ambiente ha creado un movimiento hacia prácticas de manejo sustentables, que requieren de nuevos enfoques para un manejo adecuado. Los eventos y procesos tanto naturales como antropogénicos inducen fluctuaciones y, posiblemente, cambios a largo plazo en la abundancia y disponibilidad de especies marinas que pueden ser tan significativos como aquellos causados por la explotación.

El estudio de las fluctuaciones de las poblaciones de peces va más allá del mero interés científico. El manejo de los recursos compartidos caracterizados por su amplia variabilidad no es un reto trivial. Aún más, las actividades de explotación pesquera influyen profundamente y a su vez son afectadas por los mamíferos y las aves marinas. Confrontado por cambios naturales importantes en abundancia y disponibilidad, el manejo de las actividades humanas se vuelve considerablemente más complejo y debe extenderse más allá de la mera promesa de sustentabilidad. La producción marina necesita ser administrada para evitar ejercer demasiada presión pesquera durante los colapsos naturales pero a la vez tiene que ser capaz de detectar y explotar la riqueza poblacional. La explotación de especies alternas durante los cambios de régimen, para mejorar la eficiencia y para evitar desaprovechar la infraestructura pesquera e intentar repartir el esfuerzo pesquero temporal y geográficamente, no son tareas fáciles si no se dispone de un mejor conocimiento de los procesos fundamentales de los ecosistemas. Las respuestas a algunas de estas cuestiones fundamentales podrían ser resueltas más fácilmente mediante estudios comparativos entre regiones alrededor del mundo que exhiban procesos biológicos y físicos similares. Los estudios comparativos pueden ser conducidos más eficientemente y con mayor integración si se hacen en forma cooperativa, en vez de unilateralmente.

La cooperación binacional podría conducir a un mayor progreso en la interpretación de los efectos del medio ambiente físico sobre las pesquerías del Sistema de la Corriente de California (por ejemplo, fluctuaciones en la población de peces y crustáceos causadas por el fenómeno ENSO {Phillips et al., 1994; Vega et al., 1997}). Los estudios deben incluir aspectos socioeconómicos–recursos pesqueros y su explotación–y deben documentar las enormes pérdidas que resultan de las importantes e impredecibles fluctuaciones en los sistemas naturales. Más específicamente, existe un número de cuestiones científicas importantes relacionadas con la dinámica física del Sistema de la Corriente de California y cómo el sistema físico afecta la dinámica poblacional de peces de importancia comercial. Los siguientes son algunos ejemplos:

• ¿Cuál es la naturaleza de las variaciones climáticas y oceánicas y qué las impulsa?

• ¿Son estas variaciones predecibles? Los científicos han ganado cierta habilidad en la predicción del tiempo y magnitud de los eventos del ENSO; no obstante, los resultados biológicos de estos eventos, tales como la relativa abundancia de sardinas y anchovetas, son menos predecibles (Lynn et al., 1995; Smith, 1995; Chávez, 1996).

• ¿Cómo debemos esperar que la variabilidad climática y oceánica cambie si ocurre el calentamiento global?

• ¿Cuál es el comportamiento dinámico de los remolinos y surgencias que permite el mantenimiento de grandes poblaciones de sardinas y anchovetas durante todo el año en áreas situadas desde latitudes subárticas hasta subtropicales?

• ¿Cómo afectan estos cambios importantes la abundancia poblacional, y a través de cuáles mecanismos específicos? ¿Por qué las poblaciones de anchovetas aumentan cuando las de las sardinas disminuyen?

• ¿Dónde se localizan las poblaciones de sardinas y anchovetas cerca del límite sur del Sistema de la Corriente de California, y si dichas poblaciones varían coherentemente con respeto a otras en otras áreas?

• Suponiendo que el transporte de Ekman es más o menos estable a través de la región, ¿cuál es la estructura litoral de la Corriente de California en su extensión sur?

1. ¿Tiene la Corriente de California un núcleo relativamente estrecho (< 100 km), de alta velocidad (aproximadamente 50 centímetros por segundo [cm/s]) frente a la costa de Baja California, de la misma forma que lo tiene a lo largo de la costa del norte de California, o es ancho y débil como lo describieron Wooster y Reid (1963)?

2. ¿Cómo varía estacionalmente la posición e intensidad de la Corriente de California?

• ¿Existe un chorro costero (es decir, sobre o cerca de la plataforma) que fluye hacia el ecuador en las latitudes sureñas, como lo hay en las regiones de surgencia costera en latitudes medias (por ejemplo, en Oregon y California Norte)?

• ¿Cómo varía estacionalmente la intensidad y posición de la contra corriente submarina que va hacia el polo sobre el talud continental?

• ¿La dinámica de este sistema es gobernada principalmente por las surgencias costeras (es decir, transporte de Ekman litoral), o por las surgencias oceánicas debido al efecto de fricción del viento (es decir, bombeo de Ekman), o a la dinámica de remolino/anillo?

El estudio de los cambios de régimen de la Corriente de California representa un reto binacional debido a las limitaciones de recursos para realizar una labor a gran escala y a largo plazo (escala decenal). La única manera en que los cambios de régimen del Sistema de la Corriente de California pueden ser estudiados es bajo el contexto de un programa regional o global más grande, por ejemplo, a través del establecimiento de un sistema de observación regional oceánico o a través de vínculos con el programa de Predicción y Variabilidad Climática (CLIVAR) u otros programas internacionales diseñados para estudiar cambios y comparaciones por períodos de décadas entre los sistemas de corrientes de frontera oriental.

Las causas y efectos de la variabilidad climática a corto plazo en las áreas costeras de los Estados Unidos y México es otro tema importante para la investigación conjunta. La variabilidad climática a corto plazo es dominada por los eventos del ENSO (en una escala de 2 a 10 años) en el Océano Pacífico y por los eventos de la Oscilación del Atlántico Norte (NAO) (en una escala de 10 a 20 años) en el Océano Atlántico, la cual tiene repercusiones en el Mar Caribe y el Golfo de México. Comparado con aquellos eventos de la NAO que afectan las costas del Atlántico, del Caribe y del Golfo de México de los dos países el impacto de los eventos del ENSO está relativamente bien entendido e intensamente estudiado en las costas del Pacífico de los Estados Unidos y México. No obstante, queda mucho por entender en ambas costas. Los efectos devastadores del evento del ENSO 1997-1998 destacan la importancia de mejorar las interacciones México-Estados Unidos en este tema. Las interrogantes científicas provocadas por el evento del ENSO de 1997-1998 y la información que ha sido generada por éste contribuirán significativamente a la agenda de investigación en los años por venir. El fenómeno afecta todos los problemas científicos aquí discutidos.

Los impactos del evento del ENSO en las costas del Pacífico involucran corrientes anómalas, temperaturas superficiales, y aportes continentales; el incremento de los daños, especialmente debido a la excesiva precipitación pluvial; y al cambio de la biota, incluida la pesca, más allá de sus rangos normales. Más aún, se sabe que los eventos del ENSO impactan al Mar Caribe y al Golfo de México a través de fuerzas atmosféricas anómalas, especialmente por cambios en los vientos superficiales y en la precipitación debidos a los ciclos climáticos alterados y a las trayectorias de las tormentas. Los impactos en la costa por los eventos de la NAO están básicamente inexplorados; sin embargo, se ha establecido que la variabilidad de la temperatura de la superficie del mar en el Caribe y el Golfo de México está vinculada a las anómalas temperaturas de la superficie del mar en el Océano Atlántico tropical, asociadas con la NAO.

Las fluctuaciones climáticas del Caribe, en el sur de meso-América, y en el norte de América del Sur están asociadas con variabilidades anómalas de la temperatura de la superficie del mar tanto en el Pacífico tropical como en el Atlántico tropical (Enfield, 1996). El efecto del ENSO produce, durante la época de lluvias, déficits en la precipitación a lo largo de la costa del Pacífico de meso-América, coincidente con el período de máximas anomalías de la temperatura superficial del Pacífico. Sin embargo, con la posible excepción de eventos fuertes del

ENSO, un aumento en la temperatura de la superficie del mar que no se relaciona con un evento ENSO en el Atlántico Norte tropical, especialmente cuando el Atlántico Sur se encuentra frío, tiene una más fuerte asociación con el incremento de lluvias en la región, (Enfield y Alfaro, 1998). Estas corresponden a manifestaciones de la NAO.

Los estudios en colaboración de la variabilidad climática regional a corto plazo, incluyendo su impacto en los ecosistemas y la circulación costera, asociada con los eventos del ENSO y la NAO tendrían obvios beneficios sociales (incluyendo la predicción climática). Adicionalmente, la variabilidad climática servirá como una prueba natural de nuestro entendimiento de la respuesta de los sistemas de circulación y los ecosistemas bajo diversas condiciones de forzamiento atmosférico. Para lograr el máximo efecto, dichos estudios conjuntos requerirán de la colaboración entre hidrólogos, meteorólogos y oceanógrafos en investigaciones multianuales.

Mamíferos y Aves Marinas

Las aves y los mamíferos marinos dependen de zonas de alta productividad que resultan de los aportes localizados de fuentes de nutrientes asociados con las surgencias o regiones de mezclas verticales inducidas por las mareas, la topografía del fondo o con zonas de divergencia (Schoenherr, 1991; Kenney et al., 1995; Macaulay, 1995). Como organismos endotérmicos, con altas tasas metabólicas, las aves y los mamíferos marinos son los consumidores dominantes del zooplancton y de la biomasa provenientes de peces, y pueden influir en la estructura comunitaria de los hábitats marinos (Estes et al., 1978; Huntley et al., 1991). Sus poblaciones se encuentran distribuidas en zonas, y sus distribuciones son usualmente buenas indicadoras de áreas de alta productividad y abundancia de presas (Fraser et al., 1989; van Franeker, 1992). Los núcleos poblacionales o los lugares de crianza de muchos mamíferos y aves marinas se localizan en sitios cercanos a las áreas de alta productividad (Hui, 1979, 1985; Winn et al., 1986; Reilly, 1990; Mullin et al., 1991; Whitehead et al., 1992; Kenney et al., 1995). Por ejemplo, las densidades más altas del pelícano pardo, boobies de pata café y azul, y leones marinos se asocian con las aguas de alta productividad en la región media del Golfo de California (Breese y Tershy, 1993; Tershy et al., 1993; Velarde y Anderson, 1994).

Muchas aves marinas se crían exclusiva y primordialmente en las regiones del Océano Pacífico y del Golfo de California (por ejemplo, la gaviota pata amarilla, pardela mexicana, mérgulo de craveri, paíño negro, paíño de leach, gaviota ploma, golondrina elegante de mar, y posiblemente el mérgulo de xantus). Muchas de estas especies se encuentran amenazadas o en peligro de extinción y aunque sus niveles de población y distribución son relativamente bien conocidos en los Estados Unidos, muy poco se sabe de sus niveles en las aguas mexicanas (Velarde y Anderson, 1994).

Cuatro especies de pinnípedos se reproducen en esta región (la foca de puerto, el elefante marino del norte, el león marino de California y la foca aterciopelada de Guadalupe) y tres son residentes. La región es un terreno crítico de crianza y alimentación para 26 especies de ballenas. Las 30 especies de mamíferos marinos distribuidos en estas aguas representan el 25% de todas las especies de mamíferos marinos en el mundo (Vidal et al., 1993). Algunas de estas especies no existen en ninguna otra parte del mundo o tienen colonias de crianza que se localizan exclusivamente en la aguas de Baja California (Barlow et al., 1997). Por ejemplo, la vaquita una marsopa pequeña, (en peligro extremo de extinción), está limitada a menos de unos cientos de individuos que viven exclusivamente en la región norte del Golfo de California. El único sitio de crianza de la foca de sarro de Guadalupe se limita a una isla. Los territorios donde se reproduce el total de la población de la ballena gris de California (aproximadamente 22,000 individuos) se encuentran situados exclusivamente en las lagunas costeras y las bahías de la costa del Pacífico de Baja California. Adicionalmente, de las poblaciones de otras especies, tales como las ballenas azules y las jorobadas, quedan muy pocas y continúan bajo la protección de acuerdos nacionales e internacionales para las especies en peligro de extinción. Las poblaciones, tanto de las ballenas azules como de las jorobadas, emigran de sus territorios de crianza en invierno y primavera en las costas del Pacífico de México y en el Golfo de California, a sus territorios de alimentación en verano en la costa oeste de los Estados Unidos (Urban et al., 1987). Algo muy importante, la población de la ballena azul que habita las aguas regionales entre los Estados Unidos y México es la única en el mundo que parece ir en aumento.

Actualmente se dispone de información amplia sobre algunas especies con respecto a la condición de sus poblaciones, su biología general, su ecología alimenticia, y sus patrones de migración; tal información es totalmente inexistente para otras especies. La aplicación de nuevas tecnologías, tales como la telemetría satelital, los registradores automatizados recuperables, los marcadores moleculares, el rastreo acústico, y los sensores remotos, combinados con buques dedicados a la investigación, representan una valiosa alternativa para incrementar nuestro entendimiento de la ecología y la biología de estos importantes depredadores marinos (Greene y Wiebe, 1990; Costa, 1993; Hoelzel, 1993). Estas nuevas herramientas ya han aportado importantes conocimientos sobre las vidas de algunas especies (Boyd, 1993). Existe la posibilidad de vincular los estudios de las aves y mamíferos marinos con investigaciones sobre especies depredadas por motivos comerciales, como las anchovetas, las sardinas y los calamares. Las aguas relativamente calmas y las altas concentraciones de aves y mamíferos marinos en el Océano Pacífico y el Golfo de California ofrecen una oportunidad única para aplicar estas nuevas tecnologías a especies pelágicas que han sido difíciles de estudiar.

Mediante la inclusión de estos grandes depredadores en estudios integrados de biología pesquera y de interacciones biofísicas, se obtendría una importante información sobre la habilidad de las aves y los mamíferos marinos para ajustarse a los cambios impulsados por el clima en la abundancia y disponibilidad alimenticia (por ejemplo, los efectos del Niño). Nuevos esfuerzos en varias instituciones en los Estados Unidos y México están en progreso. Investigadores de la Universidad de California en Santa Cruz y Davis han colaborado con colegas de la Universidad Autónoma de Baja California y del Centro Interdisciplinario de Ciencias Marinas (CICIMAR-La Paz) del Instituto Politécnico Nacional (IPN), para estudiar las poblaciones de aves y mamíferos marinos y la ecología de forrajeo en el Golfo de California y en el Océano Pacífico. La Universidad Texas A&M, en Galveston, está realizando un importante esfuerzo de investigación con fondos del Servicio de Administración de Minerales de los Estados Unidos (U.S. Minerals Management Service) para entender la relación entre la abundancia de mamíferos marinos y la oceanografía física y biológica del Golfo de México (Davis y Fargion, 1996).

Los pinnípedos y las aves marinas son extremadamente susceptibles a los impactos negativos de corto plazo por las perturbaciones humanas (Anderson et al., 1976) y a los impactos negativos de largo plazo por la introducción de mamíferos terrestres (Burger y Gochfeld, 1994; Velarde y Anderson, 1994) y requieren de islas libres de depredadores para procrear exitosamente. En los últimos 30 años, un incremento del 175% en la población humana en la costa del Pacífico y en áreas del Golfo de California y la construcción de caminos a lo largo de gran parte de la costa han incrementado la accesibilidad y el atractivo de las islas de la región a la pesca comercial, a los turistas y a otros visitantes potenciales. Junto con el incremento de las perturbaciones humanas ha habido introducción de mamíferos no nativos del lugar. Actualmente, una especie de ave de mar, el *Larus livens*, está en peligro de extinción debido a la presencia de mamíferos introducidos en todas las colonias de crianza conocidas, y otras especies también están en peligro. La mayoría de las islas importantes para la crianza se encuentran legalmente protegidas como áreas naturales. De este modo, el desarrollo y aplicación de técnicas efectivas para erradicar a los mamíferos introducidos en esas islas son posibles y pueden tener beneficios de conservación a largo plazo para la crianza de aves marinas en la región.

El desarrollo humano en ambientes estuarinos también puede impactar tanto a las aves como a los mamíferos marinos a través de la pérdida directa de hábitats de forrajeo y crianza y la pérdida indirecta de áreas importantes en el ciclo de vida de especies depredadas. Por ejemplo, la destrucción del delta del Río Colorado, debida a la restricción en el aporte de la descarga de agua dulce, amenaza directa e indirectamente a la vaquita como a poblaciones regionales de muchas especies de aves marinas que se reproducen e invernan en el Alto Golfo de California. Tal como lo que sucedió en los Estados Unidos, la destrucción en pequeña escala de los hábitats de los humedales a través del incremento en el desarrollo de las marinas y la acuicultura que también amenaza en mayor grado a las poblaciones de aves y mamíferos marinos en México.

Sedimentos Laminados Controlados por el Clima

Los sedimentos finamente laminados en cuencas periódica o permanentemente anóxicas de la Provincia Marginal Continental de California y del Golfo de California, constituyen un registro detallado de la respuesta del océano a los cambios climáticos globales durante por lo menos, los últimos 100,000 años, como se muestra en la Cuenca de Santa Bárbara por medio de la correlación de los registros de temperatura isotópica en las muestras de núcleos de hielo colectados en Groenlandia, y con los eventos del Océano Atlántico Norte (Kennett y Ingram, 1995). Ciertos sitios oceánicos, tales como la Cuenca de Santa Bárbara, aparentemente amplifican la señal de acoplamiento clima-océano. Las laminaciones están alternamente dominadas por componentes oceánicos y terrestres, y por sedimentos oxigenados y bioperturbados versus sedimentos no perturbados.

Estudios de escamas de peces, incluídas en los sedimentos laminados, realizados por Baumgartner et al. (1992) muestran un registro de 2,000 años de fluctuaciones en las poblaciones de sardinas del Pacífico y de las anchovetas del norte durante períodos de 60 a 100 años, respectivamente. Los cambios recientes en estas poblaciones son semejantes a las fluctuaciones del pasado. Estudios de los sedimentos anóxicos al oeste de Baja California y en el Golfo de California (v.gr., Holmgren-Urba y Baumgartner, 1993) muestran largos períodos de tiempo caracterizados por fluctuaciones en las poblaciones de peces. Las observaciones de sedimentos laminados podrían ayudar a responder preguntas relacionadas con los factores biológicos y físicos que controlan las variaciones de largo período del ambiente marino. Estudios preliminares sobre el tema han sido realizados por Broenko et al. (1983), Devol y Christensen (1993), y Ayala-López y Molina-Cruz (1994), no obstante más estudios podrían proveer nuevas ideas.

Las investigaciones en colaboración entre científicos mexicanos y estadounidenses, sobre sedimentos laminados, podrían ser bastante productivas como una manera de afinar estimaciones de cambios climáticos del pasado y la respuesta de los sistemas biológicos y físicos del océano a esos cambios. Tales investigaciones conjuntas se están realizando en el Golfo de California–por ejemplo, en el talud de las cuencas al noreste de La Paz–que involucran a la Universidad Autónoma de Baja California Sur y a la Universidad del Sur de California, pero investigaciones similares también deberían ser conducidas en la Provincia Marginal Continental de California. Estudios comparativos de los procesos que ocurren en estas dos regiones mejorarían nuestro entendimiento y el uso de estos sensibles índices climáticos.

Contaminación Marina

Actualmente existe una creciente preocupación pública acerca de la calidad y salud del medio ambiente costero en las áreas fronterizas de México y los Estados Unidos (Botello et al., 1996) debido a los reportes sobre clausura de playas, prohibición de pesca de crustáceos, insalubridad en el consumo humano de productos marinos, descargas costeras y oceánicas de desperdicios y pérdida de hábitats. Consecuentemente, la sociedad está más consciente de los problemas de contaminación en el ambiente marino costero, sobre todo en las playas y aguas adyacentes. El ambiente marino se utiliza intensivamente en la zona fronteriza México-Estados Unidos para la transportación, recreación y pesca comercial y es el destino final de muchos contaminantes que amenazan a los ecosistemas marinos y a las poblaciones humanas costeras. Los impactos de la contaminación incluyen la toxicidad y enfermedades en las poblaciones de peces y crustáceos, cambios en las zonas donde crecen los mantos de algas gigantes y otros ecosistemas, cambios en las poblaciones de plancton debidos a fenómenos de eutroficación originados por aguas residuales, y de la contaminación de sedimentos y organismos con material tóxico y bacterias acarreadas en las aguas de desecho y descargas fluviales. Estos efectos contaminantes son acumulables si las descargas tóxicas locales y regionales persisten con el paso del tiempo.

El rango de contaminantes introducido en el medio ambiente marino alrededor de la región fronteriza de México y los Estados Unidos es extenso. Entre los contaminantes que deberían ser estudiados están las bacterias y los patógenos, en particular la materia orgánica y los sólidos, los metales traza, los químicos orgánicos sintéticos y los productos derivados de la explotación y producción del petróleo. Entre los temas de la contaminación regional que necesitan ser estudiados figuran los siguientes:

* la biogeoquímica relativa a los influjos, vías de transporte, y destino de varios contaminantes;
* la utilidad de la adquisición rutinaria de datos sobre la calidad ambiental costera y su uso como un fundamento para la administración e implementación de políticas, el uso sustentable de los recursos (¿existen muchos programas de monitoreo operando en la actualidad ?; ¿son éstos efectivos?);
* el papel de organismos bivalvos indicadores en el monitoreo de contaminantes químicos;
* la efectividad del monitoreo de descargas de aguas residuales; y
* los efectos biológicos de la contaminación química.

Los protocolos para bioensayos y las pruebas de bioacumulación estandarizados deberían ser requeridos para valorar (1) la toxicidad de los efluentes en la vida marina, (2) los riesgos del consumo humano de productos marinos provenientes de las áreas costeras afectadas por tales efluentes y (3) los cambios del hábitat como resultado de las actividades humanas. Para fundamentar estos estudios será necesario seguir los siguientes pasos:

* desarrollar un inventario de químicos y bacterias perjudiciales al medio ambiente costero fronterizo;
* identificar las fuentes de contaminantes ambientales;
* desarrollar descripciones básicas de la geografía, la hidrología, la calidad

del agua, los patrones de circulación cercanos a la costa, el clima, los hábitats y los recursos humanos de las áreas propensas a la contaminación, incluyendo los patrones de uso del suelo y las actividades económicas.

En el futuro próximo, el monitoreo y la investigación relacionados con la contaminación marina deben valorar tanto el grado de exposición y sensibilidad de los ecosistemas marinos a los contaminantes, como los efectos acumulativos de estos agentes.

Transporte de los Sedimentos en el Alto Golfo de California

Las aguas de la parte norte del Golfo de California (menos de 40 metros de profundidad) son mezcladas verticalmente por corrientes de mareas, dando como resultado grandes acumulaciones de sedimento en suspensión, particularmente en los canales dentro de los deltas, como por ejemplo, en la desembocadura del Río Colorado. Las concentraciones de materia particulada en suspensión alcanzan 130 mg/L cerca de Baja California del lado de la parte superior del golfo, decreciendo a 5 mg/L hacia el centro del norte del golfo (García de Ballesteros y Larroque, 1974). Valores extremos de 10 g/L han sido reportados en las desembocaduras de los canales del delta. Los sedimentos originados en la región del delta han sido observados 250 km hacia el sur, cerca de la Isla Ángel de la Guarda. Aún no se sabe si la resuspensión y el extenso transporte de sedimentos ocurre en las demás partes del norte del golfo o en otras áreas locales. Se ha demostrado que cuando los sedimentos se encuentran suspendidos, los nutrientes son liberados con el agua intersticial, de tal manera que el transporte de sedimentos pudiera tener un impacto directo en las cadenas alimenticias a través de la estimulación del crecimiento del fitoplancton (Hernández Ayón et al., 1993).

La investigación que se desarolla en el CICESE, incluye la medición detallada de la concentración de los sedimentos suspendidos y de los perfiles de velocidad. Se sabe que la turbidez está fuertemente influencida por la marea; las componentes de advección y de resuspensión son ambas importantes, pero la primera parece dominar durante las mareas muertas (Cupul Magaña, 1994; Alvarez y Ramírez, 1996). Mar adentro en Baja California, las concentraciones de sedimentos suspendidos próximas a la superficie durante las mareas vivas son de 5 mg/L y de 80 mg/L cercanas al fondo marino.

Existen estudios directamente relacionados con la circulación (Godínez, 1997), la hidrografía (Alvarez Borrego et al., 1973; Alvarez Borrego y Galindo-Bect, 1974; Alvarez Borrego et al., 1975), la biomasa, los nutrientes, el seston (Farfán y Alvarez Borrego, 1992; Hernández Ayón et al., 1993; Zamora-Casas, 1993) y modelos hidrodinámicos (Carbajal et al., 1997; Marinone, 1997; Argote et al., 1997) del área; pero un entendimiento completo del transporte de sedimentos no se ha logrado. La mayoría del conocimiento que hemos obtenido acerca de los sedimentos suspendidos y de la turbidez en la parte superior del golfo es observacional. Como resultado, los cambios que tienen lugar por las mareas y en las más bajas frecuencias son inexplicables e impredecibles. Se requieren mediciones frecuentes de estas propiedades a través del tiempo para obtener entendimiento y habilidades de predicción. Las mediciones de turbidez deben ser consideradas en los modelos de circulación y transporte de sedimentos para maximizar su utilidad y potencialmente para lograr una habilidad predictiva. Las mediciones capaces de detectar la circulación residual de baja frecuencia ante la presencia de grandes variaciones de marea son necesarias en la parte superior del golfo. Nuevas observaciones están planteadas, por personal del CICESE y de la Universidad Autónoma de Baja California, con el financiamiento del CONACyT.

La distribución vertical de materia particulada en suspensión y los cambios de distribución causados por la fuerzas de la marea y del viento no han sido explicados. Consecuentemente, la labor más difícil para explicar la distribución horizontal de la materia en suspensión, no se ha logrado. Las dificultades para desarrollar modelos predictivos se deben en parte a los cambios rápidos en la turbidez resultante de la frecuencia de la marea semidiurna que domina a este ambiente. Varios patrones de aguas turbias (de franja, de estructuras frontales, pequeñas estructuras como remolinos, plumas costeras) han sido observados en imágenes de satélite (Lepley, 1973) pero sus orígenes son desconocidos. Estos fenómenos tienen que ser explicados en términos de su dinámica la cual involucra a las mareas, el viento y la interacción de las corrientes con la morfología del fondo del mar.

Ahora que el aporte de sedimentos terrígenos y el agua del Río Colorado es insignificante, el volumen de sedimentos del delta y de las regiones adyacentes depende principalmente del transporte inducido por las mareas (tanto como cargas del fondo como cargas suspendidas). Es importante determinar si el delta o las áreas específicas de esta región están siendo destruidas por los procesos dominantes de erosión a través del tiempo, o si estas áreas están siendo azolvadas por mecanismos de depósito. Las respuestas a estas preguntas tienen implicaciones significativas tanto para el futuro de los hábitats marinos naturales como para el futuro de las actividades humanas en la costa del Golfo de California.

Desarrollo Tectónico de la Provincia Marginal Continental de California y del Golfo de California

La Provincia Marginal Continental al oeste de Baja California y hacia el sur de California ocupa un lugar único y estratégico crítico para entender la evolución de la corteza de las Californias en el borde de la Placa del Pacífico y de la Placa Norteamérica (Krause, 1965). Adquirir tal conocimiento requerirá de nuevas investigaciones conjuntas entre científicos mexicanos y estadounidenses. La Provincia Marginal Continental es una región submarina con altas crestas, cuencas profundas y unas cuantas islas que se extienden 900 km desde Punta

Concepción al norte, hasta Bahía Vizcaíno al sur y tiene unos 300 km de ancho (Krause, 1965). La estructura geológica de la Provincia Marginal Continental está constituida por bloques continentales desplazados, que descubren la corteza inferior y las rocas oceánicas subduccionadas por el extenso vulcanismo basáltico; así como las facies sedimentarias de diversas edades (Greene y Kennedy, 1987). La región ha experimentado elementos significativos de subducción del Terciario, extensión miocénica y compresión post-miocénica, junto con importantes componentes de deformación transcurrente. La Provincia Continental Marginal es casi dos veces tan ancha como algunas otras localidades análogas a lo largo del borde oeste de Norte América y fue el resultado de la extrema extensión continental en el Mioceno, estimada de hasta 250 km.

Recientes avances conceptuales (por ejemplo, Legg, 1991; Bohannon et al., 1993: Crouch y Suppe, 1993; Nicholson et al., 1994) han aportado, por primera vez, modelos coherentes y comprobables para el desarrollo tectónico[*] de la Provincia Continental Marginal y su relación con la tectónica de las Californias. En la actualidad toda la Baja California y la parte oeste del sur de California se desplazan hacia el noroeste con la Placa del Pacífico, con respecto a la Placa de Norteamérica. Sin embargo, anterior al Terciario medio (hace 20 millones de años), la Placa del Pacífico fue separada del continente por la Placa de Farallón, que estaba en subducción en la trinchera oceánica a lo largo del margen de las Californias. Una dorsal separa a las dos placas oceánicas. Finalmente, la subducción casi completa de la Placa de Farallon acercó a la dorsal oceánica hacia la Placa de Norteamérica en la trinchera, con lo cual la Placa de Farallón comenzó a romperse y las microplacas resultantes fueron capturadas por la Placa del Pacífico junto con partes del margen continental. El movimiento entre la placa oceánica y la Placa de Norteamérica cambió de uno de subducción al actual movimiento transcurrente lateral derecho, de la Falla de San Andrés y sus análogos ancestrales, seguido después por la apertura oblicua del Golfo de California. Mar adentro del Sur de California, este evento ocurrió hace 20 millones de años con la unión de la Microplaca remanente de Monterey de la Placa de Farallón con el margen continental, e inició:

1. una separación y cambio de movimiento hacia el norte de algunos segmentos del margen continental al ser capturados por la Placa de Pacífico;

2. una rotación de 90 grados de uno de estos segmentos sobre el área actual de la Provincia Continental del norte para convertirse en las actuales Sierras Transversas occidentales cuya orientación este-oeste resulta de que el extremo occidental de la sierra se movió hacia el norte más rápidamente que el extremo oriental; y

3. una reorganización de la tectónica de la región que dió lugar a la estructura actual de la Provincia Continental Marginal y las Californias, la apertura del

---

[*]Tectónica se refiere a la estructura regional y a las características de deformación de la corteza de la Tierra.

Golfo de California, y la captura de Baja California y todo el sur de California hacia el oeste de la falla de San Andrés por la Placa del Pacífico.

El debate principal, sin embargo, consiste en:

• si la extensión en la Provincia Marginal Continental continuó hasta que la expansión del fondo marino fuese alcanzada en las cuencas adelgazadas;
• cómo este proceso de extensión fue acomodado en diferentes niveles en la corteza;
• cómo esta extensión estuvo relacionada con la evolución del borde transformante de la placa; y
• qué tan estrechamente relacionada está la duración de la extensión con los movimientos de las placas oceánicas y con las predicciones de los modelos tectónicos propuestos.

Mucha de la investigación geológica y geofísica se ha realizado al norte de la Provincia Marginal Continental, especialmente por compañías petroleras. Sin embargo, se han hecho pocos estudios, y menos aún uno sísmico moderno profundo al sur de dicha Provincia en Baja California, donde se localizan los sitios principales para probar el nuevo modelo tectónico. El más significativo desarrollo de investigación reciente ha sido la perforación de los depocentros en las cuencas de la Provincia Marginal Continental durante el Programa de Perforación del Océano (Ocean Drilling Program) etapa 167 en 1996. El sitio perforado hacia el sur de esta Provincia llegó al fondo alcanzando a un basalto relativamente reciente del Mioceno tardío (hace 9 millones de años; Lyle et al., 1997). Los núcleos de perforación contienen una rica historia de cambios climáticos, con períodos cálidos y fríos, cambios en la Corriente de California y en la flora y fauna marina, e influencias de la reorganización tectónica tales como la elevación de Baja California. Estudios posteriores de las muestras de núcleos podrían ser fructíferos en revelar esta historia.

Científicos de los Estados Unidos y México han mostrado considerable interés en conducir investigaciones en el área de la Provincia Marginal Continental. Se podría perseguir un programa binacional sobre este tema que involucrase a varias instituciones y barcos, usando:

1. medición sísmica multicanal a bordo, percepción remota, y otras técnicas geofísicas marinas para obtener imágenes de la estructura geológica tridimensional en niveles de la corteza tanto somera como profunda;
2. refracción marina/costera para evaluar la velocidad de la estructura de la corteza y del manto superior y para ayudar a relacionar la estructura marina con la geología del continente; y
3. muestreo del fondo marino, análisis de los muestreos de núcleos, determinación de edad por isótopos, y estudios petrológicos para evaluar la composición

rocosa en el mar y cerca del litoral, la estratigrafía, y las tasas y las edades de sedimentación, vulcanismo y la deformación y ruptura de la Provincia Marginal Continental, así como los cambios en el clima y el Sistema de la Corriente de California.

Estos tres tipos de observaciones proporcionarían un conjunto integrado de datos que permitiría una interpretación detallada de los procesos fundamentales involucrados en la evolución y extensión de la corteza, y el desarrollo de los límites de las placas de este segmento crítico del margen continental de las Californias. Los objetivos científicos deberian incluir la determinación de las facies sedimentarias en el área y los procesos de su depositación, tales como los roles comparativos de los sedimentos derivados del continente versus los sedimentos marinos, así como su impacto en el cambio climático. Como un paso inicial, un taller de científicos mexicanos y estadounidenses interesados en estos problemas deberia revisar en detalle el estado del conocimiento e identificar problemas conjuntos de investigación científica y ambiental, tanto a nivel disciplinario como interdisciplinario.

Un corolario natural de la actividad anterior sería un estudio detallado de la interacción actual de la Microplaca Oceánica Rivera con el margen continental del estado de Jalisco, en tierra firme de México. Esta interacción puede ser una analogía moderna de la interacción tectónica de hace 20 millones de años, cuando la Microplaca de Monterey fue capturada por la Placa del Pacífico, con todas las consecuencias descritas anteriormente.

Se conoce con algún detalle la historia del reacomodo de las placas al oeste de la Península de Baja California; sin embargo, con respecto al Golfo de California, hay datos inadecuados para permitirnos discernir el comienzo del fraccionamiento oceánico y del fallamiento transforme o la historia de los movimientos en la región que unen a Baja California con la superficie continental de México. Un estudio reciente del límite de la Placa de Norteamérica, fue conducido por científicos y barcos españoles y mexicanos en el sur del Golfo de California y hacia el sur a lo largo de la costa del Pacífico mexicano (Dañobieta et al., 1997). Este estudio documenta la transición del escenario tectónico, de uno de completa subducción a otro de borde de transformación en la placa, que podría llevar a un mejor entendimiento y predicción de terremotos en la región.

Desde hace aproximadamente 5 millones de años hasta el presente, el sistema de fallas de transformación y de centros de extensión en el Golfo de California ha sido formado como resultado de cambios en el límite de la placa en esta región. Este sistema de fallas de transformación y cuencas se desarrolló hacia el norte, uniéndose al sistema de la Falla de San Andrés en California.

En los párrafos siguientes, se sugieren algunas preguntas con respecto a la geología y geofísica del Golfo de California. Estas preguntas son de interés para los científicos porque ayudan a definir la historia del golfo, su área continental adyacente, su geología y geofísica (Umhoefer et al., 1996).

Algunos estudios locales parecen apoyar el modelo en el cual el golfo está dividido en segmentos de distensión desplazados unos de otros por fallas de transformación, similares a las extensiones ortogonales de la Provincia Marginal Continental de California. Existen, sin embargo, muchas preguntas sin responder. Por ejemplo, ¿es la península el resultado de una migración en el tiempo, tal como parece hoy día, de Sonora hacia el noroeste? Si es así, ¿cuándo comenzó? ¿Es la segmentación una característica ampliamente distribuida en el golfo? ¿Es este patrón estructural el responsable de la formación del protogolfo en el tiempo y que ha sido establecido por la escisión ortogonal?

Algunos aspectos geológicos primarios relevantes para la formación del golfo posiblemente influyen en su localización y desarrollo: el batolito* en Baja California podría haber controlado la definición del margen del oeste de la distensión, actuando como un bloque rígido; tal vez el ambiente trans-arco del Cretácico ocupó la posición del golfo reciente, y/o el arco volcánico del Mioceno tardío ayudó a determinar la posición actual del golfo. Se debe integrar la información del extremo sur del sistema de la Falla de San Andrés con datos de la boca del golfo para determinar la importancia del vulcanismo del Mioceno.

El conocimiento de los movimientos de las placas sugiere una diferencia en la historia del proceso de las distensiones y el vulcanismo entre las partes del norte y sur del golfo, pero este contraste no queda esclarecido con los datos petrológicos; por lo tanto, se necesitan estudios adicionales isotópicos para definir la evolución temporal de la composición litosférica en ambos extremos del golfo. Datos provenientes de micro y macrofósiles, sugieren que la primera incursión marina en el golfo actual ocurrió hace aproximadamente entre 12 a 15 millones de años y fue caracterizada como un proceso transgresivo en ambientes costeros poco profundos. Dos preguntas relacionadas con las incursiones marinas son: (1) ¿podrían los datos paleontológicos ayudar a determinar si hay discordancias sincrónicas en una escala regional en el golfo? y (2) ¿cuándo y en cuáles regiones hubieron vínculos entre el golfo y el Océano Pacífico, como sugiere alguna información paleontológica?

Sistemas de Ventilas Hidrotermales

Los ambientes hidrotermales del fondo del mar en el Golfo de California son lugares idóneos para realizar estudios interdisciplinarios de los procesos ecológicos, biogeoquímicos y geofísicos importantes para entender el significado global de los procesos que ocurren en los centros de dispersión oceánicos. En contraste con la mayoría de los centros de dispersión oceánicos, algunas de las ventilas en el Golfo de California están cubiertas por una capa gruesa de sedimentos que se caracterizan por tener extremos gradientes físico-químicos. Las tem-

---

*Un batolito es un cuerpo de roca ígnea formada a una considerable profundidad y comprende al menos 100 kilómetros cuadrados.

peraturas de los sedimentos en las aguas profundas pueden variar entre 2 a 4° C en la interfase agua-sedimento, y hasta más de 200° C a menos de 1 m de profundidad en la columna de sedimentos. Los fluidos hidrotermales, cuyas temperaturas exceden los 350° C, son expulsados de chimeneas localizadas en montículos mineralizados (Von Damm et al., 1985). El petróleo, encontrado en asociación con montículos y en sedimentos circundantes, es creado a partir de la alteración térmica de detritos biológicos, seguido por la compresión durante la eliminación hidrotermal y por condensación en el fondo marino (Simoneit y Lonsdale, 1982; Peter et al., 1991). Los hidrocarburos ligeros disueltos en los fluidos hidrotermales en la Cuenca de Guaymas tienen un origen más termogénico que biogénico (Welhan y Lupton, 1987).

Los sedimentos alterados hidrotermalmente en el fondo marino de la Cuenca de Guaymas proporcionan oportunidades únicas para la investigación; estos sistemas han atraído a científicos de muchos países al área del golfo. El flujo de calor hacia las aguas superiores (Lonsdale y Becker, 1985) es lento a causa de la cubierta gruesa de sedimentos, así como por el extenso sistema de diques y umbrales por debajo de la superficie que interrumpen la circulación hidrotermal (Einsele et al., 1980). No se conoce actualmente ningun otro ambiente de mar profundo que tenga una variedad comparable de condiciones físicas que influyan en las relaciones ecológicas. Las distribuciones químicas están dominadas por interacciones complejas entre los fluidos hidrotermales migrantes y materiales sedimentarios orgánicos e inorgánicos (Gieskes et al., 1982). Además de las ventilas hidrotermales profundas del golfo, existen numerosas zonas cercanas de aguas poco profundas tales como Punta Banda, Baja California, donde la actividad hidrotermal y la microbiología de las bacterias marinas termofílicas pueden ser estudiadas a profundidades aproximadas de 30 m (Vidal, 1980; Vidal y Vidal, 1980; Vidal et al., 1982; Vidal et al., 1978, 1981).

En contraste con los centros de dispersión oceánicos donde el flujo de calor se concentra en ventilas distribuidas a lo largo de la zona de escisión, la mayoría del flujo de calor de los sedimentos de Guaymas puede ser llevado por soluciones que fluyen a través de una miríada de perforaciones de diámetro pequeño (<2 cm) en el sedimento. Dichas salidas ocurren continuamente sobre muchas áreas de más de 100 m^2 y por lo tanto tienen importantes implicaciones para el balance químico y las reacciones dentro de la columna sedimentaria.

Las distribuciones químicas en los lodos diatomáceos rápidamente acumulados de la Cuenca de Guaymas también son dominados por interacciones complejas entre fluidos hidrotermales y materiales tanto orgánicos como inorgánicos (Gieskes et al.,1982; Von Damm et al., 1985; Simoneit et al., 1990). Altas concentraciones de sulfuro y cadenas cortas de ácidos orgánicos resultantes de la degradación termal de material orgánico sedimentario (Martens, 1990) ocurren tanto en agua intersticial como en fluidos existentes en las ventilas en sedimentos que sirven de sustrato a extensos mantos de la bacteria *Beggiatoa*. La generación de hidrocarburos policíclicos y aromáticos (PAHs) de tipo tóxico o carcinogénico durante la formación de petróleo en el fondo marino (Kawka y Simoniet, 1990), a concentraciones similares a los niveles encontrados en crudos típicos o en sitios industriales contaminados, sugiere que los sistemas de ventilas hidrotermales pueden ser interesantes "laboratorios naturales" para el estudio de los efectos de tales compuestos tanto a nivel de especies como de ecosistemas bentónicos.

Los sistemas de ventilas hidrotermales brindan magnificas oportunidades para el estudio de procesos microbiológicos que ocurren en temperaturas extremadamente altas. Los mantos masivos de *Beggiatoa* pueden exceder los 3 centímetros de espesor en los sedimentos superficiales y más de 30 cm en los montículos hidrotermales (Jannasch et al., 1989). Las bacterias filamentosas del género *Beggiatoa* son productoras primarias litoautotróficas[*] (Nelson et al., 1989). Estudios hechos por Jørgensen et al., (1992) usando azufre 35 (^{35}S) como un trazador radioactivo han revelado la presencia de bacterias reductoras de sulfato en los mantos, con una temperatura óptima entre los 103 y 106° C y una actividad hasta los 110° C. Estas observaciones extienden la temperatura límite más alta conocida de la reducción bacteriana de sulfato en 20° C y tienen implicaciones potenciales para aplicaciones biotecnológicas en altas temperaturas.

El papel de las comunidades bacterianas en ambientes de ventilas hidrotermales ha sido estudiado por Jørgensen et al. (1990) y Romero et al. (1996), quienes documentaron la importancia de diversos grupos en la degradación de material orgánico producido en ambientes hidrotermales. Se deberían llevar a cabo estudios adicionales relacionados con los aspectos funcionales de las bacterias en las cadenas alimenticias de las ventilas. El conocimiento sobre la ecología de la fauna bentónica asociada con las ventilas hidrotermales de Guaymas es reciente y aún limitado. La mayoría de los estudios se han enfocado a la taxonomía y descripción de nuevas especies de gusanos poliquetos y crustáceos (Grassle, 1991; Grassle et al., 1985; Soto y Grassle, 1988). Existen pocos artículos publicados que se enfocan a la megafauna (Soto et al., 1996; Escobar et al., 1996) y al macrozooplancton sobre y cerca de las ventilas hidrotermales de mar profundo, a sus estrategias de dispersión en la columna de agua y al efecto potencial de los flujos hidrotermales en sus patrones de distribución (Grassle, 1986; Berg y van Dover, 1987). Estudios paleoceanográficos realizados por Ayala-López y Molina Cruz (1994) revelaron la presencia de foraminiferos bénticos vivos en las ventilas hidrotermales de la Cuenca de Guaymas. Estudios de las ventilas hidrotermales del Golfo de California ofrecen oportunidades para nuevos y significativos hallazgos y proporcionan un impulso natural para la investigación oceanográfica interdisciplinaria y multinacional. Los sitios de las ventilas son atractivos por su accesibilidad y proximidad a la costa.

---

[*]Organismos litoautotróficos son aquellos que dependen de los minerales derivados directamente de las rocas.

Ejemplos de Posibles Temas de Estudio

Investigadores de México, Estados Unidos, Dinamarca, Alemania, Francia, y otros países han estado activamente involucrados en la investigación de la Cuenca de Guaymas durante más de dos décadas. Sin embargo, debido a que México carece del equipo e infraestructura necesarios para realizar estos estudios, muy pocos científicos mexicanos han tenido la oportunidad de participar en las investigaciones de las ventilas hidrotermales de Guaymas. La participación mexicana generalmente se ha limitado a jugar un modesto papel en los buques extranjeros y con fondos del exterior. Esta investigación, principalmente extranjera, ha llevado a importantes descubrimientos en un número de áreas y ha indicado la necesidad de investigación adicional de nuevos y estimulantes temas incluyendo los ejemplos mencionados a continuación. Esta es un área de investigación que ya se puede llevar a cabo bajo liderazgo mexicano. Las disciplinas científicas que probablemente estarían involucradas de manera central incluyen a la microbiología, la ecología bentónica, la biogeoquímica, la geología y la geofísica, así como la biotecnología y toxicología.

La Microbiología y Ecología de Ventilas Hidrotermales: Las ventilas hidrotermales del Golfo de California ofrecen oportunidades para estudios de comunidades únicas de microorganismos y fauna del mar profundo. Los temas potenciales de investigación incluyen la regulación de la temperatura y del substrato del metabolismo y las tasas de la degradación microbiana; los controles de los gradientes químicos en los procesos microbianos; los efectos de las perturbaciones químicas y térmicas en la estructura de la comunidad a lo largo de los gradientes desde el ambiente de las ventilas activas hasta la planicie abisal; las vías biogeoquímicas principales que apoyan las redes alimenticias microbianas; la comparación de las interacciones entre animales y sedimentos en los ambientes hidrotermalmente alterados contra ambientes abisales sedimentarios; la colonización de las ventilas; la genética del complejo bacteriano y de megafauna; y los paradigmas de la biodiversidad en el mar profundo.

Biogeoquímica: Los estudios de las interacciones de los fluidos hidrotermales con la materia orgánica sedimentada en estos ambientes únicos pueden dilucidar nuevos procesos biogeoquímicos que podrían haber sido comunes al inicio del origen de la vida en la Tierra. Ejemplos de temas de investigación prometedores incluyen la degradación de materia orgánica por vías térmicas contra vías microbianas; los mecanismos de transporte químico (advección contra difusión); el papel de la composición mineral en la superficie; interacciones entre materia orgánica e inorgánica a temperaturas elevadas; y la formación y disolución mineral.

Geología y Geofísica: La geología y la geofísica de las zonas de las ventilas y la resultante variación de flujo de calor son los factores de mayor importancia que controlan los ciclos químicos y biológicos en dichos sitios. Estudios potenciales relacionados con la geología y la geofísica incluyen la formación de cuerpos masivos de minerales sulfurosos; la formación de petróleo a partir de materia orgánica de reciente producción; la migración de fluido hidrotermal a través de sedimentos compactados; controles sobre la variabilidad temporal de los procesos de las ventilas y la comparación de la actividad sísmica entre los sistemas como la Cuenca de Guaymas con respecto a los de mar abierto.

Biotecnología y Toxicología: Los sistemas hidrotermales cubiertos por sedimentos pueden alojar organismos únicos que podrían tener propiedades comerciales útiles o podrían ayudar en el estudio de los efectos de materiales tóxicos para la fauna marina. Las actividades científicas importantes incluyen el aislamiento de bacterias termofílicas extremas con potencial para aplicaciones industriales, la generación termal de materiales orgánicos tóxicos o carcinogénicos, y el aislamiento de nuevos compuestos.

Tales estudios en la Cuenca de Guaymas pueden producir un número de beneficios sociales y económicos que podrían derivar en nuevas investigaciones en las ventilas bloqueadas por sedimentos y en manantiales de agua termal en aguas poco profundas. Algunos beneficios potenciales incluyen:

- el desarrollo de una industria biotecnológica basada en nuevas características de organismos termofílicos de ambientes caracterizados por gradientes químicos extremos combinados con altas temperaturas;
- el uso de ambientes tipo Cuenca de Guaymas como "laboratorios naturales" para estudios de los efectos en comunidades bentónicas de compuestos tóxicos y carcinogénicos producidos naturalmente tales como los PAHs encontrados en sedimentos altamente contaminados;
- un mejor entendimiento de los procesos que llevan a la producción y transporte de petróleo y gas natural; y
- un mejor entendimiento de los fluidos hidrotermales y de los procesos de migración de las aguas freáticas a lo largo del margen tierra-océano, los orígenes de los sistemas hidrotermales y los determinantes de su composición química.

EL MAR INTRA-AMERICANO*

Introducción

El Mar Intra-Americano (IAS) es una unidad geográfica coherente, limitada principalmente por las islas del Mar Caribe y las masas de tierra continental de

---

*Aunque en esta sección se enfoca al Golfo de México, tanto México como los Estados Unidos tienen océanos costeros significativos en el Mar Caribe (o el Mar de las Antillas de acuerdo al uso popular mexicano). Adicionalmente, evidencias científicas indican vínculos físicos y biológicos esenciales entre el Mar Caribe y el Golfo de México. Así, el alcance geográfico del Golfo de México

los Estados Unidos, México, Centro y Sur América. A lo largo de las costas del Golfo de México pertenecientes a Estados Unidos y a México, los recursos del petróleo y gas natural son económicamente importantes. La exploración y producción petrolera se ha ido moviendo persistentemente hacia las aguas más profundas del Golfo (figura 2.3). Valiosos recursos pesqueros incluyen la pesca comercial del camarón y de escama en el Golfo de México (figura 2.3); la pesca de subsistencia y de pequeña escala en gran parte del Mar Caribe, una gran variedad de actividades deportivas marinas, y una creciente inversión en el maricultivo. El turismo costero está incrementándose de forma importante. La importancia económica y, en un mayor grado, la naturaleza y la composición biológica de los ecosistemas del IAS son funciones de sus singulares atributos físicos. Oceanógrafos físicos y meteorólogos han sospechado por décadas que el clima regional, y temporal y los ciclos hidrológicos están afectados significativamente por el IAS. Ejemplos bien conocidos por el público en general son los huracanes y las tormentas tropicales. Las transferencias vía aire-mar de calor, de humedad, y de gases traza, aunque menos entendidas, también se sospecha que están afectadas por tales eventos y procesos.

Las aguas oceánicas superiores del IAS son únicas por ser cálidas, prístinas y claras, y fluyen de este a oeste, del Océano Atlántico tropical y subtropical por su frontera del este hacia el Mar Caribe. Estas aguas transitan las cuencas del Mar Caribe de este a oeste y salen del Mar Caribe a través del Estrecho de Yucatán hacia el Golfo de México. De ahí, el agua se mueve hacia el norte a través de la parte este del Golfo de México vía la Corriente del Lazo, la cual vira hacia el sur a lo largo de la plataforma oeste de Florida y subsecuentemente fluye hacia el Océano Atlántico a través del Estrecho de Florida entre las costas de Cuba, Florida y las Bahamas, y el este del Cayo de Florida. La frontera occidental del Golfo de México está impactada por cálidos remolinos (anillos) desprendidos de la Corriente del Lazo y por el agua dulce suministrada por los Ríos Mississippi y Atchafalaya y ríos más pequeños de los Estados Unidos, así como por 25 ríos mexicanos provenientes de nueve sistemas de drenaje hidrológicos. No se tienen disponibles observaciones sinópticas de la circulación del total del IAS, aunque estudios de modelos (figura 2.4) y observaciones esporádicas en áreas del Mar Intra-Americano (figura 2.5) proporcionan perspectivas del flujo a través de la región.

Esta sección supone que la naturaleza y variabilidad de los recursos vivos del Mar Intra-Americano dependen del acoplamiento de sus procesos físicos y bioló-

---

y aguas adyacentes que aquí interesan incluye a la región que se le ha empezado a referir como el Mar Intra-Americano (IAS). El término (que se originó con un grupo de trabajo de la Sub-Comisión para las Regiones del Caribe y Adyacentes de la Comisión Oceanográfica Intergubernamental IOCARIBE), incluye al Mar Caribe, al Golfo de México, el Estrecho de Florida, las Corrientes de las Antillas y la Guyana, y debido a consideraciones biogeográficas, también a las Bermudas. Consecuentemente, la expresión "El Mar Intra-Americano" está convenientemente usada aquí para referirse a este sistema vinculado.

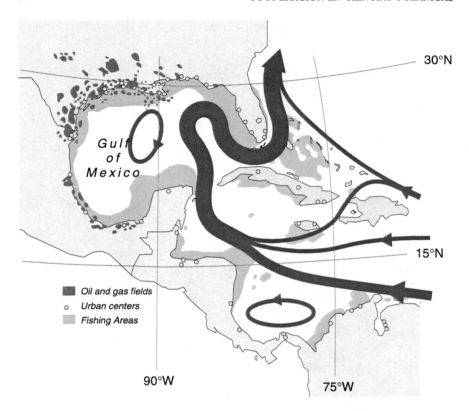

FIGURA 2.3. Distribución de campos de petróleo y gas natural, centros urbanos (poblaciones mayores a 100,000) y actividades pesqueras en la región del Mar Intra-Americano (IAS). Debido a la naturaleza semi-cerrada de la cuenca del IAS y el patrón de circulación observado, las actividades humanas en una parte del IAS pueden afectar otras áreas. Las corrientes son substancialmente más complejas y varían en todas las escalas de tiempo. Las áreas pesqueras (sombreadas en el mapa) corresponden a los caladeros de caracol, peces demersales, langosta y camarón. La circulación en el IAS vincula las regiones costeras con las poblaciones de especies comercialmente importantes. FUENTE: Adaptado de Maul (1993).

gicos. De esta manera, se presupone que la variabilidad natural de los recursos vivos puede ser mejor entendida, predicha y manejada documentando y verificando cómo las corrientes transportan larvas; cómo los fenómenos de menor escala controlan la producción primaria; y cómo las temperaturas y la salinidad, tanto alta como baja, afectan las tolerancias fisiológicas de los organismos. La discusión que sigue se centra en la manera en la cual las variaciones en un gran ecosistema marino pueden ser entendidas sobre la base de una mejor comprensión de los procesos de transporte y mezcla, lo cual es especialmente relevante para el Mar Intra-Americano debido a sus singulares características.

Es importante alcanzar un mejor entendimiento del acoplamiento biofísico del Mar Intra-Americano debido a las amenazas potenciales a la calidad ambien-

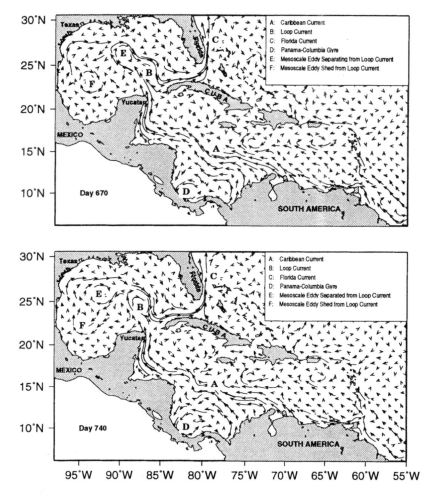

FIGURA 2.4.   La corriente cercana a la superficie en el Mar Intra-Americano (IAS) durante los días 670 y 740 correspondientes a una simulación numérica.   El Sistema de la Corriente del Golfo (A, B y C) que fluye a través del IAS es la característica predominante. En el Mar Caribe, el Giro ciclónico de Panamá-Colombia (D) constituye una característica dominante y persistente, la cual varió del día 670 al día 740.   En el Golfo de México, un gran vórtice anticiclónico (E) se separa de la Corriente del Lazo en el día 670; y se traslada cerca de 300 km con dirección oeste-sur-oeste para el día 740, e interactúa con otro anticiclón (F) desprendido antes del día 670.   Un esquema conceptual de estas importantes características, se muestra en la Figura 2.3.   FUENTE: cf. Mooers y Maul (1998).

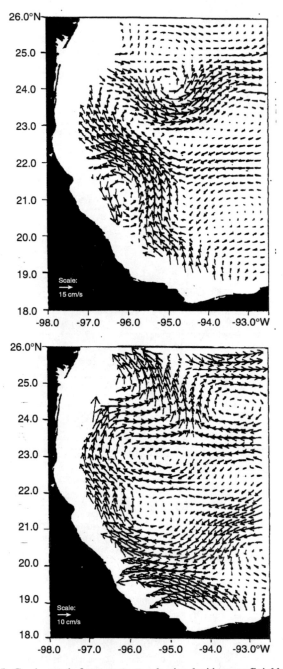

FIGURA 2.5. Corrientes de frontera oeste y la circulación superficial baroclínica (referida a 500 decibarios) en la región occidental del Golfo de México durante (a) marzo 1985 y (b) julio-agosto 1995.   FUENTE: Figura modificada de Vidal et al. (1994d).

tal, degradación que disminuiría el valor económico de este cuerpo de agua y la habitabilidad de sus áreas costeras. Tales amenazas, que se discutirán más abajo, incluyen la pérdida del hábitat por el desarrollo industrial y urbano, la liberación de contaminantes tóxicos por el desarrollo industrial y la intensa navegación, y una inadecuada administración pesquera.

Debido a su localización, el Golfo de México es fácilmente accesible para los científicos mexicanos y estadounidenses. Los esfuerzos importantes de investigación, algunos de ellos llevados a cabo conjuntamente, han sido realizados por México y los Estados Unidos en el golfo durante las últimas tres décadas. El IAS proporciona un excelente laboratorio físico dentro del cual los procesos oceanográficos importantes pueden ser estudiados y extrapolados a otras partes del océano global. La parte del IAS que corresponde al Golfo de México cubre una superficie que mide 1.5×10^6 km^2 y encierra un volumen de agua de 2.3×10^6 km^3. El centro del golfo, que incluye la Depresión Sigsbee, tiene un promedio de profundidad de 3,000 m. El veintisiete por ciento de la costa mexicana limita con el IAS. El Golfo de México es un importante productor de peces de escama (robalo, huachinango, etc.), de camarón, cangrejo y ostión (NMFS, 1996). Contiene el 50% de los humedales costeros de los Estados Unidos y el 70% de aquellos en México, proveyendo hábitats de tierras húmedas cruciales para el desove de peces y crustáceos y áreas para la alimentación de aves acuáticas migratorias. Aproximadamente dos terceras partes de las áreas continentales de México y los Estados Unidos desaguan dentro del Golfo de México. Las áreas costeras se encuentran bordeadas por barreras de islas y por arrecifes de coral en las áreas del sur (ver NRC, 1996, para información adicional).

Existen varios temas potencialmente importantes para el futuro binacional de la ciencia del océano en el IAS. Estos se enfocan a la física, la geología, la geoquímica, la biología y la calidad ambiental de la zona costera, del talud continental y de los ecosistemas de la planicie abisal del IAS (incluyendo las infiltraciones de petróleo, gas y salmuera). Tales estudios se facilitarían mediante el desarrollo de un sistema regional de observación oceanográfica. Dados los términos de los acuerdos de la Convención de las Naciones Unidas sobre las Leyes del Mar (UN, 1983), la cual entró en vigor en 1994, y en la que se requiere que cada nación realice estudios específicos con el fin de poder hacer un uso total de los recursos naturales dentro de sus plataformas continentales extendidas, es importante para ambos gobiernos el emprender prontamente estos estudios en las regiones relevantes del Golfo de México.

Física del Mar Intra-Americano

La física del IAS se caracteriza por tener una persistente circulación general la cual subyace a variaciones estacionales debido al forzamiento atmosférico y la descarga de ríos, más la variabilidad de mesoescala asociada con las intrusiones de la Corriente del Lazo dentro del Golfo de México, el desprendimiento de anillos de esta Corriente, remolinos de mesoescala que ingresan al Mar Caribe desde el Océano Atlántico, y otros elementos de variabilidad de mesoescala intrínsecos al Mar Caribe y al Golfo de México.

La Circulación General del IAS

La circulación general del IAS está dominada por el influjo del sistema de la Corriente del Golfo, que se origina en las áreas ecuatoriales y subtropicales del Océano Atlántico y descarga en el Océano Atlántico subtropical (Wüst, 1963, 1964; Gordon, 1965; Mooers y Maul, 1998). Este influjo de macroescala está integrado principalmente por una serie de corrientes, llamadas Corrientes del Caribe, de Yucatán, del Lazo y la Florida; también forman parte de este gran sistema la Corriente de Guayana, que fluye (en parte) hacia el IAS, y la Corriente de las Antillas, la cual evita el interior del IAS (Gallegos, 1996). Los factores secundarios que afectan la circulación del IAS son las fuerzas atmosféricas que tienen variaciones interanuales, estacionales y episódicas de tormentas y descargas de cuatro sistemas importantes de ríos: el río Mississippi, el Orinoco, el Magdalena y el Amazonas. Un factor terciario lo constituye la fuerza de la marea que produce fuertes corrientes sólo en el interior de la plataforma y en los estuarios.

Los intercambios de agua entre la plataforma continental y el mar abierto ocurren a lo largo del parteaguas del talud, probablemente en puntos discretos asociados con características topográficas (por ejemplo, cañones submarinos) y en momentos aislados asociados con eventos pasajeros (forzamiento del viento, y de remolinos). El carácter de estos intercambios varía geográficamente, dependiendo de la yuxtaposición del sistema de la Corriente del Golfo, de la topografía del talud y de la meteorología sinóptica. Por ejemplo: (1) a lo largo del Archipiélago de las Antillas, los principales fenómenos de influjo están asociados con corrientes que fluyen a través de los pasajes de las islas (es decir, a través de las isóbatas*); (2) en los Estrechos de Yucatán y de la Florida, el principal influjo está asociado predominantemente con corrientes que fluyen paralelas a las isóbatas; (3) a lo largo de la costa de Belice y la Plataforma Oeste de Florida, la corriente también fluye predominantemente paralela a las isóbatas; y (4) otras regiones que no se encuentran directamente dominadas por este sistema de corrientes.

En donde existe una corriente que fluye principalmente paralela a las isóbatas, los intercambios a través de la plataforma son dominados por meandros de la corriente media y por pequeños remolinos de mesoescala (de diez a cien kilómetros de diámetro) desprendidos de las corrientes. Donde no existe una corriente fuerte paralela a las isóbatas, los intercambios a través de la plataforma están generalmente dominados por interacciones de grandes remolinos de mesoescala (de unos cuantos cientos de kilómetros de diámetro) con la topografía del fondo

---

*Las isóbatas son contornos de profundidad constante.

marino, por ejemplo, a lo largo de los bordes norte, oeste y sudoeste del Golfo de México (Vidal et al., 1992; 1994b, c, d), y por el impulso del viento que genera surgimiento y hundimiento de la masa del agua costera. En el Mar Caribe suroccidental se localizan circulaciones ciclónicas que se mueven en el sentido opuesto de las manecillas del reloj, las cuales están moduladas estacionalmente (Mooers y Maul, 1998). Contrariamente, la circulación ciclónica en la Bahía de Campeche (al sudoeste del Golfo de México) está fuertemente afectada por las colisiones de anillos desprendidos de la Corriente del Lazo. La circulación en prácticamente todos estos regímenes es modulada por ciclos estacionales de surgencias y hundimientos de la masa de agua costera y por ciclos climáticos locales (especialmente a lo largo de las costas de Venezuela, Colombia, Cuba y Yucatán) (Gallegos y Czitrom, 1997).

Es bien sabido que en el Golfo de México la variabilidad de los fenómenos de mesoescala es ubicua e intensa, y va desde grandes remolinos anticiclónicos (de unos cuantos cientos de kilómetros de diámetro; Kirwan et al., 1984 a, b; Lewis y Kirwan, 1985) a pequeños (de unas decenas de kilómetros de diámetro) remolinos ciclónicos (Vidal et al., 1988, 1990, 1994); la mayoría se derivan de la Corriente del Lazo (SAIC, 1988). Algunos remolinos ciclónicos pueden también ser inducidos por huracanes de movimiento lento o estacionarios. Recientemente, se ha determinado que el Mar Caribe también tiene una rica variabilidad de mesoescala (Mooers y Maul, 1998). Existe evidencia creciente sobre la propagación este-a-oeste en el Golfo de México de ondas topográficas de Rossby (Hamilton, 1990).

Una cuestión central relativa a la circulación en el Mar Intra-Americano concierne a la naturaleza e importancia de las interacciones del influjo de las corrientes y los remolinos de mesoescala con la topografía del margen continental, especialmente su influencia en los intercambios de las masas de agua de la plataforma continental y de la región oceánica. En numerosos casos, las corrientes limítrofes y los grandes remolinos anticiclónicos interactúan con la topografía del fondo para generar pequeños remolinos ciclónicos, afloramientos y hundimientos de masas de agua (Vidal et al., 1992; 1994 a, b, c, d). Tales características son extremadamente importantes por su influencia en los ecosistemas costeros porque afectan el flujo del agua dulce, de los nutrientes, del calor, de los contaminantes, de los sedimentos y del fitoplancton a través de la plataforma hacia las aguas más profundas. Contrariamente, el flujo de agua oceánica hacia la plataforma continental, impulsado por la colisión de los anillos de la Corriente del Lazo, ha sido mostrado como el precursor de la intensa mezcla vertical y la formación del Agua Común del Golfo en el oeste del Golfo de México (Vidal et al., 1988, 1992, 1994 b, c).

La superposición del influjo promedio de las corrientes, la variabilidad de mesoescala, y las respuestas transitorias y estacionales al forzamiento atmosférico (incluyendo la evolución de la capa de mezcla y la termoclina al igual que los ciclos de surgencia-hundimiento) deparan un ambiente complejo para la transportación de los nutrientes, los organismos y los contaminantes. Así, desde una perspectiva de los ecosistemas marinos, un entendimiento de los procesos físicos es crítico para caracterizar las vías y las tasas de transportación de los materiales en el Mar Intra-Americano; igualmente crítica es la determinación de zonas de retención donde los transportes físicos son mínimos.

Existen en el Golfo de México un gran número de fenómenos de circulación de mesoescala, dependientes del tiempo, que son importantes para la modelación exitosa, para pronosticar las interacciones biológicas y para un entendimiento básico de la dinámica del sistema (ver el número especial del *Journal of Geophysical Research,* 1992). Temas específicos de interés incluyen a los siguientes:

• Las distribuciones espaciales y temporales de las características hidrográficas y las corrientes en el Golfo de México y en los Estrechos de Yucatán y Florida;

• Los factores que controlan la intrusión hacia el norte de la Corriente del Lazo;

• Los factores que controlan el desprendimiento de vórtices de la Corriente del Lazo: se sabe que el desprendimiento es aperiódico, con una amplia banda espectral de entre 6 y 20 meses y máximos picos energéticos de entre 10 y 14 meses. El desprendimiento de vórtices de la Corriente del Lazo no tiene un ciclo anual, aunque su transporte asociado sí lo tiene;

• Los movimientos de los anillos y la distribución de la vorticidad potencial debido a los cambios espaciales de la velocidad de los fluidos y a la estratificación de éstos en el golfo;

• Las interacciones entre vórtices y el talud continental y entre vórtices y vórtices;

• Las colisiones de vórtices con el margen continental y la formación de corrientes paralelas a la plataforma;

• El origen de la corriente en la frontera occidental del golfo: ¿es impulsada por el viento o resulta del decaimiento por el choque con el margen occidental del golfo, de los anillos de la Corriente del Lazo o por ambos factores?

• Las bifurcaciones de vórtices y la conservación de su momento angular; la proliferación de pares ciclónicos-anticiclónicos y su influencia en los intercambios de masa-volumen entre la plataforma continental del golfo y las aguas oceánicas;

• La formación de masas de agua y su mezcla en el golfo, incluyendo la influencia de la mezcla inducida por el viento contra aquella inducida por las interacciones vórtice-talud y vórtice-vórtice; y

• El balance del transporte vertical asociado con la distribución de la vorticidad potencial relativa y su influencia en la circulación intermedia y profunda del golfo.

Aunque estas cuestiones de la investigación se enfocan a procesos que ocurren en el Mar Intra-Americano, también son relevantes para entender fenómenos

físicos genéricos para el océano global (por ejemplo, el desprendimiento de remolinos, la remoción de bióxido de carbono (CO_2) y cambios climáticos, la generación de la corriente de la frontera occidental como respuesta a eventos atmosfé-
ricos de menor escala (tiempo) y la elevación del nivel del mar). Ciertamente, el
IAS representa un laboratorio natural donde numerosos procesos oceánicos pueden ser observados y modelados. Dada la localización del IAS, los Estados Unidos, México y otros países Latino Americanos y del Caribe se benefician de él;
así, ellos tienen la responsabilidad de realizar estudios científicos conjuntos para
proteger el IAS y usar sus recursos sabiamente, a través de avanzar en el entendimiento de la oceanografía del IAS. A continuación sigue una breve discusión de
algunos de los estudios regionales anteriormente enlistados.

    Las distribuciones temporales y espaciales de las características hidrográficas
y las corrientes importantes en el IAS deberían ser monitoreadas continuamente
(Vidal et al., 1989). Este conocimiento es crucial para validar las mediciones
altimétricas de los satélites y para calibrar, validar y verificar modelos numéricos
de la circulación del golfo. Finalmente, es de esos modelos, calibrados adecuadamente y mantenidos "en el camino correcto" mediante la frecuente asimilación de
datos, que periódicamente se obtendrán información actualizada e inclusive pronósticos de la circulación temporal del golfo. Este paso constituiría el precursor
de una muy necesaria habilidad que utilizaría las observaciones sistemáticas de
las condiciones oceanográficas del IAS para mejorar, entre otras cosas, la eficiencia y seguridad de la navegación, la pesca, y la explotación del petróleo y gas
natural en el IAS.

    México y los Estados Unidos han cooperado en el pasado en estudios de las
características físicas del IAS (SAIC, 1988; Lewis, 1992). Recientemente (de
1992 a 1995), el programa de los Procesos de Circulación y Transporte en la
Plataforma Louisiana-Texas (LATEX), patrocinado por el Servicio de Administración de Minerales de los Estados Unidos, pudo haber proveído una excelente
plataforma para la cooperación binacional. Un programa estructurado de una
manera similar, pero patrocinado conjuntamente por México y los Estados Unidos y proporcionando total cobertura de los fenómenos fundamentales de la circulación en el IAS, depararía información valiosa requerida para administrar más
efectivamente el Golfo de México y otras porciones del IAS.

*Factores que Controlan la Intrusión Hacia el Norte de la Corriente del Lazo y
la Periodicidad del Desprendimiento de sus Anillos*

    El carácter hidrodinámico del Golfo de México, incluyendo sus dos estre-
chos conectados, es predominantemente baroclínico,[*] esta característica es parti-

---

[*]Un fluido baroclínico es uno en el cual las superficies de presión constante se intersectan con
superficies de densidad constante, dando como resultado corrientes con intensas fluctuaciones
verticales.

cularmente extensiva tanto a la Corriente del Lazo como a la capa superior (de 0 a 1,000 dbar*) del golfo dominada por anillos (SAIC, 1988). Por debajo de los 1,000 dbar el carácter hidrodinámico, aunque fuertemente influido por las traslaciones de los anillos y la propagación de ondas de Rossby topográficamente atrapadas (Hamilton, 1990), es contundentemente barotrópico.[†] En el Golfo, tanto las capas superiores como las inferiores están fuertemente afectadas por fluctuaciones de la Corriente del Lazo, y existe evidencia de que las fluctuaciones en el agua profunda se vuelven progresivamente más desacopladas de las corrientes en las capas superiores debido a la propagación de ondas de Rossby topográficamente atrapadas y de los cálidos remolinos que se propagan hacia la cuenca oeste del golfo (Hamilton, 1990; Vidal et al., 1990, 1994d). Por lo tanto, para un entendimiento y modelado apropiados de la hidrodinámica de la cuenca del golfo, se vuelve esencial el investigar los factores que controlan la penetración hacia el norte de la Corriente del Lazo dentro del golfo, su variabilidad, y la periodicidad del desprendimiento de sus anillos. Este conocimiento es crucial para definir adecuadamente las condiciones iniciales para los modelos numéricos y para entender la respuesta hidrodinámica de la cuenca del golfo a la propagación de las ondas de Rossby topográficamente atrapadas.

Traslación de los Vórtices y la Distribución de la Vorticidad Potencial en el Golfo; Interacciones Entre Vórtices y el Talud y de Vórtices con Vórtices; Colisiones de los Anillos y Formación de Chorros de Corrientes paralelas a la Plataforma

La circulación en el Golfo de México está dominada por anillos anticiclónicos desprendidos de la Corriente del Lazo (Ichiye, 1962; Cochrane, 1972; Elliott, 1982; Lewis y Kirwan, 1985). Elliott (1982) usó bases de datos históricos, cuasisinópticos, para establecer la separación y movimiento de tres vórtices anticiclónicos hacia el oeste del golfo y calculó la velocidad media de traslación hacia el oeste de 2.1 km por día, los radios de los anillos de 183 km, y la vida media de los anillos cercana a un año. Un anillo típico introduce aproximadamente 7×10^5 julios (J) por centímetro cuadrado de calor y 17 g/cm^2 de sal a la región occidental del golfo (Elliott, 1982). La intensidad de sus circulaciones anticiclónicas, con velocidades de giro de 50 a 70 cm/s, indican que los anillos de la Corriente del Lazo también transportan una cantidad considerable de momento angular hacia el oeste del golfo (Kirwan et al., 1984a, b).

Mediciones hechas por Brooks (1984) de las corrientes sobre la plataforma continental y la cuenca del noroeste del golfo indican que la influencia de las corrientes inducidas por huracanes (que depende de las atribuciones individuales

---

*Un decibario (dbar) es una unidad de presión igual a 10^4 pascales, más o menos equivalente a la presión del agua marina a 1 metro de profundidad.

†Un fluido barotrópico es uno en el que las superficies de densidad constante (o temperatura) son coincidentes con superficies de presión constante, resultando en corrientes verticalmente uniformes.

de los huracanes) en la variabilidad hidrográfica y de las corrientes en el oeste del golfo es considerablemente menor que aquella aportada por un anillo que migra hacia el norte a lo largo frontera occidental del golfo. Estudios concurrentes de la circulación en la región occidental del golfo han incorporado modelaciones numéricas de las intrusiones de la Corriente del Lazo y del desprendimiento de sus remolinos (Hurlburt y Thompson, 1980, 1982; Dietrich y Lin, 1994); las interacciones de los anticiclones de la Corriente del Lazo con la topografía del fondo y la frontera oeste del golfo (Smith y O'Brien, 1983; Smith, 1986; Shi y Nof, 1993; 1994); imágenes del infrarrojo satelitales e hidrografía (Vukovich et al., 1979; Brooks y Legeckis, 1982; Vukovich y Crissman, 1986; Biggs y Muller-Karger, 1994); posicionamiento, vía satélite, de boyas a la deriva sembradas en los anillos de la Corriente del Lazo (Kirwan et al., 1984a, b; Lewis y Kirwan, 1985; SAIC, 1988; Lewis et al., 1989); estudios de hidrografía regional y circulación baroclínica (Nowlin, 1972; Molinari et al., 1978; Elliot, 1979, 1982; Merrell y Morrison, 1983; Merrell y Vázquez, 1983; Hofmann y Worley, 1986; Vidal et al., 1988, 1990, 1992, 1994a, b, c); y mediciones altimétricas satelitales (Forristall et al., 1990; Leben et al., 1990; Biggs y Sánchez, 1997).

Los estudios mencionados con anterioridad han descrito las trayectorias de los anillos anticiclónicos en el este, centro y oeste del golfo, incluyendo su hidrografía, sus circulaciones baroclínicas, sus interacciones anillo-anillo, y las interacciones de los anillos con la topografía. A pesar de la nueva información aportada por estos estudios, mucho queda por aprender acerca de la naturaleza de los anillos anticiclónicos de la Corriente del Lazo y de su influencia en la hidrografía y la circulación en las regiones central y occidental del golfo, por ejemplo:

- ¿Cuál es la respuesta hidrodinámica de las masas de agua del golfo con respecto a las colisiones de anillos con la plataforma?
- ¿Cómo estas interacciones anillo-plataforma afectan las circulaciones locales, regionales y a través de la cuenca?
- ¿Hasta qué punto son responsables los anillos de la conversión de 30 sverdrups (Sv, 1 Sv = 10^6 m³/s) de Agua Subtropical Subyacente del Caribe a Agua Común del Golfo (Vidal et al., 1992, 1994b, c)?
- ¿En su traslación hacia el oeste, los anillos transfieren momento angular a las aguas circundantes, inducen turbulencia geostrófica, y generan circulaciones ciclónicas y pares de vórtices en sus periferias?
- ¿Los anillos se fusionan?
- ¿Los anillos de la Corriente del Lazo dominan la circulación superficial y profunda del centro y oeste del golfo y controlan los intercambios de masas de agua superficial, intermedia y profunda y sus tiempos de permanencia?
- ¿Cómo es que los anillos afectan la distribución vertical y horizontal de las propiedades hidrográficas, los micronutrientes y los organismos planctónicos?
- ¿La traslación acoplada y la vorticidad de los anillos ciclónicos y anticiclónicos determinan la localización de regiones de surgencia y hundimiento en

el golfo y constituyen un mecanismo de bombeo natural que controla la productividad primaria y el intercambio de CO_2 entre el océano y la atmósfera y entre las aguas superficiales y profundas?

•   ¿Cuando los anillos anticiclónicos de la Corriente del Lazo chocan con la frontera occidental del golfo, generan corrientes de frontera oeste y chorros de corrientes paralelos y normales al talud, respectivamente?

•   ¿Si estos chorros de corriente existen, constituyen un mecanismo de intercambio primario y eficiente entre las aguas de la plataforma continental del oeste del golfo y las aguas de alta mar?

Origen de la Corriente de Frontera Oeste del Golfo: ¿Es Impulsada por el Viento o Resulta del Decaimiento de los Anillos de la Corriente del Lazo que Chocan contra el Talud occidental del Golfo?

Sturges y Blaha (1976) y Blaha y Sturges (1981) han postulado que el rotacional del esfuerzo del viento debería impulsar la circulación media en el golfo y que el resultado neto de este forzamiento del viento debería ser una corriente de frontera oeste, parecida a la Corriente del Golfo. Un artículo reciente de Sturges (1993) examinó la importancia relativa del rotacional del esfuerzo del viento y los anillos desprendidos de la Corriente del Lazo como precursores de la corriente de frontera oeste del golfo. El trabajo de Sturges se centra en el ciclo anual del flujo estimado de la corriente, deducido éste de una compilación de información sobre la deriva de buques durante su navegación. Concluye que dada la pérdida de fluido de los anillos cuando chocan con el talud oeste del golfo, los anillos tienden a desaparecer rápidamente (el tiempo característico de su decadencia es cercano a 70 días); por eso los anillos no contribuyen significativamente a la formación de la corriente anticiclónica en el margen occidental del golfo. Sturges también concluye que las investigaciones de Elliott (1979, 1982) sobre los tiempos de vida de los anillos (1 año) son importantes al interior del golfo pero no son aplicables una vez que los anillos interactúan con la frontera del talud occidental (Sturges, 1993). Aún más, debido a que los anillos desprendidos de la Corriente del Lazo no tienen una periodicidad anual significativa, no contribuyen significativamente a la señal anual de largo plazo (Sturges, 1993).

Contrariamente a las deducciones de Sturges (1993), el trabajo fundamental de Elliott (1979, 1982) sobre anillos anticiclónicos y la energética de la circulación del golfo estableció el papel dominante de los anillos de la Corriente del Lazo en la circulación general del golfo, incluyendo la región occidental de éste. Los análisis de Elliott respecto a la energía contribuida por los anillos de la Corriente del Lazo versus la energía contribuida por el esfuerzo del viento indican que aunque la contribución de energía por el esfuerzo del viento y los anillos de dicha corriente es casi la misma, la energía del esfuerzo del viento es un valor que se encuentra distribuido a través de toda la cuenca del golfo, mientras que la energía potencial disponible de los anillos está concentrada en una escala de longitud más pequeña, similar a la de la escala norte-sur del flujo anticiclónico en la frontera occidental del golfo. Así, Elliott (1979) concluyó que aunque el trabajo introducido por el esfuerzo del viento podría generar parte de la energía potencial disponible de la corriente anticiclónica en la frontera occidental, la fuente primaria de energía potencial disponible debe provenir de los anillos anticiclónicos que se desprenden de la Corriente del Lazo y migran hacia el margen occidental del golfo.

Vidal et al. (1988, 1989, 1990. 1992, 1994a, b, c, d) han reportado mediciones y estudios de campo que proveen claras evidencias de que el principal proceso de decaimiento de los anillos anticiclónicos en el oeste del golfo es vía el desprendimiento de volúmenes de masa inducido por sus colisiones con el talud continental. Estos choques dan lugar a una corriente occidental de frontera y a tríadas ciclónicas-anticiclónicas cuyos tiempos de decaimiento son mayores a 150 días (Vidal et al., 1989, 1994a, d). Este resultado concuerda con el tiempo observado de residencia de vórtices anticiclónicos que colisionan en el oeste del golfo, el cual excede a los 6 meses (Lewis y Kirwan, 1985; SAIC, 1988).

De la discusión anterior es evidente que existe controversia con respecto al origen de la corriente de frontera oeste en el Golfo de México. ¿La Corriente de Frontera es impulsada principalmente por el viento o por los anillos, o es una combinación de los dos? Mediciones detalladas sobre la evolución de las interacciones vórtice-talud, tanto como del sistema de corrientes predominantes en el oeste del golfo, son cruciales para resolver esta importante pregunta que tiene analogías en otras regiones oceánicas del mundo.

Acoplamiento Biofísico

Los estudios de la dependencia de los fenómenos biológicos y químicos bajo el forzamiento del ambiente físico, son una nueva e importante área para la colaboración científica entre México y los Estados Unidos. Un entendimiento de la oceanografía física del Mar Intra-Americano es fundamental para comprender la biología de esa región, porque la física de la circulación oceánica influye significativamente en la transportación de las larvas y la productividad primaria (Biggs et al., 1996).

Las mediciones de circulación a mesoescala y las simulaciones numéricas de la circulación del Mar Intra-Americano ilustran el acoplamiento potencial de los procesos físicos y biológicos sobre extensas escalas de espacio (Vidal et al., 1988, 1989, 1990, 1992, 1994a, b, c, d; Mooers y Maul, 1998). Las masas de agua que entran al sector suroeste del Mar Intra-Americano controlan las condiciones a lo largo de la región en un grado importante. Estas masas de agua ejercen una influencia considerable en el total del medio ambiente de aguas abajo, afectando la productividad, la pesca, y la ecología regional. Los patrones de corriente este a oeste (y sur a norte) y su control potencial en el total del ecosistema del IAS proveen un gran conjunto de cuestiones importantes e interrelacionadas. La productividad primaria, los pulsos estacionales, el éxito de la pesca local y regional, y la biodiversidad regional en la plataforma continental (Soto y Escobar, 1995; Escobar y Soto, 1997; Escobar et al., 1997) y las comunidades de arrecifes de coral están todas relacionadas con los procesos de las fuerzas físicas a lo largo de la trayectoria de la circulación del Mar Intra-Americano.

¿Pueden la productividad pesquera, el reclutamiento y la captura pesquera ser explicados con base en la física? La pesca depende de la producción y sobrevivencia de las larvas de peces hasta un tamaño en que puedan reproducirse o ser capturadas (i.e., reclutamiento); el reclutamiento puede ser afectado por factores físicos (Cushing, 1995). La relación de los patrones de circulación del Mar Intra-Americano con el reclutamiento podría ser importante para la pesca regional. La continuidad física entre las regiones del IAS sugiere que la salud de una especie en particular debe también estar acoplada a grandes escalas temporales y espaciales. Por ejemplo, Roberts (1997) ha estimado el impacto de las corrientes superficiales en la dispersión de larvas marinas, con la implicación de que las naciones isleñas deben cooperar unas con otras para proteger las áreas de los arrecifes corriente abajo que suministran larvas a los arrecifes que se encuentran corriente arriba.

Los esfuerzos de colaboración entre oceanógrafos físicos y biólogos podrían proporcionar nueva información sobre las variaciones en el reclutamiento pesquero a través del Mar Intra-Americano, de acuerdo con el grado en que las variaciones en los procesos físicos afectan la transportación y reclutamiento de las larvas. Las variaciones en la distribución de las especies en el IAS tanto de larvas como de adultos, podría ser estudiado usando técnicas moleculares para identificar diferencias taxonómicas sutiles, y la corriente unidireccional, y los diversos gradientes podrían proveer una situación oportuna en la cual aplicar estas nuevos enfoques a la zoogeografía y la sistemática.

La distribución de partículas biogénicas y concentraciones de químicos cuasi-conservadores pueden ser usadas como "trazadores" en los campos de circulación para refinar el modelo físico del Mar Intra-Americano. El desarrollo de un modelo biofísico compuesto podría ser una meta a largo plazo de un esfuerzo binacional. Tal modelo podría ser iniciado inmediatamente usando lo que es conocido y validado, y se podría actualizar posteriormente a través de trabajo de campo conjunto.

Frentes

Las regiones frontales son sitios de producción primaria y secundaria muy intensa y son los hábitats para ciertos peces pelágicos y sus larvas. Al proporcionar señales físicas y biológicas que los organismos migratorios pueden percibir, los frentes pueden concentrar tales organismos (Olson y Podesta, 1987). Imágenes satelitales de perfiles térmicos y a color del oeste del Golfo de México y la costa de Florida confirman que las características principales de la distribución de la clorofila del fitoplancton están asociadas con regiones limítrofes de corrientes importantes como las Corrientes del Lazo y la Corriente de Florida. La concentración de larvas de peces, copépodos, y fitoplancton en el Golfo de México parecen ser únicos de estas regiones frontales. El crecimiento del fitoplancton es sostenido en estos sistemas por los flujos ascendentes de nutrientes asociados con áreas de más alta productividad en el Golfo de México (Grimes y Finucane, 1991). En la región de la Corriente del Lazo se cree que la fuente principal de energía para la mezcla vertical es suministrada por los vientos. También se cree que la mayor fuente de energía para la mezcla vertical en el oeste del golfo es suministrada por las interacciones talud-anillo y anillo-anillo (Vidal et al., 1990, 1992 y 1994b, c, d): Las larvas del atún (*Thunnus thynnus*) están asociadas con el límite de la Corriente del Lazo en las aguas superficiales con temperaturas de 24 a 26° C y grandes números de larvas de peces mictófidos, especialmente *Myctophum nitidulum* (Richards et al., 1988). La información sobre la captura por unidad de esfuerzo del *T. thynnus* indica que los peces adultos también están concentrados a lo largo del frente de temperatura de la Corriente del Lazo. Los frentes no son barreras completas para el plancton, y existe una considerable advección de organismos tales como larvas de peces a lo largo del límite frontal de la pluma del Río Mississippi (Govini, 1993).

La Pluma del Río Mississippi

La productividad biológica en el norte del golfo es afectada significativamente por el Río Mississippi. La descarga de su agua dulce contiene altas concentraciones de nutrientes disueltos, lo que resulta en una alta productividad primaria. El fitoplancton es finalmente alimento del zooplancton o es degradado por las bacterias, estimulando el desarrollo anual de una región de agua hipóxica a lo largo de la costa de Louisiana (Rabalais et al., 1994). La pluma del Río Mississippi y el frente de la pluma están asociados con altas densidades de nutrientes, fitoplancton, zooplancton, larvas de peces y depredadores (Govoni et al., 1989; Ortner et al., 1989; Cowan y Shaw, 1991; Dagg y Whitledge, 1991). La estratificación causada por el influjo de agua de baja salinidad es hipotéticamente lo que produce manchas de pequeña escala con gran abundancia de copépodos (Dagg et al., 1988). Adicionalmente a la precipitación pluvial estacional y la subsecuente descarga del río, las tormentas de invierno redistribuyen los nutrientes y el fitoplancton, afectando significativamente la productividad de niveles tróficos más altos en las aguas interiores de la plataforma del norte del Golfo de México (Dagg, 1988). Un número de importantes ríos mexicanos descargan dentro del Golfo de México (por ejemplo, el Río Usumacinta-Grijalva), pero sus efectos aún han de ser estudiados extensivamente.

La Corriente del Lazo

La Corriente del Lazo y los anillos que de ésta se desprenden impactan las áreas de la plataforma continental que limitan con el Golfo de México (Vidal et al., 1992, 1994c, d). Esta Corriente en su posición más al norte afecta los procesos de la plataforma hacia el este del delta del Río Mississippi. Los anillos derivados de los meandros de la Corriente han marcado diferencias en las concentraciones de nutrientes (Vidal et al., 1989, 1990, 1994b; d), en la producción primaria y en las biomasas de fitoplancton y zooplancton de las aguas ambientales de la plataforma (Biggs, 1992). Los anillos anticiclónicos derivados de la Corriente del Lazo ocasionalmente impactan la plataforma de Louisiana al oeste del delta pero usualmente fluyen al oeste del golfo donde chocan con el talud de la plataforma continental resultando en un intercambio entre aguas oceánicas y de la plataforma de cerca de 18×10^6 m^3 por anillo (Vidal et al., 1994b) y un gran aporte de carbón orgánico particulado disponible para los organismos bénticos (Escobar y Soto, 1997). El Sistema de las Corrientes del Lazo y de Florida-Golfo es un importante mecanismo para la transportación fuera del golfo de organismos planctónicos, productos petroleros (Vleet et al., 1983) y de florecimientos de dinoflagelados tóxicos (Tester et al., 1991).

Los giros ciclónicos formados por la Corriente del Lazo son componentes significativos del mecanismo para la retención de larvas de peces en las aguas que rodean los Cayos de Florida (Lee et al., 1992, 1994). El flujo de la Corriente del Lazo puede rebasar la entrada al Estrecho de Florida, causando la formación de una recirculación ciclónica y fría de giros entre la Corriente de Florida y el Cayo Dry Tortugas que persiste por cerca de 100 días. La formación ciclónica de giros provee suministro alimenticio intensificado, tanto como retención y transportación hacia la playa del huachinango y sus larvas para un exitoso reclutamiento en la parte oeste e inferior de los Cayos de Florida.

Otras razones para estudiar el acoplamiento físico-biológico en el Mar Intra-Americano incluyen las siguientes:

1. La hidrodinámica de la columna de agua parece tener efectos importantes en los organismos bénticos y en la distribución de sus larvas (Soto, 1991; Soto y Escobar, 1995; Escobar y Soto, 1997).
2. La gran heterogeneidad espacial en recursos de carbono alrededor del IAS ofrece posibilidades excepcionales para comparaciones de acoplamientos pelágicos-bénticos en diferentes sitios en el IAS (Escobar et al., 1997).
3. Mejores modelos biofísicos ofrecerán predicciones más realistas de las características de los ecosistemas que beneficiarán a los países que limitan con el IAS, incluyendo a México y los Estados Unidos, y permitirá un manejo más efectivo de sus recursos. A excepción de un modelo a gran escala del ecosistema marino (Birkett y Rapport, 1996), ningún modelo ha sido generado para el manejo integrado del Mar Intra-Americano.

La investigación interdisciplinaria será necesaria para estudiar los siguientes temas como una base para nuevos modelos biofísicos:

• Los efectos de la circulación en mar profundo, incluyendo las capas limítrofes del fondo, sobre los organismos de mar profundo.
• El impacto de los patrones de circulación en la distribución de las larvas y la asociación de las larvas con la distribución de los organismos marinos.
• La habitabilidad en las áreas de las plataformas, las cuestas y el fondo marino abisal y su relación con la hidrodinámica en la columna de agua, la geología y la geoquímica de los sedimentos.
• La productividad primaria de la columna de agua y los procesos que le permiten contribuir a la productividad bentónica.
• Los efectos antropogénicos en las cadenas y vías alimenticias, y los modelos de respuesta temporal para los componentes bénticos.
• Aproximaciones integradas del ecosistema en el estudio y evaluación del daño a los ecosistemas; cuantificación de los procesos biológicos y formulación de modelos.

Biología del Mar Intra-Americano

En su mayor parte las aguas del IAS pueden ser caracterizadas como oligotróficas, pues tienen bajas concentraciones de nutrientes y bajas existencias de grupos de fitoplancton. El bajo suministro de nutrientes inorgánicos, vitales para la producción primaria de fitoplancton, se relaciona con las condiciones de los límites del IAS. En la entrada sur al Mar Caribe, que comienza cerca de los 10° N, la corriente costera entrante contiene agua dulce de los ríos Amazonas y Orinoco. Los nutrientes del río Amazonas son mayormente mermados antes de que las aguas entren al Mar Intra-Americano. Lo contrario sucede en el caso del Río Orinoco, cuya descarga no mezclada entra al Mar Caribe principalmente por el Golfo de Paria (Vidal et al., 1986). Con una fuente pobre en nutrientes, la productividad del Mar Intra-Americano se limita a surgencias regionales o a descargas locales de los ríos. Sin embargo, estas últimas pueden ser intensas como en el caso del Río Orinoco (Vidal et al., 1986) y del Mississippi (el Sayed, 1972; Biggs y Sánchez, 1997).

Una serie de ecosistemas de arrecifes de coral con muy alta diversidad caracteriza todo el Mar Intra-Americano hasta cerca de los 27° N, donde éstos se ven limitados por las bajas temperaturas (cerca de los 20° C). Se ha descrito un descenso, que va del sureste al noroeste, en la riqueza de especies de corales que forman los arrecifes principales y de los peces de escama e invertebrados asociados (Stehli y Wells, 1971), procedente de las cuencas del Caribe hacia el noroeste a lo largo de la trayectoria generalizada de las corrientes oceánicas superficiales. Este gradiente se extiende al interior del norte del Golfo de México, y los bancos de coral más pobres en especies son los complejos sublitorales establecidos sobre diapiros de sal u otras características topográficas a lo largo de la costa de Texas. El gradiente de diversidad biológica decrece a partir de la Cuenca del Caribe alcanzando su mínima expresión en el margen noroeste del Golfo de México, pero se necesita aún mayor estudio. Es posible que este gradiente en la biodiversidad se presente debido a que el transporte de larvas es primariamente unidireccional en el Mar Intra-Americano de este a oeste y los nutrientes se van reduciendo a lo largo de esta trayectoria, igualmente podría también darse debido a la variabilidad del hábitat. Correlacionar el gradiente en la biodiversidad de los ecosistemas marinos con los procesos de transportación física a la escala espacial del IAS es una labor formidable, a la vez un importante compromiso para cada una de las naciones que limitan con el IAS, especialmente los Estados Unidos y México.

La ecología de la fauna bentónica interna del Mar Intra-Americano no es bien conocida. En las amplias plataformas del Mar Caribe los sedimentos son predominantemente arenas carbonatadas que contienen una alta diversidad de complejos de invertebrados cuya biomasa es relativamente baja. La composición de especies de una "Fauna del Caribe" es pobre hacia el norte por una serie de límites de fauna tales como el límite norte de corales que forman arrecifes en el Golfo de México. La producción bentónica primaria de algas incrustantes tales como *Lithothamnion* y las microalgas es relativamente alta debido a la alta transmisión de luz, pero no se conoce su importancia relativa comparada a la productividad de la columna de agua. Las comunidades de los arrecifes de coral son muy productivas, pero la exportación neta de producción a los medios ambientes adyacentes a la plataforma puede ser modesta en el mejor de los casos.

La maricultura se está volviendo de mayor importancia en los países limítrofes con el IAS. En la mayoría de los casos, la maricultura se lleva a cabo en la construcción de estanques adyacentes a un estuario o al mar abierto. El IAS sirve como una fuente de agua marina, de nutrientes y tal vez de larvas. Cuando el agua en los estanques se vuelve excesivamente contaminada con productos de deshecho, es intercambiada con masas de agua adyacente. Esto podría causar efectos nocivos al medio ambiente natural fuera de los estanques.

Existe una variedad de características de mesoescala que tienen impactos significativos en los ecosistemas del golfo, creando distribuciones que varían significativamente a lo largo del tiempo y del espacio. El Golfo de México representa una de las zonas de pesca más valiosas del mundo en términos económicos. La diversidad notable de características de mesoescala establecidas por la presencia combinada de la Corriente del Lazo y el flujo del Río Mississippi, más el de 25 ríos mexicanos provenientes de nueve cuencas hidrológicas, pueden hacer de éste un hábitat productivo único para las especies marinas. El significado de los patrones de circulación y la variabilidad de mesoescala en el funcionamiento y vigor de la cuenca del ecosistema—incluyendo las fuentes de reclutamiento, los depósitos y la variabilidad; el flujo genético y la biodiversidad—aún tienen que ser determinados.

La capacidad de carga de un ecosistema puede estar determinada por la disponibilidad de alimento, espacio u otro factor limitante en el sistema (según la descripción de Odum, 1971). La intervención humana en el Mar Intra-Americano puede reducir dicha capacidad para poblaciones de peces comerciales. Los efectos antropogénicos en la capacidad de carga pueden ser ilustrados por una especie cuyo intervalo de distribución se reduce porque no puede tolerar bajas concentraciones de oxígeno disuelto, baja salinidad, altas concentraciones de sedimentos y/o agua caliente provenientes de las descargas de los ríos. Poblaciones de camarones, peces y otros animales pueden ser forzados a vivir en un área geográfica menor por hipoxia, incrementando la densidad de las poblaciones hasta que sus necesidades excedan algún otro recurso que está frecuentemente relacionado con el suministro alimenticio, la calidad del alimento y del ambiente, o en el caso de los organismos bénticos sésiles, el hábitat béntico. Después de que ocurra esta contracción de los factores arriba mencionados, el número de organismos decrece, y se aproxima u oscila alrededor de otro nuevo, pero menor nivel de capacidad de carga.

Entender los procesos del Mar Intra-Americano a gran escala y a largo plazo requiere de mediciones amplias sobre una gran área geográfica por largo tiempo. Los esfuerzos deberían continuar en dos niveles:

1. Estudios de los Procesos: Se deberían elucidar procesos específicos a través de estudios de vínculos de causa-efecto, usando experimentos intensivos, por ejemplo, relacionar el suministro alimenticio a la capacidad de continuidad.

2. Monitorear: El monitoreo a largo plazo debería ser diseñado para observar la variabilidad a lo largo de un conjunto de variables correlacionadas. Tal monitoreo es necesario para descubrir vínculos entre los componentes biológicos de los ecosistemas y entre el ecosistema y el medio ambiente. Por ejemplo, poco se sabe acerca de las comunidades de mar profundo, así que no han sido integradas a una visión total del ecosistema. El financiamiento del monitoreo a largo plazo es difícil de sostener y ejemplos de monitoreos periódicos o a largo plazo son raros en los Estados Unidos y virtualmente inexistentes en México. Tal monitoreo es crucial para documentar tendencias en las condiciones ambientales y para entender los procesos que varían en las escalas de tiempo interanuales y por década.

El Instituto de Ciencias del Mar y Limnología (ICMyL) de la Universidad Nacional Autónoma de México (UNAM) y el Departamento de Oceanografía de la Universidad de Texas A&M (TAMU) han establecido una colaboración para comparar las cadenas alimenticias bentónicas de las plataformas continentales del norte y del sur del Golfo de México. Este estudio ha utilizado los buques de investigación *Gyre* (TAMU) y *Justo Sierra* (UNAM). Un tema básico de la investigación es obtener un mejor conocimiento del ciclo del carbono en relación con la pesca de escama y camarón en la plataforma continental. Aunque ahora se pueden construir modelos simplificados basándose en la información recolectada por este grupo (Soto y Escobar, 1995; Rowe et al., 1997), mucho queda por aprender acerca de cómo la física y la producción primaria limitan o controlan estas importantes pesquerías. Estudios regionales tales como los descritos aquí difieren en algún grado de un estudio más amplio y a gran escala del acoplamiento biofísico en el IAS porque las especies indicadoras económicamente importantes dependen de la utilización de ambientes estuarinos identificados como áreas de crianza. Una extensión natural de esta investigación sería hacerla más interdisciplinaria e involucrar a un mayor número de investigadores. La experiencia necesaria en las áreas de ecología del fitoplancton, ecología bentónica, y oceanografía física está disponible en muchas instituciones mexicanas y estadounidenses a través de la región. Las características de mesoescala de los meandros, anillos y frentes asociados con la Corriente del Lazo, junto con la variación estacional de las descargas del Río Mississippi y 25 ríos mexicanos, son determinantes en la oceanografía biológica de esta región (Vidal y Vidal, 1997).

Dinámica Sedimentaria e Impacto Ambiental en las Zonas Costera y Oceánica del Golfo de México

Las interacciones tierra-mar que afectan al ambiente sedimentario marino en el oeste del Golfo de México son complejas y varían entre las regiones costeras del océano. Estas variaciones se deben a diferencias en: (1) las descargas de sedimentos y contaminantes de los ríos tanto de los Estados Unidos como de México; (2) a la colisión de los giros anticiclónicos de la Corriente del Lazo contra el talud de la plataforma continental; (3) a las corrientes litorales y a las olas; (4) a las actividades humanas tales como las descargas de aguas residuales, la construcción de presas, el desarrollo urbano costero, el turismo, la exploración y extracción del petróleo y del gas, y la pesca. Estos factores han contribuido a cambios a corto y largo plazo en el ambiente sedimentario marino (Aguayo y Estavillo, 1985; Aguayo, 1988; Aguayo y Gutiérrez-Estrada, 1993; Gutiérrez-Estrada y Aguayo, 1993).

El Golfo de México puede servir como un laboratorio natural, ofreciendo la oportunidad de entender la dinámica de varios ambientes geológicos marinos, desde la llanura de mareas hasta la planicie abisal, sujetas a distintas condiciones climáticas a lo largo del margen del golfo. La geología que se observa es el resultado de la continua subsidencia del margen continental y de los cambios en el nivel del mar debido a las variaciones del clima y a las capas de hielo continentales; ambos factores controlan los ciclos sedimentarios y al grupo de estructuras sedimentarias resultantes (Aguayo y Marín, 1987; Aguayo y Carranza Edwards, 1991). Sin embargo, para entender los ambientes sedimentarios regionales y locales en detalle y para desarrollar modelos predictivos, es necesaria la investigación sistemática y fundamental para describir y cuantificar: (1) las descargas de sedimentos por los ríos a la zona costera; (2) el aporte de los ríos contra la erosión y la redistribución costeras; y (3) el papel de la colisión de los giros anticiclónicos de la Corriente del Lazo contra el talud y la plataforma continental, en el transporte, la dispersión y el depósito de sedimentos.

Las siguientes son algunas preguntas que surgen:

* ¿Cómo la geografía (clima, fisiografía e hidrología) controla la carga de sedimentos, el régimen de corrientes y la calidad del agua?
* ¿Cómo son afectados los escenarios sedimentarios por los procesos erosivos, deposicionales y los no deposicionales?
* ¿Cómo los escenarios tectónicos (locales o regionales) afectan la dinámica de los ambientes sedimentarios (subsidencia, emersión o estacionarios)?

Manifestaciones Associadas con el Petróleo y Gas en el Sur del Golfo de México

El sur del Golfo de México tiene la misma historia geológica que el norte del golfo; se extienden por debajo gruesos depósitos de sal que se intrusionan a través de los sedimentos del piso marino, como lomeríos llamados diapiros. Estas estructuras frecuentemente tienen depósitos de petróleo y gas asociados con ellas, como se demuestra en los extensos recursos petroleros y de gas que ahora se desarrollan en alta mar tanto en México como en Estados Unidos.

Comunidades únicas de organismos que utilizan fuentes de energía asociadas con los depósitos de petróleo y gas y con estanques de salmuera han sido observadas en un amplio rango de profundidades en el norte del Golfo de México. Estas comunidades tienen una gran biomasa y una composición semejante en su forma–y en algún grado en sus funciones–a aquellas que se encuentran alrededor de las ventilas hidrotermales. Dichas comunidades no han sido observadas en el sur del Golfo de México, pero es lógico que eso pueda ocurrir en esa zona también. Esto es sustentado por registros de derrames de petróleo en la superficie del agua, en el Banco de Campeche y las discontinuidades de los perfiles batimétricos que sugieren la existencia de manifestaciones de gas.

Una área nueva y obvia de colaboración entre biólogos, geoquímicos, geólogos y geofísicos sería buscar y describir la distribución de las comunidades asociadas a manifestaciones de petróleo y gas, si éstas existen en el sur del Golfo de México. El estudio de los hidrocarburos como fuentes alternativas de carbón orgánico para las comunidades del talud continental constituye una interrogante interesante que necesita ser resuelta. Esto ayudaría a Petróleos Mexicanos (PEMEX) a encontrar depósitos potenciales de petróleo y gas, como ha ayudado a la exploración de petróleo y gas en las aguas de alta mar de los Estados Unidos. Tal información también ayudaría al estudio de la ecología fisiológica de los organismos de mar profundo.

Calidad del Ambiente Marino

La investigación y el monitoreo binacionales podrían contribuir a reducir los efectos de la contaminación marina en el Mar Intra-Americano, incluyendo la contaminación por nutrientes, materiales tóxicos, petróleo y desechos de recursos marinos y terrestres. El norte del Golfo de México ha sido estudiado extensamente con respecto a sus constituyentes químicos. Durante diez años, el Programa de Posiciones y Tendencias de la Administración Nacional Oceánica y Atmosférica (NOAA) ha monitoreado los niveles de contaminantes en los ostiones (*Crassostrea virginica*) y los sedimentos (Long y Morgan, 1990; Sericano et al., 1995). Más recientemente, la Agencia de Protección Ambiental de los Estados Unidos (EPA) comenzó el Programa de Asesoría y Monitoreo Ambiental (EMAP) (Summers et al., 1992), un esfuerzo más ambicioso que intenta desarrollar y validar indicadores de salud ambiental incluyendo, pero no limitado, a niveles de contaminantes. Uno de los indicadores ambientales propuesto por el Programa de Asistencia y Monitoreo Ambiental es el "Índice Béntico" (Engle et al., 1994), el cual discrimina entre condiciones degradadas y saludables. Un nivel similar de estudio no existe en el lado mexicano del golfo, y no existe mucha información básica que considere los niveles y las tendencias de los contaminantes en una escala que contemple el IAS en su totalidad.

Existen esfuerzos internacionales de monitoreo en el IAS en una escala más amplia, principalmente bajo los auspicios de la Sub-Comisión para el Caribe y Regiones Adyacentes (IOCARIBE) de la Comisión Intergubernamental Oceanográfica (IOC) de la Organización de las Naciones Unidas Para la Educación, la Cultura y la Ciencia (UNESCO). El Programa de IOCARIBE sobre el Monitoreo de la Contaminación de la Sub-Comisión para el Caribe y Regiones Adyacentes (CARIPOL) fue un programa productivo (Atwood et al., 1987a). Una base de datos con miles de registros de brea flotando y varada y de hidrocarburos disueltos o dispersos ha sido compilada y ahora está archivada en la NOAA (Atwood et al., 1987b). Una conclusión importante es que aproximadamente 50% del petróleo en el IAS viene del Océano Atlántico. Desgraciadamente, este programa concluyó. Un nuevo programa, el Programa Ambiental del Caribe sobre Contaminación (CEP-POL) es administrado conjuntamente por la Sub-Comisión para el Caribe y Regiones Adyacentes y el Programa Ambiental de las Naciones Unidas (PNUA).

Otro esfuerzo internacional fue la primera fase de la Vigilancia Internacional del Mejillón, que fue diseñada para valorar los niveles de compuestos organoclorados en el molusco bivalvo (Sericano et al., 1995). Ejemplares de moluscos bivalvos fueron recolectados de 76 localidades a lo largo de las líneas costeras de las Américas, excluyendo a los Estados Unidos y Canadá, y los resultados fueron comparados con los del Programa de Posiciones y Tendencias de la NOAA. La hipótesis a comprobar en este proyecto era que el uso de pesticidas organoclorados, principalmente para campañas antimalaria, al ser más extenso en la porción sur del continente replejaría una mayor contaminación por compuestos organoclorados en el sur del Golfo de México. Sin embargo, uno de los hallazgos importantes fue que "la contaminación es significativamente más alta a lo largo de la costa norte del Golfo de México" (Sericano et al., 1995).

La búsqueda de indicadores confiables de salud ambiental se ha centrado en el uso de "biomarcadores", que es "una respuesta biológica que puede ser especificada en términos de un evento molecular o celular, medido con precisión y que produce información confiable sobre moléculas o el grado de exposición a una sustancia química y/o sus efectos sobre el organismo o ambos" (GESAMP, 1995). Diversos indicadores ambientales han sido propuestos, incluyendo algunos para los ecosistemas costeros tropicales, tales como la frecuencia de mutaciones en mangles rojos, *Rhizophora mangle* (Klekowsky et al., 1994); lesiones histopatológicas en las ostras, *Crassostrea virginica* (Gold et al., 1995): y oxigenasas asociadas con el citocromo P-450 y metallothioninas (GESAMP, 1995). La variabilidad entre sexos y cambios asociados con el desarrollo gonadal o el desove son generalmente desconocidos, complicando el uso de tales biomarcadores.

En contraste con el estudio de Sericano et al. (1995), algunos resultados publicados indican que los niveles de los contaminantes a lo largo de la costa sur del Golfo de México son de la misma magnitud o aún más altos que aquellos en el norte del golfo, por ejemplo en el Río Coatzacoalcos (Gallegos, 1986; Botello et al., 1996), Laguna de Términos (Gold-Bouchot et al., 1995; Botello et al., 1996) y Tampico (Sericano et al., 1995). Esto es particularmente cierto con respecto a los hidrocarburos (Gold et al., 1995 a,b; Botello et al., 1996).

El Golfo de México es un lugar ideal para los estudios binacionales sobre contaminación, incluyendo destinos y efectos de los contaminantes y los mecanismos de transportación. Muchas de las mismas especies viven en los estuarios y en la bahías a través de la región, pero existen suficientes diferencias en el clima, la presencia de otras especies, la diversidad global y otros factores para permitir la generalización y validación de indicadores ambientales existentes. La existencia de los programas de monitoreo binacional es altamente deseable y contribuiría para metas científicas. La investigación conjunta en biomarcadores y la validación de indicadores ambientales en ecosistemas marinos tropicales, que son más diversos y más estables climáticamente, es también altamente deseable. Esta clase de información sería muy valiosa para el manejo de la zona costera.

Petróleo, Materiales Peligrosos y Desechos Marinos

La producción, refinación y transportación del petróleo ocurren en el IAS a niveles altos, y la industria del petróleo es una importante contribuyente en las economías de muchos países que limitan con el IAS (Botello et al., 1996). Para poner en perspectiva la importancia ambiental de la industria petrolera, el Estrecho de Yucatán (entre Cuba y México) es considerado como uno de los tres estrechos en el mundo más proclive a tener un accidente de buques-tanque, y el Mar Intra-Americano es considerado la segunda región más propensa en el mundo de tener tales accidentes (Reinberg, 1984). Un estudio realizado por la Guardia Costera de los Estados Unidos (Reinberg, 1984) concluyó que el tránsito de buques-tanque en el Golfo de México y el Caribe es intrincado y se negó a designar cualquier parte de estos cuerpos de agua como áreas de bajo riesgo (Botello et al., 1996; figura 2.6). La contaminación por petróleo ha sido identificada por la Comisión Intergubernamental Oceanográfica (Intergovernmental Oceanographic Commission [IOC]) (1992) como uno de los problemas ambientales potenciales más importantes del IAS. Puede afectar particularmente a las pequeñas naciones isleñas que dependen del turismo como su principal actividad económica, aunque ellas mismas no obtienen un beneficio directo de la producción del petróleo (IOC 1992).

Los desechos marinos se están volviendo un asunto de importancia en el Mar Intra-Americano porque las economías de muchos países de la región dependen del turismo. Un comité co-patrocinado por varios programas estatales de Becas para el Mar en los Estados Unidos y por la Sub-Comisión para el Caribe y Regiones Adyacentes organiza talleres bianuales con la participación de muchos países del Mar Intra-Americano. El Programa Ambiental del Caribe sobre Contaminación tiene como uno de sus componentes un programa de monitoreo de desechos marinos, bajo cuyo auspicio se llevó a cabo un estudio piloto en Puerto Rico, Colombia y México que está siendo expandido para incluir países adicionales.

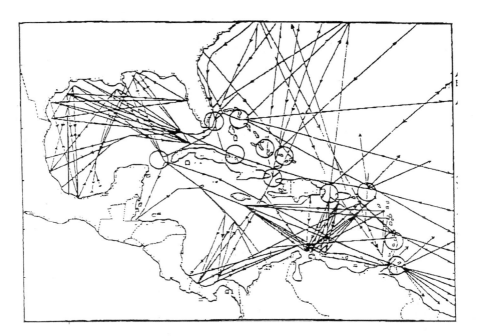

FIGURA 2.6. Principales rutas de navegación de buques-tanque petroleros en el Mar Intra-Americano. FUENTE: Adaptado de Botello (1996).

Fuentes de Contaminación Terrestre

Las fuentes terrígenas contribuyen con aproximadamente el 80% de todos los contaminantes que entran al océano (UNEP, 1995), incluyendo algunos tales como contaminantes orgánicos persistentes (pesticidas e hidrocarburos petroleros), aguas residuales, y metales traza. Las Naciones Unidas han adoptado recientemente un protocolo para controlar y disminuir la cantidad de contaminantes que entran al océano por fuentes terrestres (UNEP, 1995). La reducción de fuentes terrestres de contaminación es extremadamente difícil de lograr debido a la amplia dispersión de las fuentes relacionadas virtualmente con todos los sectores de las economías nacionales con base en tierra (Botello et al., 1996).

Existe muy poca información acerca de los niveles y tendencias actuales de contaminantes persistentes en la región del IAS. La posición de la contaminación petrolera ha sido revisada por la Sub-Comisión para el Caribe y Regiones Adyacentes (IOC, 1992; Botello et al., 1996). El CEP-POL ha promovido un número de estudios piloto de fuentes precisas de contaminación, incluyendo concentraciones de pesticidas organoclorados e hidrocarburos. Lo que hace falta son observaciones sistemáticas que lleven, si se sostienen en el tiempo, a conclusiones válidas acerca de los niveles y tendencias en todo el IAS. Debido a que las entradas al océano son difusas y la dispersión es tan dependiente de la circulación oceánica que varía con el tiempo, sólo mediciones sistemáticas a largo plazo pueden revelar tendencias significativas y patrones a gran escala de niveles de contaminación. Existe la necesidad de evaluar las fuentes, destinos y efectos de contaminantes persistentes a través de la región y vincular estas observaciones con los modelos de circulación, para permitir las predicciones que son cruciales para el manejo y planeación de la zona costera.

PRODUCTOS MARINOS NATURALES

Existe una buena base para la colaboración entre México y Estados Unidos en el área de la química de productos naturales marinos. Ambos países tienen programas académicos fuertes en química, farmacología, biología marina y ecología marina que son las disciplinas primarias requeridas para este campo multidisciplinario. Las diferencias entre los dos países resultan básicamente de la manera en la que se practica y financía la ciencia. En Estados Unidos, los programas de investigación tienden a ser orientados hacia metas, mientras que en México los programas de investigación son orientados hacia la disciplina. Por ejemplo, las agencias de financiamiento de Estados Unidos como son el Instituto Nacional para el Cáncer (National Cancer Institute) y el Programa Nacional de Becas para Colegios Marinos (National Sea Grant College Program) han proporcionado apoyo financiero para fomentar programas de investigación interdisciplinarios y orientados hacia metas en Estados Unidos que premian a los químicos y farmacólogos por colaborar con el fin de descubrir nuevos fármacos. Estos programas tienen sus problemas, pero cuando se administran adecuadamente pueden ser muy efectivos en fomentar la investigación básica y aplicada en la química, farmacología y biología marina de los productos naturales marinos.

Uno de los resultados más sorprendentes de los programas de descubrimientos de medicamentos ha sido el estímulo que han proporcionado a los avances en las disciplinas de las ciencias marinas. Algunos ejemplos incluyen los estudios básicos de la simbiosis y el papel de microorganismos simbióticos en la biosíntesis de compuestos farmacológicamente activos, las acciones de compuestos bioactivos para proteger al organismo sintetizador de la depredación (ecología química), los estudios básicos en la ecología marina que deben preceder un programa importante de explotación, la investigación en la acuicultura, y los estudios en la biodiversidad marina. Los investigadores mexicanos y las agencias de financiamiento podrían examinar la factibilidad de los programas de investigación interdisciplinaria relacionados con la química de los productos naturales marinos, aprendiendo de los éxitos y errores experimentados por los programas de Estados Unidos. La fortaleza tanto de México como de Estados Unidos en el área de la biotecnología ofrece el potencial de unir esfuerzos sustanciales en la colaboración sobre este tema. Las compañías farmacéuticas a menudo juegan un papel considerable en el descubrimiento de los fármacos y su comercialización. Con esto en mente, todos los programas académicos de descubrimiento de fármacos, sobre todo un programa basado en la cooperación internacional, debería claramente tratar las cuestiones legales de derechos de patente y la repartición de beneficios financieros antes de iniciar el programa. Sin embargo, pocos descubrimientos académicos han llevado a la producción de fármacos, principalmente porque las compañías farmacéuticas prefieren realizar sus propios descubrimientos. Los grupos académicos deberían colocar la investigación de calidad por encima de la aplicación comercial mientras reconocen que ésta podría ser el resultado de aquélla. Para que funcione la colaboración en la biotecnología marina y el desarrollo de medicamentos, es importante que la utilización de los productos naturales derivados de organismos estadounidenses y mexicanos reciban la protección de patentes y distribución de regalías en forma equitativa.

Conservación de la Diversidad Biológica Marina*

La conservación de la diversidad biológica se ha convertido en una meta científica y política de la década de los noventa. Mientras que este concepto parece estar bien definido cuando se aplica a las selvas tropicales, se entiende mal su aplicación a los ambientes marinos. Es cierto que hemos descrito solamente un pequeño porcentaje de los organismos marinos de la zona intermareal y que nuestros conocimientos de los organismos de ambientes profundos y mesopelá-

---

* Ver también NRC (1995).

gicos son todavía más escasos. Puesto que no sabemos lo que existe, no podemos saber qué conservar.

Los esfuerzos actuales en México en el área de la diversidad biológica marina incluyen la definición de áreas prioritarias a lo largo de la costa y en ambientes del océano abierto, basadas en criterios de la más alta diversidad. Se están creando grandes bases de datos principalmente con la representación de los grupos taxonómicos más importantes a partir de las colecciones sistemáticas de los museos y las instituciones de investigación. También se están aplicando los criterios propuestos por Sullivan (1997). Los documentos que han reconocido el estatus de la diversidad biológica marina por regiones y habitat fueron publicados por Salazar Vallejo y González (1993). En este momento, el Sistema Nacional de Areas Protegidas (SINAP) reconoce 59 áreas protegidas a lo largo de todas las costas de México representando diferentes niveles de protección (por ejemplo, Reservas de la Biósfera, Parques Nacionales, albergues, áreas protegidas, y reservas) en habitats como son las dunas, las playas, los arrecifes, las lagunas costeras, los manglares, las marismas, y las islas. Se necesita aún un esfuerzo mayor para evaluar el valor real de los habitats integrados en Grandes Ecosistemas Marinos. Se requiere una colaboración conjunta para unificar las acciones iniciadas en Estados Unidos con los programas existentes en México.

Los bosques tropicales son ampliamente reconocidos por proporcionar un habitat para diversas especies que podrían contener compuestos farmacéuticos importantes y que la destrucción de estos bosques privará a la ciencia de la oportunidad de descubrir dichos compuestos. Sin embargo, se sabe que los invertebrados que habitan en los arrecifes tropicales y subtropicales son una fuente mucho más productiva de compuestos farmacológicamente activos, según las estadísticas acumuladas por el Instituto Nacional de Cáncer (datos provenientes de J.H. Cardellina y P.T. Murphy, citados en Garson, 1994). La investigación de la biodiversidad marina, con la meta final de la conservación, es un área de cooperación Estados Unidos-México que recibiría el apoyo tanto político como del público en general. Sin embargo, esta investigación tiene detractores porque la pesca comercial y la destrucción de los habitats marinos, por el desarrollo urbano e industrial se encuentran entre los factores principales que contribuyen a la reducción de la biodiversidad marina.

La investigación de la biodiversidad marina requiere apoyo financiero significativo para los estudios taxonómicos en ambos países. Se requiere de la colaboración entre biólogos marinos, ecólogos marinos y oceanógrafos biológicos, misma que falta en algunas áreas debido a la competencia entre estas disciplinas por recursos escasos. Finalmente, se requerirá de la participación de científicos de otros campos para evaluar el valor potencial de los organismos recientemente descritos para el descubrimiento de medicamentos y desarrollos biotecnológicos. La conservación de la biodiversidad necesita de la cooperación entre naciones que comparten áreas comunes del océano para asegurar que las acciones de una nación no causen efectos perjudiciales en el área compartida. Una frontera abierta para estas investigaciones científicas, sujetas a requerimientos estrictos de proporcionar información, debería ser la meta principal de una colaboración científica marina binacional entre Estados Unidos y México.

Biotecnología Marina[*]

La biotecnología marina, que se puede definir como la búsqueda de usos comerciales de la biología marina, la bioquímica, y la biofísica, es un campo reciente de estudio que ofrece un gran potencial. En términos generales, existe la idea de que los organismos que viven en un medio salino, a menudo a presiones o temperaturas altas, contienen agentes bioquímicos que pueden ser útiles para la industria en la biotecnología marina. Ni Estados Unidos ni México pueden igualar la inversión hecha por Japón en este campo (Rinehart et al., 1981; Faulkner, 1983), y existe evidencia de que la Unión Europea está acelerando su inversión en la biotecnología marina. Una colaboración con fines de investigación entre Estados Unidos y México podría producir beneficios considerables para ambos países, porque Estados Unidos está pasando por un período de gran expansión en la biotecnología, mientras que algunas de las localidades más prometedoras en que se puede llevar a cabo investigación biotecnológica marina se encuentran en México.

La biodiversidad microbiana y de invertebrados que se encuentra en el Golfo de California lo convierte en el blanco principal de la "bioprospección". Desde 1970 hasta 1985, estudios de la química de una selección limitada de algas marinas e invertebrados del Golfo de California resultaron en el descubrimiento de varios agentes antimicrobianos, antineoplásticos y anti-inflamatorios (Rinehart et al., 1981; Faulkner, 1983). Una nueva investigación de estos recursos utilizando bio-ensayos basados en mecanismos modernos podría llevar al descubrimiento de nuevos agentes biomédicos.

La oportunidad de muestrear los microorganismos marinos, incluyendo las bacterias termofílicas extremas de los sistemas de ventilas geotermales y halófilas extremas de salinas, podría expandir de forma significativa el potencial biomédico de los organismos del Golfo de California. La industria incipiente de la biotecnología marina ha mostrado interés considerable en las bacterias marinas termofílicas extremas porque producen enzimas que son estables y eficientes a temperaturas y presiones altas y por lo tanto son atractivas para su empleo en procesos industriales. Se sabe que los sistemas de ventilas hidrotermales en la Cuenca de Guaymas son una fuente excelente de organismos termófilos extremos (Vidal, 1980; Jørgensen et al., 1992), pero también hay muchas filtraciones de agua poco profunda, salinas, manglares, y otros micro-ambientes marinos únicos que podrían proporcionar una diversidad de microorganismos útiles para la industria biotecnológica.

---

[*] Ver también NRC (1994a).

Es casi imposible predecir la dirección futura de la investigación en la biotecnología marina o los beneficios resultantes. Sin embargo, se puede decir con confianza que la biotecnología marina se encuentra rezagada con respecto a los más recientes avances en el campo de la biotecnología, pero esta situación cambiará conforme se organiza mejor esta disciplina. Por ejemplo, una reunión inicial de los investigadores de California interesados en la biotecnología marina resultó en la presentación inesperada de una amplia gama de temas de investigación. Tanto los organizadores como los participantes se sorprendieron ante la diversidad de la investigación existente. Se podría proponer una conferencia parecida Estados Unidos-México sobre la biotecnología marina para iniciar las colaboraciones binacionales en esta área de investigación.

CAMBIOS CLIMÁTICOS REGIONALES

Entre los varios módulos del sistema global de observación de los océanos (GOOS) propuesto por la IOC (ver el capítulo 3), probablemente el más consolidado, por razones de la disponibilidad técnica y la urgencia científica, es el del clima. Finalmente, el conocimiento fundamental de los cambios en el clima debe ser global, pero los esfuerzos por documentar estos cambios y lograr que las predicciones de su impacto sean de utilidad práctica para la sociedad deben realizarse región por región. Si ocurre el efecto invernadero, ninguna nación individual se verá afectada principalmente por el aumento global en la temperatura promedio; más bien, las naciones serán afectadas por el aumento en la temperatura y por los efectos asociados que este incremento induzca en su región.

Es cierto que la concentración de CO_2 en la atmósfera se ha incrementado durante la era industrial, y que las temperaturas globales han aumentado alrededor de 0.5°C durante el siglo pasado. La importancia relativa de la variación natural versus la actividad humana en producir el cambio en temperatura está sujeta a un estudio continuo. Las predicciones de los modelos sobre el calentamiento global están afectadas por la incertidumbre, sobre todo si uno intenta predecir los patrones regionales del cambio en vez de los promedios globales (Speranza et al., 1995, p. 425).

El océano juega un papel preponderante en el sistema climático. Es un enorme molino térmico debido a su inmensa capacidad calórica que contrasta con aquella de la atmósfera, y constituye además un depósito clave del carbono. El intercambio del gas CO_2 a través de la superficie del mar depende de procesos físicos, algunos de los cuales se conocen poco con respecto a toda la gama de condiciones complejas (desde las calmas hasta los huracanes) que afectan la superficie marina. En las aguas superficiales de los océanos, los procesos biológicos absorben CO_2 (por ejemplo, la fotosíntesis por parte del fitoplancton y la remoción del carbonato por los corales), y el carbono finalmente se precipita al fondo marino y es almacenado en los sedimentos. Estos procesos biológicos podrían afectar y ser afectados por el estado cambiante del clima atmosférico y de los sistemas del carbono. La efectividad del océano en eliminar el CO_2 afecta directamente los pronósticos de acumulación atmosférica; asimismo, si el clima cambia en el futuro y produce patrones de circulación diferentes en los océanos, la distribución y efectividad de estos procesos biológicos podrían cambiar.

Aportaciones conjuntas estadounidenses-mexicanas para buscar soluciones a estas cuestiones en forma de: (1) metódicas mediciones de alta calidad y a largo plazo de las variables claves del sistema climatológico y del carbono en la región de interés común y (2) esfuerzos científicos diseñados para interpretar tales mediciones y colocarlas en el contexto global, pueden ser partes importantes del esfuerzo mundial para entender el cambio climatológico.

El área conjunta de interés estadounidense-mexicano comprende las extensas regiones tropicales y subtropicales donde es naturalmente más fácil detectar tendencias de algunas variables oceánicas en series de mediciones cronológicas largas debido a la reducida escala sinóptica y al menor ruido estacional en contraste con la situación en altas latitudes. Se debería utilizar esta ventaja en la selección de las variables y de sitios por ser estudiados.

3

Acciones para Mejorar la Cooperación e Influir en el Establecimiento de Políticas en el Campo de las Ciencias Oceánicas

Como indican los ejemplos proporcionados en el capítulo 2, existen varios temas de investigación en las ciencias oceánicas que presentan retos del primer orden intelectual los cuales tienen también implicaciones importantes para el desarrollo social y económico tanto en México como en los Estados Unidos. Para poder mejorar la administración y la protección del medio ambiente y para impulsar el crecimiento económico de una forma sostenida, ambas naciones necesitan recabar y compartir información y conocimiento acerca de sus áreas marítimas adyacentes. Ciertas acciones son fundamentales para mejorar la comunicación, realzar las colaboraciones, y crear asociaciones entre los científicos marinos en México y los Estados Unidos. Estas acciones transcienden los potenciales proyectos conjuntos que se discutieron en el capítulo 2. El comité contempla que las acciones relacionadas con: (1) la capacidad y la formación de los recursos humanos, (2) la infraestructura científica, (3) los grandes programas internacionales sobre las ciencias oceánicas, (4) los sistemas regionales y globales de observación de los océanos, (5) los eventos y las publicaciones científicas, y (6) la provisión de fondos para actividades binacionales, realzarían las colaboraciones entre los oceanógrafos mexicanos y estadounidenses y mejorarían la efectividad de proyectos conjuntos como los que se mencionaron en el capítulo 2, u otros que podrían desarrollarse en el futuro. Las acciones que se destacan a continuación están diseñadas para realzar una sana comunidad oceanográfica para satisfacer las propias necesidades de México, y permitir que los científicos mexicanos y estadounidenses participen juntos en la resolución de problemas compartidos del ambiente marino.

FORMACIÓN DE LOS RECURSOS HUMANOS
Y DE SUS CAPACIDADES

El número y la distribución de oceanógrafos entre México y los Estados Unidos difieren de forma significativa. Fundamentalmente, aunque el número exacto de oceanógrafos en México no ha sido determinado con precisión, la comunidad mexicana es más pequeña que la de los Estados Unidos. En 1995 existía un total de 204 profesores de tiempo completo que trabajaban en las cinco principales universidades del país que cuentan con planes de estudio en las ciencias oceánicas (Aldana, 1997). En 1990 de un total de 796 biólogos, 57 biólogos marinos de todas las disciplinas (por ejemplo, oceanógrafos biológicos, fisiólogos, ecólogos, expertos en pesca y acuicultura, ictiólogos, botánicos, malacólogos, microbiólogos) pertenecían al Sistema Nacional de Investigadores (SNI; Aldana, 1997). Los biólogos marinos representan el grupo más numeroso de científicos marinos que pertenecen al SNI. Se podría afirmar que el resto de los científicos marinos (oceanógrafos físicos y químicos, geólogos y geofísicos marinos) agrupan un número similar. En la Academia Mexicana de Ciencias (AMC), el número de miembros dedicados a la oceanología comprende aproximadamente 20 de un total de 884 miembros regulares reportados en 1996 (Aldana, 1997). En México, la comunidad académica dedicada a la oceanología se distribuye entre aproximadamente 20 departamentos universitarios, escuelas e instituciones de investigación (Ayala-Castañares y Escobar, 1996). El número de oceanógrafos mexicanos empleados en las instituciones académicas es mayor que aquel empleado por los organismos federales. La comunidad oceanográfica de los Estados Unidos se divide entre 15 instituciones importantes y más de 100 departamentos universitarios, institutos y escuelas de menor tamaño que las primeras. En los Estados Unidos el número de oceanógrafos con nivel de doctorado y con puestos en la academia es aproximadamente tres veces mayor que los que laboran en los organismos federales, con un total de aproximadamente 2,200 en 1990 (NRC, 1992). De esta forma, la razón de científicos marinos estadounidenses contra mexicanos es aproximadamente de 20:1, mientras que la razón de las poblaciones de las dos naciones es de aproximadamente 3:1.

Una de las maneras más importantes para aumentar la colaboración entre los oceanógrafos de los Estados Unidos y México se daría a través de la educación y la capacitación apropiada, esta vía incrementaría la capacidad de los individuos de trabajar juntamente. Se deberían emplear diversas estrategias para edificar la capacidad de los recursos humanos que se dedicarán a las ciencias oceánicas en México. Estas políticas deberían enfocarse a (1) fortalecer la formación de estudiantes graduados y becarios de posgrado y (2) proporcionar la educación continua de científicos universitarios y gubernamentales en las ciencias oceánicas. Debido a las limitaciones financieras en ambos países, el Grupo Conjunto de Trabajo en Ciencias Oceánicas considera que la capacidad científica y técnica de ambos debe ser utilizada de forma eficiente para mejorar la calidad y capacidad de los científicos, los técnicos y los estudiantes que ya están trabajando en el campo. En algunas áreas de la oceanología, será necesario aumentar la producción de nuevos doctores en México, incluyendo estudiantes formados tanto en México como en el extranjero, sin sacrificar la calidad de su educación. Muchos graduados mexicanos en ciencias oceánicas ocupan puestos en el gobierno o trabajan como profesores de tiempo completo. Aunque esto tenga sus propios beneficios para la nación, es posible que sea perjudicial para México el que un porcentaje tan alto de sus científicos no se dediquen a la investigación activa. Los Estados Unidos se encuentran en una situación diferente. Los nuevos doctores en oceanología, como sus superiores, tienden a buscar empleos en el sector de la investigación. No obstante esta característica, el fin de la Guerra Fría y los recortes en los presupuestos para la investigación federal han empezado a imponer nuevas restricciones en puestos de investigación para nuevos doctores, mismas que obligan a muchos a buscar trabajo en sectores norteamericanos menos tradicionales que no están vinculados con la investigación.

Las ciencias oceánicas requieren de la formación de grupos de investigación viables que incluyan a individuos que posean una amplia gama de conocimientos y experiencia: oceanógrafos, técnicos de laboratorio y de alta mar, especialistas en programación, analistas de datos, técnicos electrónicos, especialistas en instrumentación, ingenieros y otros. No es razonable esperar que los científicos en oceanología posean todas las habilidades necesarias para llevar a cabo la totalidad de las sofisticadas actividades de las ciencias oceánicas. Este es un problema especial en México, donde los científicos a menudo no tienen acceso a individuos con habilidades complementarias con los que puedan formar grupos de investigación capaces de realizar programas de investigación de vanguardia. Todas las iniciativas educativas y de capacitación deberían reconocer la necesidad de integrar grupos equilibrados de investigación al dedicar un balance apropiado de recursos a cada categoría de profesionistas capacitados.

La cooperación entre los oceanógrafos de los Estados Unidos y México se vería acrecentada con cursos intensivos de idiomas para los científicos, estudiantes y técnicos que deseen trabajar en el país vecino. La barrera lingüística impide de forma significativa la cooperación binacional. La falta de habilidad en el idioma español entre los científicos de los Estados Unidos es especialmente aguda, resultado del abandono general de la enseñanza de idiomas extranjeros en las escuelas primarias y secundarias de ese país. Para vencer esta barrera se requerirá un compromiso extraordinario por parte de los oceanógrafos y la provisión de nuevos mecanismos para la capacitación intensiva en el idioma.

Educación al Nivel de Maestría, Doctorado y Posdoctorado

En 1990, las 10 instituciones universitarias más importantes de los Estados Unidos en las ciencias oceánicas otorgaron aproximadamente 126 doctorados (NRC, 1992). Este número excedió substancialmente el número de puestos de trabajo vacantes que las universidades de los Estados Unidos y el gobierno federal, esperaban se hubiesen generado anualmente en el campo de las ciencias oceánicas. Esta encuesta del Consejo Nacional de Investigación (National Research Council [NRC]) no incluyó las posibilidades de empleo en los organismos estatales, la industria y las organizaciones no lucrativas. A partir de estos resultados, se puede llegar a la conclusión de que la orientación profesional para estudiantes de doctorado debería incluir capacitación para interactuar con una amplia gama de departamentos universitarios y trabajar en profesiones "no tradicionales". Cuando el NRC realizó su evaluación en 1992 se creía que la oferta de doctores en ciencias oceánicas, con una gran diversidad entre las disciplinas, era suficiente en los Estados Unidos.

En México, solamente 16 universidades mexicanas tienen planes de estudio al nivel de posgrado en las ciencias oceánicas. De éstas, 14 los ofrecen en biología marina, ecología, pesca y oceanografía biológica (Aldana, 1997). Solamente dos instituciones, UABC y CICESE, otorgaron doctorados en 1994, cuatro cada una, dando un total de 8 (Aldana, 1997). En comparación, cinco universidades otorgaron 124 maestrías en ciencias en el mismo año (Aldana, 1997). Por lo tanto, las universidades de los Estados Unidos otorgaron por lo menos 16 veces más doctorados por año en las ciencias oceánicas que las universidades mexicanas. Al igual que en los Estados Unidos, en México el número de oportunidades de trabajo en oceanografía no es lo suficiente vasta para satisfacer la demanda ejercida por el número de graduados en oceanología. Ambos países requieren de una plataforma oceanográfica más grande para encarar adecuadamente todos los retos y oportunidades de la investigación básica y aplicada planteados por sus ambientes marinos y de esta forma proporcionar los insumos científicos necesarios para resolver las cuestiones educativas, económicas y sociales relacionadas con el océano. Mientras no se puedan proporcionar fondos adicionales para la investigación y para la infraestructura requerida por ésta, con el fin de poder responder más completamente a los problemas ambientales marinos, las actividades relacionadas con la construcción de nueva capacidad física deberían ser enfocadas hacia el mejoramiento de la calidad y eficiencia de las instituciones educativas existentes. La necesidad de ampliar el tamaño de la infraestructura científica en México es particularmente aguda.

Por diversas razones menos estudiantes estadounidenses trabajan en México que viceversa. Nuevas colaboraciones en investigación facilitarían y harían más atractivas las oportunidades para que estudiantes de los Estados Unidos inicien investigaciones con científicos mexicanos. De esta forma se crearían asociaciones científicas durante las etapas iniciales del desarrollo profesional del científico novicio. La creación de mecanismos para simplificar la posibilidad de transferir las calificaciones y credenciales de estudiantes entre los tres países miembros del Tratado de Libre Comercio de América del Norte (TLC) facilitaría las colaboraciones en investigación como las que se mencionaron anteriormente y eliminarían obstáculos burocráticos, sin afectar la calidad de la educación e investigación.

Otro mecanismo que ha sido efectivo en el pasado para fomentar la colaboración entre estudiantes, es llevar a cabo programas binacionales de estudios de campo para estudiantes de licenciatura y posgrado. Un modelo interesante es la Asociación Ruso-Estadounidense para las Ciencias Ambientales y la Capacitación, en la cual estudiantes y personal universitario de instituciones de los Estados Unidos y Rusia trabajaron juntos en un laboratorio flotante durante 1995 y 1996 para realizar estudios sobre la biología, la química y la física de los ríos en la cuenca del Río Angara de Rusia. Las observaciones de campo y el trabajo de laboratorio fueron complementadas con instrucción en ciencias relevantes e idiomas (*ASLO Bulletin*, 1996). El impulso más importante para estos intercambios de estudiantes es, y seguirá siendo, la red de conexiones y colaboraciones profesionales individuales entre investigadores activos y grupos de investigación que se encuentran en ambos lados de la frontera. Si se mejoran estas conexiones entonces, como consecuencia natural, la presión para intercambios estudiantiles aumentará. Se deberían planear programas de campo binacionales que se desarrollaran en los Estados Unidos y en México.

Educación Continua de Científicos Universitarios y Gubernamentales y los Intercambios Binacionales

Se deberían desarrollar nuevos mecanismos para la promoción de intercambios de oceanógrafos estadounidenses y mexicanos. En muchos casos, fondos adicionales serían suficientes para cubrir los gastos de viaje y el diferencial del costo de vida entre los Estados Unidos y México. Una vía potencial podría ser la Fundación Estados Unidos-México para la Ciencia. Esta fundación se ha enfocado principalmente al patrocinio de intercambios de corto plazo y proyectos de colaboración en investigación del tipo que requeriría un programa binacional sobre ciencias oceánicas. La Fundación Nacional de Ciencias de los Estados Unidos (NSF) y el Consejo Nacional de Ciencia y Tecnología de México (CONACyT) son fuentes adicionales (pero limitadas) de co-financiamiento, específicamente para viajes y talleres.

Existen otras oportunidades para los intercambios científicos, como son los programas de la Agencia para el Desarrollo Internacional (Agency for International Development), el programa de becas Fulbright, y los programas establecidos por universidades e instituciones individuales como la Universidad Nacional Autónoma de México (UNAM), el Instituto Politécnico Nacional (IPN), IIO-UABC y CICESE. Sin embargo, los financiamientos que provienen de estas fuentes no son específicos para las ciencias oceánicas, y no son adecuados para apoyar el número de intercambios que se necesitarían para mejorar significativamente este campo en México. Se requieren de nuevos apoyos financieros en el campo de las ciencias oceánicas específicamente dirigidos a los intercambios. Dichos financiamientos podrían ser proporcionados por las agencias y fundaciones de los Estados Unidos y México que apoyan las ciencias oceánicas y son responsables de asuntos ambientales marinos. La Fundación Estados Unidos–México para la Ciencia es un vehículo potencial para manejar los aspectos logísticos de becas para investigación e intercambios. La Fundación ha aceptado fondos del Departamento de Estado de los Estados Unidos para proyectos ambientales y de cooperación en investigación destinados específicamente a becas en las áreas de química, física y matemáticas. Algunas fundaciones caritativas incluyen, dentro del alcance de sus actividades, la promoción del desarrollo sostenible de América Latina o la promoción de la comprensión de las ciencias. Algunos tipos de investigación marina binacional podrían caber dentro de estos parámetros.

Otra opción viable para promover los intercambios sería el programa binacional para el profesorado adjunto o visitante. También se debería dedicar más atención a los intercambios de científicos gubernamentales para promover la transferencia de información y construir asociaciones entre organismos gubernamentales con responsabilidades similares en ambas naciones (por ejemplo, el Servicio Nacional de la Pesca Marina [National Marine Fisheries Service] y el Instituto Nacional de la Pesca [INP]).

INFRAESTRUCTURA CIENTÍFICA

La infraestructura para las ciencias incluye los recursos humanos (mencionados en la sección anterior), los recursos fiscales, y los recursos físicos. *Oceanography in the Next Decade: Building New Partnerships* (NRC, 1992) documentó el estado de la infraestructura de los Estados Unidos (en 1990) con respecto a las ciencias oceánicas. Dicha infraestructura está mucho menos desarrollada en México. Esto implica que se pueden hacer mejoras (1) incrementando la infraestructura mexicana con respecto a las ciencias oceánicas, y (2) desarrollando mecanismos para el uso compartido de la infraestructura estadounidense, sobre todo mientras se desarrolla la capacidad mexicana. En países con apoyos financieros limitados para la ciencia (y ese es el caso para las dos naciones), es importante diseñar primeramente planes a largo plazo para las ciencias y posteriormente desarrollar la infraestructura requerida, en vez de desarrollar instituciones que demandan una extensa infraestructura física y que acaban absorbiendo el presupuesto asignado para las ciencias e imposibilitando el desarrollo de una infraestructura adecuada para las ciencias más importantes. La infraestructura física requiere de un nivel mínimo de costos de operación y mantenimiento, aún cuando no se utiliza, de tal forma que un exceso de infraestructura puede crear una merma en los fondos disponibles requeridos para practicar las ciencias. Por lo tanto, bajo condiciones de escasez de fondos para la ciencia, es importante identificar las necesidades de las ciencias a largo plazo y desarrollar una infraestructura que satisfaga las necesidades identificadas y que a la vez retenga una suficiente flexibilidad para responder a retos y oportunidades inesperadas.

Recursos Fiscales

En México el gasto total para las ciencias oceánicas es mucho menor que en los Estados Unidos. La Secretaría de Educación Pública (SEP)-CONACyT es la fuente gubernamental principal de financiamiento para las actividades de las ciencias marinas básicas. En México las agencias especializadas constituyen una fuente de financiamiento más pequeña para el desarrollo de actividades de las ciencias oceánicas que en los Estados Unidos, e igualmente existen menos organismos capaces de financiar la diversidad de proyectos potenciales en oceanología. También se obtienen algunos apoyos para la investigación a través de universidades e institutos como la UNAM y el IPN. La industria proporciona pocos apoyos financieros a científicos-académicos para la investigación; ese también es el caso en los Estados Unidos. Resulta difícil comparar de forma significativa los gastos por concepto de las ciencias oceánicas realizados en los Estados Unidos y México, puesto que Estados Unidos tiene un litoral lo doble de extenso que el de México, una población casi 3 veces más numerosa, y un producto interno bruto 10 veces más grande. Sin embargo, es ilustrativo observar los niveles absolutos de gastos de la División de las Ciencias del Mar (OCE) de la NSF y los gastos del CONACyT con respecto a las actividades de las ciencias oceánicas. En el ejercicio 1995, la OCE contaba con un presupuesto total de 192.8 millones de dólares, incluyendo apoyos para la investigación (102.6 millones de dólares), para la infraestructura física ($50.4 millones de dólares), y para la parte correspondiente de los Estados Unidos al Programa de Perforaciones en el Océano (ODP; $39.8 millones de dólares). El financiamiento proporcionado por CONACyT para las ciencias oceánicas llegó a un monto de $852,000 en el ejercicio fiscal 1995. A partir de esas cifras queda claro que los presupuestos mexicanos por concepto de las ciencias oceánicas representan una fuerte restricción para las investigaciones marinas mexicanas y reducen la capacidad de los científicos mexicanos de participar de forma equivalente en investigaciones en colaboración con colegas de los Estados Unidos y de otros países.

El financiamiento para las ciencias en México es más escaso que en los Estados Unidos debido a las estrictas políticas económicas que se han instrumentado y a las importantes devaluaciones del peso que han ocurrido desde 1982; los fondos que antes se dedicaban a la ciencia han sido desviados a otros usos. De 1992 a 1997, México gastó solamente 0.36% de su PNB en la investigación sobre ciencia y tecnología. El impacto sobre todas las ciencias, incluyendo las ciencias oceánicas, ha sido importante. Actualmente, existen solamente 5 científicos por cada 10,000 trabajadores en la población económicamente activa. Desde 1982 ha habido un deterioro gradual pero severo en el valor de los sueldos de los científicos mexicanos. Los salarios básicos en las universidades y las instituciones de investigación se han reducido a niveles relativamente bajos. Las universidades y otras instituciones han implantado incentivos financieros para complementar los sueldos de los investigadores y académicos con el fin de reducir la fuga de científicos talentosos hacia la industria, otros campos, u otros países. Asimismo, en

1984, el gobierno mexicano estableció el SNI como una herramienta de emergencia para mejorar los salarios. El SNI proporciona apoyo complementario a los sueldos y hoy en día contribuye con una parte significativa (hasta el 50% del salario de algunos científicos) de los salarios de sus 5,879 miembros y ha evolucionado de una medida transitoria a una característica más o menos permanente de la ciencia mexicana (CONACyT, 1994). Este programa ha mejorado la situación financiera de algunos científicos mexicanos, pero no todos los científicos' forman parte del sistema. La estructura de compensaciones del SNI puede fomentar estudios de corto plazo y la publicación de hallazgos fragmentarios (Ayala-Castañares y Escobar, 1996).

Recursos Físicos

Los recursos físicos necesarios para desarrollar el campo de las ciencias oceánicas incluyen: computadoras, bases de datos, y enlaces para la comunicación; infraestructura de laboratorio y equipo; y buques para la investigación. En los Estados Unidos, una combinación de financiamiento federal, estatal y universitario para el desarrollo directo de infraestructura en las universidades, junto con acceso a la importante infraestructura de algunos laboratorios del gobierno, ha proporcionado plataformas de trabajo y equipo para la comunidad científica. México tiene una parecida distribución de fuentes para financiar la compra y operación de los recursos físicos, pero el balance de patrocinadores es diferente en las dos naciones y el apoyo de los organismos especializados, al igual que el apoyo total, es más pequeño en México. La carencia de una política sobre investigación básica para las ciencias oceánicas y la discontinuidad de financiamientos adecuados para el uso y mantenimiento de los buques y su equipamiento ha impedido seriamente el avance de las ciencias oceánicas en México. Desde 1982 hasta 1990 el tiempo de barco y de sus equipos fue financiado a través de la UNAM, CONACyT y Petróleos Mexicanos (PEMEX) y constituyó un excelente mecanismo financiero que promovió un crecimiento significativo y, hasta cierto punto, el reconocimiento internacional de la investigación oceanográfica mexicana. Esta estructura de financiamientos no fue renovada después de 1990, y la falta de apoyos ha restringido seriamente la investigación oceanográfica mexicana. Deberían ser restablecidos los mecanismos regulares para el financiamiento de tiempo de barcos (como el acuerdo trilateral de 1982-1990 entre UNAM, PEMEX y CONACyT) en México con el fin de recuperar el ímpetu obtenido por sus ciencias oceánicas durante la década de 1980 hasta 1990. Es crucial que en el financiamiento de tiempo de buques en México las solicitudes por este concepto estén asociadas con proyectos que hayan pasado con éxito por un proceso de revisión por pares. Se podría cumplir con esta meta utilizando un sistema como el que emplea la NSF en los Estados Unidos. En el sistema de la NSF, todos los proyectos de investigación deben pasar por un proceso de revisión por pares antes que se autorice el tiempo de barco para algún proyecto.

Mejor provisión y acceso a la infraestructura física, con el fin de permitir su utilización cuando los científicos de los Estados Unidos y México no la están usando, permitiría un mucho mejor uso de las capacidades existentes de los científicos marinos mexicanos. Una manera de proporcionar los recursos físicos necesarios a corto plazo sería el desarrollo de mecanismos para compartir la infraestructura. Esto facilitaría el acceso a la infraestructura que actualmente está siendo sub-utilizada tanto de los Estados Unidos como de México. Como se mencionó anteriormente, en el caso de la utilización de la capacidad educativa de los Estados Unidos, el uso compartido de la infraestructura de ese país podría ser un puente efectivo hacia la meta a largo plazo de aumentar la capitalización de la infraestructura mexicana.

Computadoras y Bases de Datos

Los avances en la tecnología de la comunicación, las redes de cómputo y el almacenamiento y acceso distribuido de datos están revolucionando internacionalmente a las interacciones científicas. En ambas naciones existen bases de datos oceánicos relevantes, pero en muchos casos éstas no fueron desarrolladas considerando su compatibilidad binacional. Los Estados Unidos apoyan varios centros de información que contienen significativas bases de datos relacionadas con el océano. Estos incluyen el Centro Nacional de Datos Oceanográficos (NODC)/ Centro Mundial A de Datos para la Oceanografía y el Centro para el Análisis de Información sobre Bióxido de Carbono. Los datos provenientes de estas fuentes, al igual que aquellos derivados de programas científicos importantes (por ejemplo, el Experimento Mundial sobre la Circulación de los Océanos [WOCE], el Estudio Global Conjunto sobre los Flujos Oceánicos [JGOFS], el Experimento Inter-disciplinario Global Ridge [RIDGE], y el programa sobre la Dinámica Global de los Ecosistemas Oceánicos [GLOBEC], están disponibles actualmente vía Internet y en algunos casos en CD-ROM.

Para promover la cooperación binacional y facilitar la comparación de datos recopilados en programas conjuntos y unilaterales, se necesitan realizar ejercicios de intercalibración, estandarización de datos, y de compatibilidad de bases de datos. La mayoría de los grandes programas en ciencias oceánicas han llevado a cabo internacionalmente tales actividades y podrían servir de modelo para las intercalibraciones y la compartimentación de datos entre México y los Estados Unidos. También es esencial que los investigadores tengan fácil acceso a los datos y productos de datos (por ejemplo, los mapas) que contienen las bases de datos. Este acceso fomenta el análisis y escrutinio científico de los datos, revelando su utilidad y limitaciones. Se pueden exponer defectos técnicos y de muestreo, poner en marcha los remedios y hacer más efectivos los esfuerzos futuros de recopilación de datos.

En México se podrían combinar o entrelazar varias grandes bases de datos, por ejemplo, los bancos de datos de las universidades, de institutos de investigación y de los científicos (Vidal et al., 1988, 1990, 1994b) y de la industria (por ejemplo, PEMEX, la Comisión Federal de Electricidad [CFE]). Las bases de datos importantes y relevantes para las ciencias marinas y la administración de los recursos marinos en México están depositadas en la UNAM, IPN, CICESE, UABC, CINVESTAV, INP, el Instituto Nacional de Estadística, Geografía e Informática (INEGI); el Instituto Nacional de Ecología (INE), la Secretaría de Agricultura y el Instituto Nacional de la Pesca (INP). Sin embargo, no existe ningún equivalente del NODC en México; por lo tanto, los datos oceanográficos no están agregados ni archivados. La solución de este problema debería ser una prioridad. Las bases de datos deberían ser recopiladas y coordinadas dentro de México por el INEGI, mismo que debería ayudar a conformar las bases de datos para que tengan un estándar común, asegurar su amplia disponibilidad con la revisión apropiada por pares y control de calidad, y promover la educación y capacitación de individuos en la administración de bases de datos. Muchas instituciones en México han creado sus propios centros de computación, incluyendo supercomputadoras (UNAM e IPN), proporcionando una base para compartir los datos y la comunicación.

Enlaces de la Comunicación

Las redes de investigación con varios nodos podrían proveer puntos focales para las ciencias oceánicas regionales, facilitando el que éstas se extiendan más allá de las capacidades del Internet. Tales redes deberían incluir sitios dedicados del World Wide Web, además de enlaces de comunicaciones más sofisticados que mejorarían y fomentarían las interacciones de las ciencias oceánicas y la posibilidad de compartir los recursos humanos y físicos. La infraestructura para teleconferencias y líneas de transmisión de datos de alta capacidad son aspectos importantes del concepto de red. Sin embargo, se podría utilizar el Internet para promover la rápida compartimentación de datos además de productos como son los resúmenes de tesis y disertaciones u otros documentos de difícil acceso fuera de la corriente principal de la literatura que se encuentra en las revistas.

La vinculación de laboratorios oceanográficos en cada región mediante estas redes de comunicación sería de ayuda para los científicos de ambos países y se podría lograr a un costo incremental relativamente bajo para las universidades y los estados, algunos de los cuales ya cuentan con eficaces enlaces de red diseñados para otros fines ajenos a los de las ciencias oceánicas.

Dada la amplia distribución de las ubicaciones de los laboratorios oceanográficos mexicanos y estadounidenses que probablemente estarían involucrados, el mejorar los canales de comunicación entre ellos es una meta importante. Se podría establecer la "continuidad electrónica" al crear redes regionales de nodos de comunicación para la transmisión de información (por ejemplo, mapas, datos) vía Internet y comunicando videoenlaces comprimidos en tiempo real vía fibra óptica T1. A dicha red primaria de nodos se podrían enlazar otras instituciones de educación pública y privada tales como escuelas primarias y secundarias, preparatorias e instituciones de educación superior municipales, universidades estatales, y programas con cursos para los maestros. Dicha red de comunicaciones también debería incluir a los organismos gubernamentales encargados de la administración de la pesca, la exploración y explotación del petróleo y del gas, y de las zonas costeras. Estas redes podrían ampliar la conciencia y apreciación públicas de las ciencias oceánicas y su valor para la sociedad. Todas las instituciones relevantes dentro de una región podrían conectarse a las redes, pero solamente se debería establecer un número reducido de nodos debido al costo de la sofisticada tecnología de comunicación entre nodos y su administración asociada. El establecimiento de una red eficiente requerirá de una evaluación completa por parte de especialistas en redes para determinar cuáles componentes se deberían agregar, además del número óptimo de nodos y sitios conectados en cada región. Estas iniciativas podrían promoverse y financiarse a través de la Comisión para la Cooperación Ambiental asociada con el TLC u otras fuentes binacionales de financiamiento, tales como la Fundación los Estados Unidos-México para la Ciencia.

Una meta razonable a corto plazo para la creación de una red regional específica de este tipo para el Mar Intra-Americano (IAS) incluiría a la Universidad del Estado de Louisiana, la Universidad de Miami, la Universidad de Texas A&M (TAMU), la Universidad de Texas, el Instituto Politécnico Nacional, la Universidad Nacional Autónoma de México, y el Centro de Investigación y Estudios Avanzados (CINVESTAV) en Mérida, adicionando a otras instituciones interesadas a largo plazo. La mayoría de estas instituciones apoyan grandes departamentos dedicados a la educación a nivel de posgrado e investigación en las ciencias oceánicas, estaciones de campo, o campus más pequeños y aislados ubicados alrededor de la periferia del IAS, y/o buques de investigación para alta mar, todos los cuales podrían estar vinculados a través de una red de comunicaciones. Los sistemas existentes de comunicación entre estos nodos podrían servir como base para una red mejorada. La creación de una red en el IAS beneficiaría a todas las instituciones en la región mediante la promoción de estudios en colaboración del ecosistema integrado del IAS. Actualmente, un gran número de países en el IAS están conectados por video. Dicha red ha sido señalada como una posible área para la colaboración entre el Instituto Internacional para Cambios Climatológicos (IRI) y el Instituto Inter-Américano para Investigación del Cambio Climático (IAI, 1996).* En la región del Pacífico, una red de comunicación de ciencias oceánicas podría tener nodos en la Universidad de California, la Universidad de Arizona y la Universidad del Estado de Arizona, el Centro Interdisciplinario de Ciencias Marinas del Instituto Politécnico Nacional (CICIMAR-IPN), CICESE, UABC, y otras instituciones.

---

*Inter-American Institute for Global Change Research (IAI) 1996, Newsletter, IAI, Issue 11, (Abril).

Infraestructura de Laboratorio y Equipo

En México, muchas universidades y estaciones de campo no están equipadas adecuadamente para la computación y otras actividades científicas y, por lo tanto, no están bien acondicionadas para realizar investigaciones de estado del arte atractivas a socios potenciales de investigación. Como se mencionó anteriormente, son escasas las fuentes de financiamiento para equipo. Se debería desarrollar la justificación de un conjunto básico de mediciones e instrumentos para laboratorios y estaciones de campo, y se deberían proveer apoyos financieros para la adquisición de equipo a través de programas nacionales para que becarios de posdoctorado en el extranjero puedan trabajar con equipo comparable cuando regresen a México. Es difícil para los científicos mexicanos comprar y actualizar su equipo con la frecuencia deseada debido a la falta de financiamiento e impuestos de importación que obstaculizan las compras de equipo de investigación e inflan el costo de proyectos de investigación, y así impiden su financiamiento y el resultado final de las investigaciones mexicanas. Además, no existen seguros para equipo perdido o dañado. Para ser viable, el equipo de laboratorio debe mantenerse y calibrarse adecuadamente. La educación continua de técnicos capaces de servir dentro de grupos de investigación es de crítica importancia para la utilización y cuidado efectivo del equipo sofisticado.

Buques de Investigación

Los buques de investigación son la piedra angular de la infraestructura física para las ciencias oceánicas. Son un recurso importante y costoso que los científicos de ambas naciones podrían y deberían compartir. La utilización de buques de investigación por parte de científicos estadounidenses y mexicanos para la investigación en colaboración se mejorará considerablemente si todos los buques son equipados con el conjunto mínimo de sensores y equipo necesarios tales como los que existen en la gran mayoría de los buques pertenecientes al Sistema Nacional de Laboratorios-Universitarios Oceanográficos (UNOLS). Los operadores de buques mexicanos deberían tener la oportunidad de continuar interactuando con el Comité de Operadores de Buques de Investigación del UNOLS, con el fin de ayudar a que los operadores de buques estadounidenses y mexicanos desarrollen equipo y procedimientos operativos compatibles.

Los intercambios de técnicos marinos entre las dos naciones serían de ayuda para propósitos de capacitación. Los Estados Unidos han desarrollado un sistema para compartir información entre técnicos marinos por medio del Comité de Técnicos de Buques de Investigación del UNOLS. El UNOLS debería considerar la posibilidad de invitar a técnicos de instituciones mexicanas operadoras de barcos para que participen en sus comités, reuniones, y cursos de capacitación para técnicos. Existen solamente tres buques de investigación apoyados en la actualidad por instituciones académicas mexicanas (B/O *El Puma*, B/O *Justo Sierra*, y B/O

Francisco de Ulloa) por lo que la necesidad de capacitación (en términos del número de técnicos) de estos buques no sería fuerte en este momento. Debería evaluarse la necesidad de técnicos marinos en otros buques—involucrados en operaciones ambientales, de recursos y navales. El número de buques de investigación en México no refleja la cantidad de investigación significativa nacional y binacional de alta calidad que se podría llevar a cabo de forma efectiva en buques mexicanos; más bien el número de buques es limitado por la falta de fondos para la construcción de nuevos buques y para la operación y apoyo técnico de buques existentes y nuevos. Acuerdos cooperativos para la utilización de buques de investigación entre instituciones de los Estados Unidos y México podrían proporcionar un marco de trabajo para el uso conjunto de estas infraestructuras y para el financiamiento binacional de tiempo de buques por la NSF y el CONACyT. La falta de financiamiento apropiado para el mantenimiento de los buques de investigación mexicanos *El Puma* y *Justo Sierra*, aunado a la falta de disponibilidad de estos buques para gran parte de la comunidad oceanográfica mexicana debido a fuentes de apoyo financiero inadecuadas para el tiempo de buque, ha sido un obstáculo al progreso logrado por la investigación oceánica mexicana durante la década de los ochenta. Se debería otorgar una muy alta prioridad a la creación de un programa de financiamiento en México dedicado a este propósito específico.

COOPERACIÓN MEXICANA-ESTADOUNIDENSE EN PROGRAMAS INTERNACIONALES IMPORTANTES SOBRE LAS CIENCIAS OCEÁNICAS

La cooperación entre científicos mexicanos y estadounidenses ocurre primariamente a través de contactos individuales; las excepciones incluyen los programas pesqueros de la Investigación Cooperativa sobre la Pesca Oceánica de California (CalCOFI), MEXUS-Pacífico, y MEXUS-Golfo. La participación conjunta en estos programas ha surgido debido al interés intenso en la pesca por parte de los científicos de ambos países.

México no es participante nacional en tres de los programas importantes internacionales de los últimos años: JOGFS, WOCE, o ODP. La reciente fase 165 del ODP fue realizada en el Golfo de México y el Caribe, pero ningún científico mexicano participó. Sin embargo, hubo un observador mexicano en la fase 167, enfocada al estudio del fondo oceánico frente a California y Oregon. Aunque se reconoce que el proceso de autorización de los barcos de investigación debe tramitarse en los canales oficiales entre el Departamento de Estado de los Estados Unidos y la Secretaría de Relaciones Exteriores (SRE) de México, y que esto puede resultar en requerimientos oficiales con respecto a observadores, también es verdad que tales proyectos de investigación pueden realzarse a través de la identificación temprana e inclusión de colaboradores científicos legítimos de ambos países. La investigación en colaboración en proyectos de importancia para ambas naciones cumpliría tanto con los requerimientos como con el propósito de las disposiciones que marca la Ley del Mar acerca de las ciencias marinas (U.N., 1983).

México es miembro correspondiente del Experimento Interdisciplinario Global Ridge Internacional (InterRIDGE). Científicos mexicanos se han involucrado individualmente en GLOBEC internacional, especialmente en el programa sobre Pequeñas Zonas Pelágicas y Cambio Climatológico. México es miembro del Comité Científico sobre la Investigación Oceánica (SCOR), y en la actualidad un científico mexicano es co-presidente del Grupo de Trabajo sobre las Fluctuaciones Globales a Gran Escala de las Poblaciones de Sardinas y Anchovetas del SCOR. Estados Unidos es miembro activo en todos los programas arriba mencionados, y los científicos de los Estados Unidos deberían fomentar la participación oportuna y adecuada de científicos mexicanos en los nuevos programas que desarrollan. El adecuado financiamiento y apoyo mexicano a las ciencias oceánicas es un requisito previo para lograr esta meta. Científicos estadounidenses y mexicanos participan en el programa Interacciones Tierra-Océano en la Zona Costera (LOICZ) como miembros del comité directivo científico del programa.

En la actualidad México no cuenta con recursos suficientes para ser socio financiero activo en toda esta serie de programas importantes, sin embargo, podría proporcionar mayor apoyo para que participasen científicos mexicanos individualmente, lo cual ayudaría a construir la colaboración internacional mexicana, además de aquella con los Estados Unidos. Como una medida a través de la cual podrían contribuir con sus conocimientos y aumentar la cooperación y el reconocimiento internacionales, el Grupo de Trabajo Conjunto en Ciencias Oceánicas (JWG) exhorta a instituciones y organismos mexicanos enfocados a las ciencias marinas a que fomenten extensamente su participación en los programas internacionales importantes de ciencias oceánicas que son de mayor interés para los miembros de la comunidad mexicana.

SISTEMAS REGIONALES Y GLOBALES DE OBSERVACIÓN OCEÁNICA

Las ciencias oceánicas dependen de observaciones. Las observaciones sostenidas, de gran escala y de largo plazo, son indispensables para atender cuestiones científicas en todas las disciplinas de las ciencias oceánicas. Por estas razones y para lograr la salud sostenida de las ciencias oceánicas, es importante que las naciones costeras, incluyendo los Estados Unidos y México, establezcan sistemas regionales de observación oceánica adaptados a las necesidades tanto regionales como globales. La discusión aquí planteada se enfoca a los sistemas regionales que podrían compartir los Estados Unidos y México para responder a las necesidades regionales científicas y administrativas que podrían ser elementos esenciales de un sistema global de observación oceánica.

La meta primaria de un sistema de observación oceánica es la recolección y distribución a largo plazo de observaciones oceánicas y atmosféricas para permitir una predicción más exacta del estado del tiempo y del clima, la administración eficiente de la pesca, el mantenimiento de los ecosistemas marinos y la biodiversidad del océano, la utilización inteligente y eficiente de recursos no renovables de los océanos, y predicciones precisas del impacto de las actividades de la humanidad sobre el medio ambiente.

Un sistema de observación oceánica puede y debería proporcionar información útil tanto para la investigación básica como la aplicada, incluyendo los datos necesarios para el continuo desarrollo de capacidades regionales y globales de pronósticos oceánicos. Los beneficios de tales sistemas pueden preponderar sobre sus costos. Por ejemplo, el costo anual para operar un sistema de observación in situ requerido para hacer pronósticos útiles del fenómeno El Niño-Oscilación de Sur (ENSO) se ha estimado en $12.3 millones de dólares (NOAA y IOC, 1996). El valor estimado de pronósticos mejorados ENSO para la agricultura de los Estados Unidos fluctúa entre $96 millones de dólares y $145 millones al año en la ausencia de programas de subsidios (Adams et al., 1995). Es razonable concluir que los beneficios de estos pronósticos para otros sectores económicos y otros países del Hemisferio Occidental (incluyendo México) se sumarían considerablemente a este valor, y prácticamente sin incrementar su costo.

Un sistema de observación oceánica consistiría en un conjunto de instrumentos in situ (por ejemplo, buques, anclajes, flotadores de deriva, boyas superficiales) y otros instrumentos en satélites que vigilarían con regularidad el estado del océano y sus ecosistemas en el tiempo. Sus datos y red de diseminación proporcionarían observaciones y resultados de ejercicios de modelado y análisis científicos a los usuarios y bancos de datos (NRC, 1992, 1997). Las asimetrías en el desarrollo de componentes de sistemas de observación oceánica por los Estados Unidos y México reflejan la capacidad relativamente avanzada de los Estados Unidos y la capacidad incipiente de México para llevar a cabo las observaciones regulares requeridas. Los Estados Unidos ha avanzado mucho en este campo, mientras que México se encuentra apenas en las etapas preliminares de planeación. No obstante, existe la oportunidad de un esfuerzo cooperativo por parte de ambos países para trabajar hacia el emplazamiento y operación de sistemas regionales binacionales de observación oceánica. Esto requerirá de la creación de nuevas asociaciones entre oceanógrafos, organismos federales, industrias, y otros usuarios potenciales estadounidenses y mexicanos, las cuales extenderían las relaciones financieras para incluir el compartir capacidades y experiencia, datos e instrumentos, infraestructura y trabajo.

Los sistemas regionales de observación oceánica compartidos por México y los Estados Unidos en sus áreas comunes del Océano Pacífico y del Golfo de México podrían ayudar a proporcionar respuestas a problemas regionales urgentes en la pesca, la contaminación, la biodiversidad, y la circulación de los océanos de importancia para ambas naciones. A la vez, tales sistemas podrían ser componentes importantes de un sistema global de observación de los océanos (GOOS).

La Comisión Oceanográfica Intergubernamental (IOC) está encabezando el esfuerzo internacional de desarrollo del GOOS, en cooperación con la Organización Meteorológica Mundial, el Consejo Internacional de Uniones Científicas, y el Programa del Medio Ambiente de las Naciones Unidas. La IOC ha definido la estructura del GOOS, consistente en cinco módulos, incluyendo: (1) el monitoreo, la evaluación y la predicción del clima; (2) el monitoreo y la evaluación de recursos marinos vivos; (3) la administración y el desarrollo de las zonas costeras; (4) la evaluación y la predicción de la salud de los océanos; y (5) los servicios meteorológicos marinos y oceanográficos (IOC, 1993).

Los organismos de los Estados Unidos están determinando cómo ese país debería satisfacer los requerimientos del sistema identificados por grupos internacionales de planeación, y los organismos mexicanos deberían hacer lo mismo. Inicialmente, el programa U.S. GOOS enfatizará aquellas observaciones necesarias para predecir los eventos ENSO, los consiguientes patrones de temperatura y precipitación, y las observaciones necesarias para detectar los cambios globales resultantes del efecto invernadero, tales como el nivel absoluto del mar y las temperaturas promedio de los océanos.

Una característica esencial de la evaluación de un sistema de regional a global de observación oceánica (ROOS-a-GOOS) es el acertado diseño en colaboración de sistemas y esquemas de muestreo para estudiar los importantes problemas locales y regionales a escalas apropiadas que son susceptibles de expansión e inclusión en el marco más grande de un GOOS. También es importante concebir al ROOS y GOOS no sólo como sistemas de investigación. Aunque los investigadores los diseñan y los operan y pueden tener un gran valor para el trabajo de investigación (por ejemplo, algunos de los problemas que se plantearon en el capítulo 2), es poco probable que su característica primordial—muestreos de largo plazo—pueda ser sostenida por los gobiernos sin contar con el apoyo de usuarios que entiendan de su aplicabilidad fuera del campo único de la investigación: aplicaciones para la pesca, la producción del petróleo y del gas, el transporte marítimo, el monitoreo del ambiente, el turismo y otros usos.

ACONTECIMIENTOS CIENTÍFICOS Y PUBLICACIONES

La participación en las reuniones científicas son medios importantes para compartir datos e información y de establecer vínculos de colaboración. Con base en ésto, una reunión oceanográfica Méxicano-Estadounidense celebrada cada tres o cuatro años podría ser un mecanismo importante para iniciar programas de investigación binacionales y trinacionales. Las sesiones especiales de la Unión Geofísica Americana (AGU), la Sociedad de Oceanografía, y la Sociedad Americana para la Limnología y la Oceanografía (ASLO) podrían cumplir con un propósito similar. De igual forma, las reuniones conjuntas de organizaciones análogas, como la Unión Geofísica Mexicana con la AGU, también servirían para fomentar la cooperación binacional, por ejemplo, utilizando el formato de la Conferencia Chapman AGU. Un aspecto importante dentro de la cooperación científica sería el desarrollo de cursos y simposios abiertos al público para fomentar la conciencia en la sociedad de las necesidades binacionales y oportunidades que ofrecen las ciencias oceánicas.

Dentro del ámbito de las publicaciones científicas existen dos cuestiones inquietantes. En primer lugar, el *Science Citation Index* (SCI) incluye aproximadamente 3,300 revistas de las 70,000 que se publican mundialmente (Gibbs, 1995). En 1993, solamente se incluyeron 50 revistas de los países en vías de desarrollo. Es importante promover y mejorar las revistas mexicanas de oceanografía para que sean de fácil disponibilidad mundial y accesibles en las universidades y los laboratorios mexicanos y para que se incluyan también en los servicios de citaciones más importantes. Sin embargo, las crisis económicas en México han dificultado el cumplimiento de los requerimientos financieros por parte de las revistas mexicanas para que éstas sean incluidas en el SCI (Gibbs, 1995).

En segundo lugar, cuando científicos que no son de habla inglesa de países como México, intentan publicar en las revistas internacionales más importantes incluidas en el SCI, existe una opinión generalizada de que los procesos de revisión y edición tienen un sesgo desfavorable debido a la ignorancia, prejuicio y dificultades para manejar artículos escritos en un inglés imperfecto (Gibbs, 1995). "Aunque los países en vías de desarrollo comprenden el 24.1 por ciento de los científicos del mundo y el 5.3 por ciento de sus gastos en investigación, la mayoría de las revistas principales publican porcentajes mucho más pequeños de artículos escritos por autores de esas regiones" (Gibbs, 1995). Algunas sociedades profesionales ya han tomado medidas para tratar este problema. Por ejemplo, la AGU ha recopilado una lista de científicos de lengua inglesa quienes han aceptado ayudar a través de la edición de los manuscritos de sus colegas cuya lengua materna no es el inglés. Asimismo, la ASLO está buscando voluntarios entre sus miembros para que revisen artículos escritos por científicos que no son de habla inglesa y brinden asesoría editorial antes de remitir el artículo para su publicación. Aparte de los enfoques organizacionales, existe la necesidad de que los árbitros y editores personalmente apliquen medidas apropiadas para ayudar a los autores cuyo idioma materno no es el inglés, teniendo cuidado de distinguir entre un pobre nivel científico, lo cual no se debería publicar en cualquier idioma, y un buen nivel de ciencia obstaculizado por una deficiente redacción gramatical en inglés, que merece algún tipo de asistencia colegial y crítica constructiva por parte de los colegas anglosajones asociados con la revisión de artículos sometidos a publicación en una revista en el idioma inglés.

Aunque la mayor parte de los escritos científicos están redactados en inglés, todos los científicos deberían tener la libertad de escoger el idioma en que deseen difundir sus aportaciones científicas. Los científicos que tienen dificultad al escribir en inglés, pero que quieran publicar sus artículos en revistas de habla inglesa, deberían buscar ayuda editorial profesional para garantizar que sus contribuciones científicas estén bien escritas antes de someterlas al comité editorial de una revista científica en el idioma inglés. Todos los científicos deberían tener la libertad de escoger el idioma y la revista a la que quieran someter sus artículos (dentro de los requisitos idiomáticos de la revista seleccionada). Esta libertad no constituye un pretexto para que científicos que dominan solamente el inglés minimicen o ignoren las contribuciones científicas publicadas en otros idiomas.

Ha habido un esfuerzo dentro de la comunidad científica mexicana por revisar la calidad de revistas asociadas con instituciones mexicanas para que se puedan eliminar o reestructurar las revistas de pobre calidad. Las estrategias para resolver el problema de publicaciones en México deberían ser diseñadas con el fin de proporcionar mayores incentivos y oportunidades de publicar a los científicos marinos mexicanos en español y diseminar la investigación realizada en México mediante la traducción de sus revistas en idiomas como el inglés, el francés, y el japonés, y distribuirlas mundialmente. Muchos enfoques son posibles. Por ejemplo, las Naciones Unidas han patrocinado índices comerciales de revistas de los países en vías de desarrollo (Gibbs, 1995). Los patrocinadores de actividades relacionadas con las ciencias oceánicas podrían pagar por números especiales de las revistas principales internacionales sobre las ciencias oceánicas que se enfocan a resultados de las investigaciones. Las nuevas revistas electrónicas (Boyce y Dalterio, 1996) podrían ser el punto de reunión para publicaciones conjuntas, aunque no necesariamente más baratas. Algunas revistas mexicanas son publicadas en inglés y español y tienen consejos editoriales binacionales (por ejemplo, *Ciencias Marinas, CICIMAR, y Geofísica Internacional*). Tales revistas son un medio idóneo para la publicación de los resultados de investigaciones binacionales. Puesto que los presupuestos de las bibliotecas son limitados con respecto a la compra de nuevas revistas, la expansión, fusión, o reestructuración de revistas existentes podría ser más factible económicamente que la creación de nuevas revistas bilingües y binacionales. Sin embargo, se debería estudiar y analizar cuidadosamente este asunto. Finalmente, las colaboraciones binacionales de investigación del tipo recomendado en el capítulo 2 llevarán naturalmente a nuevas oportunidades y opciones para que los colaboradores publiquen en inglés, español o ambos idiomas según sus propósitos. Todos los científicos marinos necesitan y merecen oportunidades para publicar los hallazgos de sus investigaciones en revistas internacionalmente reconocidas con arbitraje que estén disponibles a otros científicos tanto de su propio país como del extranjero.

FUENTES POTENCIALES DE FINANCIAMIENTO PARA ACTIVIDADES BINACIONALES

El financiamiento de las actividades de las ciencias oceánicas en los Estados Unidos y México es insuficiente para apoyar las actividades de científicos que trabajan ya en el campo, y es inadecuado para brindar una respuesta binacional a importantes problemas científicos y ambientales relacionados con los océanos. La falta de financiamiento constituye un obstáculo importante para el progreso sostenido de las ciencias oceánicas en ambos países y la promoción de interacciones. Los científicos de ambas naciones deben de realizar esfuerzos conjuntos para eliminar este obstáculo y trabajar de forma más eficiente bajo estas circunstancias. Para aprovechar las oportunidades y mejorar las relaciones entre científicos estadounidenses y mexicanos será necesario el apoyo financiero continuo para las actividades binacionales identificadas en este informe.

Las ciencias oceánicas son inherentemente multidisciplinarias y por lo tanto proporcionan la base para tratar muchos problemas científicos y sociales relacionados con los complejos ambientes oceánicos. Se debería enfatizar esta fortaleza de las ciencias oceánicas al entablar pláticas con agencias federales, industriales y privadas de investigación y con el público, con el fin de motivar mayor apoyo a estas disciplinas. Los científicos marinos tradicionalmente han justificado el financiamiento gubernamental basado en las necesidades de la pesca y de la defensa nacional. Los científicos en ambos países deben comunicar una visión amplia de los beneficios que surgen de la investigación oceanográfica, más allá de estos dos tópicos, para abarcar cuestiones tales como la calidad ambiental, la salud pública, la biodiversidad, el cambio climático, y otras preocupaciones importantes. Puesto que muchos tipos de descubrimientos de las ciencias marinas tienen aplicaciones comerciales, se debería estimular a la industria para que contribuya con apoyos para ciertos tipos de investigaciones.

En los Estados Unidos, la NSF y la Oficina de Investigación Naval han sido los principales organismos responsables de financiar las actividades básicas de las ciencias oceánicas, mientras que en México, el CONACyT ha desempeñado este papel. Con unas cuantas notables excepciones, los organismos especializados en ambos países no han logrado proporcionar mucho financiamiento para las ciencias marinas básicas y se han concentrado principalmente en patrocinar la investigación aplicada a corto plazo dentro de sus competencias, intereses y misiones. Esta es una situación seria porque la salud de la investigación aplicada y las políticas de los organismos especializados dependen del avance en los conocimientos fundamentales. El NRC hizo una recomendación en el sentido de que "... los organismos federales con misiones relacionadas con el mar (deberían) encontrar mecanismos para garantizar la vitalidad continua de la ciencia básica subyacente, sobre la cual dependen" (NRC, 1992). El JWG reitera esta recomendación tal y como se aplica a los organismos estaunidenses y mexicanos.

En México, no existe ningún organismo análogo a la Administración Nacional Oceánica y Atmosférica de los Estados Unidos (NOAA), cuya responsabilidad principal es proporcionar servicios relacionados a las ciencias oceánicas y atmosféricas orientadas hacia misiones. El INP es la única institución mexicana que actualmente realiza investigaciones oceánicas orientadas hacia misiones pesqueras, y debería continuar con este trabajo, pero sus esfuerzos son a una escala relativamente pequeña e insuficientes para satisfacer las necesidades de información.

Existe algún financiamiento internacional para investigaciones disponible del Fondo para el Ambiente Global (un fondo de $2 mil millones de dólares administrado por el Banco Mundial), la Agencia Internacional de Energía Atómica, y la Organización de Estados Americanos, aunque rara vez se aplica dicho financiamiento a cuestiones oceánicas. Las experiencias de otras regiones del mundo podrían utilizarse como modelos para el financiamiento en cooperación de actividades conjuntas entre los Estados Unidos y México. Un ejemplo particularmente efectivo es la Fundación para la Ciencia Europea (ESF) que fue formada específicamente para mejorar la cooperación científica entre las naciones Europeas. Solamente emprende actividades que son mejor manejadas por múltiples naciones y favorece específicamente las colaboraciones entre los científicos de los miembros más ricos y más pobres de la Comunidad Europea.

El financiamiento para la ESF llegó a 68 millones de francos franceses en 1996 (equivalente a $13 millones de dólares y 103 millones de pesos al 31 de diciembre de 1996) y fue proporcionado por 55 miembros de 20 naciones. El Programa de Ciencia y Tecnología Marinas (MAST) de la Comunidad Europea desempeña un papel parecido. MAST III recibió fondos del orden de 243 millones de ECU (equivalente a $304 millones de dólares y 2,430 millones de pesos al 31 de diciembre de 1996) para los años 1994 a 1998. Antes de 1995 fueron tomadas medidas para promover la investigación binacional por la Fundación Estados Unidos-México para la Ciencia hasta que restricciones fiscales la obligara a limitar su financiamiento a intercambios científicos. Con el financiamiento necesario, esta fundación podría convertirse de nuevo en un mecanismo para la administración y adecuada selección de proyectos de investigación explícitamente binacionales.

4

Hallazgos y Recomendaciones

El Grupo de Trabajo Conjunto (JWG) considera que una mayor cooperación entre los oceanógrafos de los Estados Unidos y México podría redituar en muchos beneficios para la calidad ambiental, la prosperidad económica, y la calidad de la ciencia en ambas naciones. En los capítulos anteriores, el JWG ha discutido tanto las actividades científicas potenciales así como otras acciones importantes que servirían para promover la investigación binacional. Estas discusiones proporcionan la base para los hallazgos y recomendaciones señalados a continuación. El JWG considera que las acciones aquí recomendadas deberían implantarse con toda prontitud. Otras recomendaciones aplican más a los oceanógrafos, universidades e instituciones oceanográficas, sociedades científicas, y las academias nacionales de ciencia. Es crucial que las siguientes recomendaciones se implementen de manera que conduzcan a verdaderos programas de colaboración e interacciones en ciencias oceánicas y no en la creación de nuevos niveles de la burocracia.

INVESTIGACIONES BINACIONALES Y MULTINACIONALES

Hallazgo: Existen fuertes razones científicas y preocupaciones sociales de peso para justificar estudios multidisciplinarios, a largo plazo y a escala regional de los procesos oceánicos que ocurren en las costas del Golfo de México y del Pacífico, como lo demuestran los ejemplos proporcionados en el capítulo 2.

Durante el último medio siglo ha habido una tendencia creciente hacia la cooperación entre los oceanógrafos mexicanos y estadounidenses. Sin embargo, el JWG considera que se han perdido muchas oportunidades significativas, y que las actividades cooperativas en ciencias oceánicas podrían expandirse de múltiples maneras, para el beneficio de ambas naciones. En el capítulo 2, el JWG describe un conjunto de actividades cooperativas potenciales basadas en el Océano Pacífico, el Golfo de California, y el Mar Intra-Americano.

En el Océano Pacífico, existen importantes temas de investigación acerca de la causa de las variaciones regionales en la abundancia de peces, y el papel de los procesos oceánicos físicos y sus efectos sobre los depredadores superiores, tales como los mamíferos y las aves marinas. Existe evidencia de que el régimen físico-biológico del Sistema de la Corriente de California varía entre condiciones alternas, posiblemente en respuesta a las variaciones climatológicas globales. Asimismo, con relación al clima, la zona fronteriza de California y el Golfo de California proporcionan la oportunidad de estudiar las condiciones del pasado por medio del análisis de los sedimentos laminados cuya deposición es afectada por el clima.

Aunque el Golfo de California se ubica totalmente dentro de las fronteras de México, los Estados Unidos ejercen un gran efecto sobre éste debido a la reducción de la cantidad y calidad del agua del Río Colorado que desemboca al Golfo; así como el gran impacto de los turistas estadounidenses en la región. Además, la costa del Pacífico y del Golfo de California se conectan físicamente y comparten muchas características biológicas y geológicas. Un número específico de temas de investigación del Golfo de California son científicamente interesantes e importantes para la sociedad, por ejemplo, el transporte de materiales en la plataforma continental del Golfo de California, la tectónica y la geología del golfo, y las peculiares ventilas hidrotermales cubiertas de sedimento que existen en esta región.

El Golfo de México está bordeado por los Estados Unidos y México. Debido a la naturaleza semi-encerrada de esta cuenca, las actividades de las dos naciones pueden tener efectos significativos y de larga duración sobre el ambiente marino. La región Golfo de México-Mar Caribe es idónea para la instalación de un sistema regional de observación oceánica, redes coordinadas de comunicación para la investigación y educación pública, y programas de investigación binacionales de gran escala. El Sistema de la Corriente de Lazo-Corriente de Florida conecta la Península de Yucatán con el sur de la Florida. Se necesitan realizar investigaciones para entender las conexiones entre los procesos físicos en esta área oceánica (la circulación, la Corriente del Lazo, la dinámica de vórtices, y el intercambio de masas de agua) y la pesca, el clima continental, y los riesgos de los fenómenos naturales. Las actividades científicas relacionadas con la exploración y producción de petróleo y gas, los efectos del petróleo y otros contaminantes en los organismos marinos y el hombre, y la ecología de infiltraciones salinas y de hidrocarburos también son importantes. Finalmente, la destrucción del hábitat y los cambios en la diversidad biológica que resultan de las actividades humanas son asuntos importantes para la sociedad en toda la región. La administración y mitigación de tales impactos humanos se pueden lograr mejor mediante políticas basadas en información científica precisa y completa. Desafortunadamente, gran parte de la información sobre estos sistemas oceánicos, necesaria para desarrollar estas políticas, aún no está disponible.

Nuestras áreas oceánicas conjuntas son ricas en vida marina, especialmente en especies de invertebrados. Estudios en todo el mundo han demostrado que los invertebrados marinos producen una amplia gama de sustancias bioquímicas que podrían ser de utilidad para los humanos. El campo de la química de productos naturales marinos se ha desarrollado para buscar estos compuestos útiles, comprender sus funciones naturales y predecir su potencial comercial. Existe un gran potencial para la colaboración entre los Estados Unidos y México en la exploración y el desarrollo de productos naturales marinos.

Los estudios cooperativos, a escala regional, fomentarían y facilitarían programas educativos y un gran número de esfuerzos binacionales de investigación a una escala más pequeña. Estas actividades impulsarían las ciencias oceánicas en ambos países, promoverían la investigación aplicada necesaria para resolver los problemas sociales (por ejemplo, la calidad del medio ambiente marino, la pesca sustentable, los impactos de la producción del petróleo costa afuera) y establecerían el escenario para una época de mejores servicios de información oceánica en ambas naciones.

Los 20 miembros del JWG representan solamente una fracción de los oceanógrafos de las dos naciones que se interesarían en un programa formal de investigación binacional. Un grupo más amplio de oceanógrafos de ambas naciones debería involucrarse en la selección de temas y en proporcionar asesoría detallada para ampliar los temas potenciales de investigación proporcionados en este informe. Las comunidades científicas pueden involucrarse a través de talleres enfocados a regiones o temas específicos, diseñados para promover la planeación de proyectos concretos. Las agencias federales que fomentan las ciencias oceánicas en las dos naciones deberían apoyar talleres más grandes e incluyentes, en los que participarían científicos de México y de los Estados Unidos, mismos que usarían este informe como base con el fin de ampliar las investigaciones científicas propuestas y proporcionar una oportunidad para planear detalladamente los proyectos tales como los que se describen en el capítulo 2. Dichos talleres podrían celebrarse simultáneamente a una reunión de una de las sociedades científicas internacionales importantes, como son la Unión Geofísica Americana (AGU), la Unión Geofísica Mexicana, la Sociedad de Oceanografía, la Sociedad Americana de Limnología y Oceanografía (ASLO), o la Federación de Investigación Estuarina. La planeación de los talleres debería empezar cuanto antes, identificando foros apropiados y financiamiento adecuado para tales esfuerzos. También se podría promover la cooperación en un plazo más largo, organizando una sesión científica binacional en todas las reuniones de las sociedades científicas individuales o mixtas más importantes, como la reunión oceanográfica convocada cada dos años por la AGU y la ASLO.

Se deben incentivar a las agencias que financian las ciencias básicas, las ciencias orientadas hacia misiones específicas y a las industrias relacionadas con el mar, para que se unan a los patrocinadores tradicionales de las ciencias oceánicas fundamentales en apoyo de las actividades de investigación oceánica. El JWG recomienda que las agencias que financian las ciencias oceánicas en los Estados Unidos y México consideren los proyectos de investigación descritos en este informe como base para nuevas iniciativas de investigación conjuntas. Agencias relevantes en los Estados Unidos incluyen la Fundación Nacional de la Ciencia (NSF), la Administración Nacional Oceánica y Atmosférica (NOAA), la Oficina de Investigación Naval, la Administración Nacional Aeronáutica y Espacial, el Departamento de Energía, la Agencia de Protección Ambiental, y el Servicio de Administración de Minerales. Agencias relevantes en México incluyen el Consejo Nacional de Ciencia y Tecnología (CONACyT), el Instituto Mexicano del Petróleo (IMP), Petróleos Mexicanos (PEMEX), la Secretaría del Medio Ambiente, Recursos Naturales y Pesca (SEMARNAP), la Secretaría de Educación Pública (SEP). Es importante que las agencias gubernamentales en las dos naciones coordinen sus programas para llevar a cabo y financiar la investigación oceánica. La participación de estas agencias resultaría en una mayor cooperación entre los organismos mexicanos y estadounidenses, lo cual es importante para la colaboración futura entre los científicos de las dos naciones y podría conducir a una mayor apreciación de los asuntos ambientales oceánicos por parte de los medios de difusión y del público. Se debería establecer en México, probablemente en el Instituto Nacional de Estadística, Geografía e Informática (INEGI), una base de datos que se vincularía con bases de datos relevantes de los Estados Unidos, como las del Centro Nacional de Datos Oceanográficos y el Centro de Análisis de Información sobre Bióxido de Carbono. Se deberían elaborar reglas para la rápida entrega de los datos provenientes de los programas conjuntos, a estos centros, y la pronta distribución de los datos entre los investigadores.

La necesidad fundamental es obtener un mejor financiamiento para las ciencias oceánicas a través de las estructuras nacionales existentes (por ejemplo, NSF, CONACyT, y otros organismos). Sin embargo, el apoyo a esfuerzos binacionales explícitos y seleccionados en ciencias oceánicas, utilizando recursos limitados, puede tener un efecto positivo en aumentar la conciencia sobre la importancia de estos problemas, tanto entre las comunidades científicas nacionales como en los organismos gubernamentales, lo cual a su vez puede facilitar un más fuerte apoyo por parte de las estructuras nacionales básicas. Las interacciones binacionales engendradas por la creación y apoyo inter-academia del propio JWG son un ejemplo de este esfuerzo indirecto.

La planeación de proyectos binacionales se complica por barreras de comunicación, diferencias culturales y otros factores. Es importante atender estos asuntos, además de otros más típicos, tales como el compartir datos y la autoría de publicaciones, como parte de los procesos de planeación de la nueva investigación binacional. Así, cualquier proyecto de colaboración entre investigadores mexicanos y estadounidenses debería desarrollar (por anticipado) planes claros, explícitos y de acuerdo mutuo entre los científicos participantes para compartir datos, la autoría, el compromiso para completar el proyecto, así como para el manejo de información y materiales.

En las páginas siguientes el JWG ofrece una gama de sugerencias para fomentar la colaboración entre los Estados Unidos y México en el campo de las ciencias oceánicas, y para incrementar los recursos disponibles en dicha colaboración. Las recomendaciones contenidas en este informe podrían implementarse más efectivamente si las agencias gubernamentales trabajaran en conjunto con la comunidad académica de las ciencias oceánicas y las universidades para desarrollar programas cooperativos que facilitarían funciones tales como el compartimiento de recursos humanos y físicos, y ejercicios conjuntos de planeación.

Los acuerdos bilaterales entre instituciones de los Estados Unidos y México podrían lograr mucho si (1) existiera una política clara de intercambio entre las instituciones y (2) hubiera financiamiento para apoyar a estudiantes y personal universitario en el país anfitrión. En los últimos 15 años, las agencias estatales y federales en México han hecho un esfuerzo concertado por establecer programas locales de doctorado (Ph.D.) que podrían mejorarse considerablemente mediante intercambios de personal y equipo entre las instituciones participantes.

Recomendación: Los dos gobiernos federales deberían iniciar expeditamente la planeación de actividades conjuntas en ciencias oceánicas. La Administración Nacional Oceánica y Atmosférica y la Fundación Nacional de Ciencias deberían trabajar conjuntamente para desarrollar un programa coherente de financiamiento que incentive y asegure el compromiso mexicano para la consecución de una mayor investigación oceanográfica binacional.

Programas Vigentes

Hallazgo: Varias áreas importantes de investigación con un alto significado científico y clara importancia socioeconómica ya están siendo desarrolladas binacionalmente y merecen un apoyo sostenido o mejorado. El programa de Investigaciones Cooperativas sobre Pesquerías de California y los programas de pesca MEXUS-Pacífico y MEXUS-Golfo son ejemplos.

Como se describió anteriormente, aunque en la actualidad el apoyo financiero dirigido a las actividades binaciones científicas es relativamente pequeño, los Estados Unidos y México están involucrados juntos y por separado en un conjunto de actividades científicas oceanográficas. Por ejemplo, la NSF tiene un programa de becas en los Estados Unidos-México y la NOAA financía algunas actividades binacionales de pesca (por ejemplo, los programas MEXUS). Aunque sería mejor tratar de forma binacional muchos asuntos ambientales importantes para ambos países (por ejemplo, la pesca, la contaminación, la biodiversidad, los riesgos naturales), se han dedicado relativamente pocos recursos financieros para el financiamiento de las ciencias oceánicas binacionales. Los gobiernos de las dos naciones deberían reconocer la importancia de estas actividades asignando nuevos fondos o reprogramando fondos existentes para destinarlos a las actividades binacionales relacionadas con las ciencias oceánicas.

Recomendación: Las agencias estadounidenses y mexicanas deberían estimular y fomentar el apoyo a los programas existentes sobre investigación oceanográfica que atienden asuntos binacionales.

Financiamiento Multinacional

Hallazgo: La experiencia en otras partes (por ejemplo, la Fundación Europea de Ciencias y la Comunidad Europea) ha demostrado el gran valor catalítico de un fondo multinacional para proyectos de investigación multinacionales seleccionados competitivamente.

La naturaleza regional de muchos problemas ambientales y procesos naturales y los beneficios de la cooperación científica regional son tan obvios que numerosas organizaciones han sido desarrolladas durante el último siglo para promover las actividades científicas regionales. Por ejemplo, el Consejo Internacional para la Exploración del Mar (ICES) fue formado en 1902 para promover el intercambio de información e ideas relacionadas con el mar y sus recursos y para estimular la cooperación entre científicos de las naciones miembros, principalmente las que colindan con el Océano Atlántico del Norte. Asimismo, la Organización del Tratado del Atlántico del Norte (OTAN) financia Talleres sobre Investigaciones Avanzadas y otras actividades para promover la ciencia entre individuos de las naciones de la OTAN. La Organización de Ciencias Marinas del Pacífico del Norte (PICES), creada mediante un convenio en 1992 como un proyecto cooperativo entre seis naciones que colindan con el Océano Pacífico del Norte, está conformada como el ICES.

La Comisión Europea ha asignado recursos financieros en cantidades significativas para financiar la investigación de interés y significado multinacional europeo, especialmente en las zonas económicas exclusivas (EEZs) y colectivas de las naciones miembros. Por ejemplo, el Programa de Ciencia y Tecnología Marinas financia las ciencias oceánicas básicas, la investigación oceánica estratégica, y el desarrollo de la tecnología marina para entender los procesos oceánicos en las aguas europeas compartidas y para "mejorar la coordinación y desarrollar la cooperación europea" (http://europa.eu.int/en/comm/dg12/marine, 6/21/97). La investigación oceanográfica es solamente una faceta de la Dirección de Ciencia, Investigación y Desarrollo de la Comisión Europea.

Ejemplos de cooperación regional en el Hemisferio Occidental incluyen el Instituto Inter-Americano para la Investigación del Cambio Global y la Comisión Canadá-los Estados Unidos-México para la Cooperación Ambiental (CEC, asociada con el TLC). Ninguna organización existe que promueva enfoques regionales para atender los asuntos ambientales marinos, aunque la

CEC ha hecho algún avance en temas oceánicos dentro de su mandato más amplio.

El Departamento de Estado y la NSF en los Estados Unidos y la Secretaría de Relaciones Exteriores (SRE) y CONACyT en México deberían estudiar la conveniencia de establecer un programa cooperativo para las ciencias oceánicas y temas relacionados. Conforme este programa tenga éxito, Canadá y otras naciones del Hemisferio Occidental podrían sumarse.

Recomendación: Los Estados Unidos y México, particularmente la NSF y el CONACyT, deberían investigar la posibilidad de establecer una entidad parecida a la Dirección de Ciencias, Investigación y Desarrollo de la Comisión Europea y el Consejo Marino de la Fundación Europea de Ciencias para fomentar la investigación cooperativa sobre asuntos de preocupación mutua.

Mecanismos para Proyectos Binacionales

Hallazgo: La Fundación Estados Unidos-México para la Ciencia ha demostrado la capacidad de administrar programas que realzan actividades cooperativas científicas entre las dos naciones. Su financiamiento ha sido distribuido entre todos los temas de las ciencias que son de interés para las dos naciones, pero esta fundación también acepta y distribuye financiamiento para actividades de disciplinas específicas.

Hay pocas fuentes existentes de financiamiento para el intercambio de científicos marinos entre los Estados Unidos y México. La Fundación Estados Unidos-México para la Ciencia fue creada por la Academia Nacional de Ciencias (NAS) y la Academia Mexicana de Ciencias (AMC) para fomentar actividades científicas binacionales cooperativas. La fundación ha demostrado la utilidad de llevar a cabo actividades científicas conjuntas a través del financiamiento de aproximadamente 50 proyectos arbitrados de investigación binacional dentro de un espectro amplio de temas científicos. La fundación proporciona una buena base para futuras actividades científicas bilaterales. Tiene amplia experiencia en la realización de intercambios y podría ser un vehículo útil para intercambios específicos de oceanógrafos si las agencias y fundaciones de los Estados Unidos y México estuvieran dispuestas a contribuir con el apoyo financiero necesario para desarrollar nuevos y más sustanciales programas de intercambio. Además, los programas de intercambio podrían establecerse por agencias específicas o combinaciones de agencias a través de la fundación para cumplir sus misiones específicas. La asignación de recursos adicionales a la fundación (o entidad parecida) por parte de ambos gobiernos y otras fundaciones no lucrativas e industria en ambos países, sobre todo para actividades oceanográficas específicas, aumentaría las oportunidades para que oceanógrafos de los Estados Unidos y México llevaran a cabo proyectos de investigación conjuntos como los que se describen en el capítulo 2.

Recomendación: Las agencias y fundaciones estadounidenses y mexicanas deberían seguir proporcionando apoyo a la Fundación Estados Unidos-México para la ciencia, u organismos similares, para las ciencias oceánicas cooperativas, reclutando la ayuda y el apoyo de los oceanógrafos de ambas naciones para seleccionar proyectos de investigación binacionales.

Actividades Científicas Trilaterales

Hallazgo: El Acuerdo Paralelo sobre el Medio Ambiente incluido dentro del Tratado de Libre Comercio de América del Norte (TLC), requiere que México, los Estados Unidos y Canadá cooperen en una variedad de temas ambientales, incluyendo la investigación y observaciones sistemáticas.

El TLC no es principalmente un tratado ambiental, pero reconociendo los efectos potenciales sobre el medio ambiente derivados de un aumento en el comercio, incluye un acuerdo que discute la cooperación sobre temas ambientales. La Comisión de Cooperación Ambiental, con base en Canadá, sirve como coordinador del TLC sobre actividades ambientales. Los asuntos ambientales marinos que comparten México, los Estados Unidos y Canadá (por ejemplo, la pesca y los mamíferos marinos) podrían tratarse provechosamente a través de esta organización. La CEC también promueve actividades bilaterales entre las tres naciones. Un ejemplo oceánico notable es el proyecto de la CEC sobre la Conservación de los Recursos Oceánicos de la Ensenada del Sur de California. Este es un proyecto piloto regional que pretende implantar el Programa Global de Acción para la Protección del Ambiente Oceánico de las Actividades basadas en Tierra firme de las Naciones Unidas. En septiembre de 1996, se llevó a cabo un taller sobre este proyecto en Tijuana, Baja California, México. Un proyecto similar, pero enfocado a la conservación de los recursos marinos de la Ensenada Noroccidental del Golfo de México, podría ser un buen punto de partida para fomentar la cooperación binacional en ciencias oceánicas en esta región. El proyecto podría ser una continuación o extensión del programa de LATEX (Proceso de Circulación y Transportación de la Plataforma Louisiana-Texas) del Servicio de la Administración de Minerales de los Estados Unidos de los años ochenta. Tal programa debería incluir la parte occidental del Golfo de México y la Bahía de Campeche.

El JWG considera que sería meritorio establecer una entidad los Estados Unidos-México-Canadá para el financiamiento y/o coordinación de las ciencias oceánicas en adición a las actividades binacionales entre México y los Estados Unidos. Dicha entidad podría asociarse con la CEC trilateral e incluir proyectos trinacionales cooperativos que comparen procesos en latitudes diferentes.

El Consejo Nacional de Investigación (NRC) ha llevado a cabo varios proyectos binacionales con México o Canadá, pero se han realizado pocos proyectos trilaterales. Las interacciones entre la Royal Society of Canada, la Academia Mexicana de Ciencias, y la National Academy of Sciences-National Research

Council podrían proporcionar una base importante para intercambios científicos regionales e investigación conjunta.

Recomendación: La cooperación ambiental fomentada por el acuerdo trilateral del TLC establece un mecanismo institucional potencialmente útil para la obtención y asignación de fondos a ciertos tipos de investigación marina. Este mecanismo debería ser utilizado para proporcionar fondos más vastos para la investigación marina de los que ahora están disponibles. Las academias nacionales o consejos de investigación de las tres naciones deberían desarrollar actividades cooperativas relacionadas con las ciencias oceánicas.

INTERCAMBIOS Y CONCIENTIZACIÓN

Hallazgo: La comunidad oceanográfica de cada nación tiene una percepción imperfecta del estado de las actividades científicas y logros en la otra nación, o de las oportunidades de investigación cooperativa a través de sus fronteras. El conocimiento progresivo de nuestras áreas oceánicas compartidas podría acelerarse en ambos países aumentando los niveles de conciencia e intercambio de información entre los científicos, agencias, y líderes de las ciencias oceánicas de las dos naciones.

La falta de conocimiento de las actividades científicas oceánicas de los colegas en ambos lados de la frontera los Estados Unidos-México surge por un número de motivos, pero resulta principalmente de la insuficiente colaboración binacional entre oceanógrafos y por la falta de difusión de los resultados de las investigaciones a través de presentaciones en reuniones científicas y en publicaciones que deberían ser accesibles a los científicos en ambas naciones. Incrementar la comunicación sin duda incrementaría las oportunidades de colaboración. El desarrollo de nuevos programas para intercambios científicos, tanto en el corto como en el largo plazo, es crucial. En particular se debería dar atención a la promoción de oportunidades binacionales para el año sabático y puestos de profesores adjuntos, además de una amplificación de la capacitación binacional de estudiantes graduados y técnicos. Tales intercambios cuentan con la ventaja adicional de construir la capacidad científica. Para propósitos de mejor comunicación, es importante que estos intercambios sean programas recíprocos, porque los científicos en cada país necesitan obtener mayores conocimientos y experiencia acerca de la infraestructura científica y de investigación en el otro país. Por ejemplo, se debería invitar a los científicos mexicanos a dar conferencias (con la compensación adecuada) en instituciones de ciencias oceánicas de los Estados Unidos, y asimismo se debería invitar a los científicos de los Estados Unidos a impartir conferencias en instituciones oceanográficas mexicanas.

Se podrían realizar los proyectos cooperativos en el Océano Pacífico y el Golfo de México coordinando los esfuerzos de los laboratorios regionales. La Asociación Nacional de Laboratorios Marinos en los Estados Unidos podría proporcionar la base para interacciones binacionales entre laboratorios marinos. También se podría promover la coordinación si se logra la continuidad electrónica a través de cada región al establecer redes regionales para la transmisión de información a través del Internet (para información, mapas, datos) y desarrollando la capacidad de comunicación vía enlaces de vídeo entre centros de investigación y educación. Dicha red podría extenderse enlazándola con otros organismos educativos públicos y privados, por ejemplo, escuelas primarias y secundarias, preparatorias, universidades y programas para la educación de los maestros. Otra extensión de tales redes de comunicación podría incluir organismos gubernamentales reguladores responsables de la administración pesquera, la exploración y producción de petróleo y gas, y de áreas costeras.

Además de la planeación conjunta, se deberían compartir los informes publicados por los gobiernos, las fundaciones privadas, las academias nacionales de ciencia e ingeniería, y los consejos nacionales de investigación de las dos naciones. Las discusiones en las reuniones del JWG indicaron que muchos informes podrían ser de utilidad para los científicos si se sabe que existen y tienen acceso a ellos. Mejor acceso al World Wide Web es una manera de lograr dicha transferencia porque aumenta la disponibilidad de los informes, resúmenes, y citas que se pueden buscar con facilidad. Por ejemplo, el NRC publica todos los informes en línea y también proporciona una lista en línea de los informes disponibles e información sobre cómo solicitarlos (http://www.nap.edu/readingroom/). Asimismo, la NOAA, el Servicio Nacional de Información Técnica, la NSF, y otras agencias federales de los Estados Unidos proporcionan información acerca de sus programas, informes, y cómo pedir los informes en el World Wide Web.

Recomendación: Los gobiernos, las agencias, y las organizaciones no gubernamentales de ciencias oceánicas en los Estados Unidos y México deberían empezar a fomentar y apoyar una gran variedad de mecanismos para los intercambios académicos, como la medida de mejor costo-beneficio para aumentar la conciencia y el flujo trans-fronterizo de información. Los intercambios pueden incluir a los estudiantes, profesores e investigadores de las instituciones, técnicos y funcionarios gubernamentales; consultas habituales de academia a academia sobre asuntos relacionados con las ciencias oceánicas; la diseminación y el compartimiento de información; y simposia científicos enfocados hacia las ciencias oceánicas binacionales.

Cuestiones Relacionadas con las Publicaciones

Hallazgo: El impacto de los resultados de las investigaciones se reduce si no se publican en revistas con arbitraje disponibles internacionalmente. En algunos casos, aún cuando se publica la información científica en tales revistas, sus autores no reciben el crédito máximo ni el reconocimiento adecuado de su trabajo porque la revista no está incluida en los servicios de citación aceptados.

El JWG discutió el problema del acceso de los científicos mexicanos a las revistas científicas y los problemas asociados con las revistas mexicanas que no están incluidas en los servicios de citación y resúmenes científicos más conocidos como el *Science Citation Index*. Esta cuestión fue resaltada de forma más general por la *Scientific American* (Gibbs, 1995). La solución de este problema complejo requerirá de la utilización de varios enfoques diferentes. Primero, la calidad y significado de los resultados de investigación deben ser suficientemente importantes para merecer publicación, y en algunos casos se debe mejorar la calidad de la redacción. Las nuevas colaboraciones (como las descritas en este informe) podrían producir trabajos científicos más significativos y mejorar la calidad de la redacción en ambas naciones. Los editores y árbitros deberían hacer un esfuerzo por reducir las dificultades extraordinarias de autores cuyo idioma materno no es el inglés, mientras mantienen los estándares de la revista relacionados con el contenido y significado científicos. Las sociedades y revistas más importantes sobre ciencias oceánicas en los Estados Unidos deberían seguir buscando la ayuda de la comunidad oceanográfica de los Estados Unidos para mejorar la redacción de artículos significativos escritos por científicos cuyo idioma materno no es el inglés.

Segundo, se podría diseminar alguna información científica de forma más eficiente al utilizar nuevos medios como las revistas electrónicas y los CD-ROMs. Tercero, se debe progresar en incluir nuevas revistas y otras ya existentes en los servicios de citación, posiblemente a través del empleo de estrategias similares a las de los servicios de citación patrocinados por las Naciones Unidas (Gibbs, 1995). Un asunto relacionado es el acceso por parte de científicos mexicanos y estadounidenses a las revistas impresas sobre las ciencias oceánicas. Con el número creciente de revistas y los costos de suscripciones que van en aumento, es cada vez más difícil que las bibliotecas se suscriban a todas las revistas publicadas en un campo dado. Los líderes mexicanos y estadounidenses de las ciencias oceánicas deberían discutir la posibilidad y necesidad de establecer una revista bilingüe o mejorar una revista de este tipo ya existentes.

Recomendación: Los oceanógrafos deberían hacer todos los esfuerzos por publicar en revistas con arbitraje. El NRC y la AMC, además de los oceanógrafos individuales, en sus papeles en los consejos editoriales de las revistas y como árbitros, deberían actuar para asegurar el trato justo y equitativo para la publicación de artículos escritos por autores mexicanos en las revistas más importantes sobre las ciencias oceánicas, muchas de las cuales se publican en inglés en los Estados Unidos.

Agencia Oceánica Mexicana

Hallazgo: No existe ninguna agencia gubernamental mexicana encargada de la observación océanica cotidiana y de largo plazo. Como resultado, es difícil o imposible establecer programas de investigación que requieren de tales observaciones y es difícil definir políticas claras para los asuntos del mar.

En los Estados Unidos, la Administración Nacional Oceánica y Atmosférica es el punto focal de la investigación, el monitoreo y las operaciones relacionadas con el océano y la atmósfera. La NOAA se estableció durante la Administración de Richard Nixon al combinar una variedad de organismos gubernamentales existentes como respuesta a las recomendaciones de la Comisión Stratton de 1969. La NOAA considera que su misión es "describir y predecir los cambios del entorno de la Tierra, y conservar y administrar prudentemente los recursos costeros y oceánicos de la Nación para asegurar oportunidades económicas sostenibles".

La NOAA ha coleccionado y archivado datos de los océanos y la atmósfera durante 25 años, continuando con registros mucho más largos iniciados por las agencias predecesoras (por ejemplo, el Servicio Meteorológico Nacional [National Weather Service] y el Centro para Levantamientos Costeros y Geodésicos [Coast and Geodetic Survey]). Esta agencia también ha patrocinado investigaciones climáticas significativas, de los ecosistemas marinos, pesquerías, la contaminación, la política costera, y demás áreas que han sido cruciales para el avance de las ciencias oceánicas en los Estados Unidos y su implantación en políticas. La NOAA apoya los laboratorios de investigación pesquera y ambiental que realizan dicha investigación y también proporciona financiamiento a científicos externos a través de su Oficina de Programas Globales (Office of Global Programs), Oficina del Programa de Océano Costero (Coastal Ocean Program Office), Programa Nacional de Investigaciones Submarinas (National Undersea Research Program), y el Programa Nacional de apoyo para Universidades con programas oceanográficos (National Sea Grant College Program). Gran parte del logro de los Estados Unidos en el desarrollo de políticas y administración de la ciencia costera ha sido implantado a través de la NOAA, y ésta ha jugado un papel incuestionablemente importante en esta área (NRC, 1994c,d). La investigación es solamente una pequeña parte del presupuesto total de la NOAA; gran parte de su presupuesto está asignado a los aspectos operativos de la misión de la NOAA. Por ejemplo, el Centro Nacional de Datos sobre los Océanos (National Oceanic Data Service) sirve como un Centro Mundial de Datos y es el depósito de gran parte de los datos oceanográficos recopilados en los Estados Unidos. En la actualidad, México no cuenta con una infraestructura parecida, y muchos datos oceanográficos quedan únicamente en posesión de los investigadores que los recolectaron.

Puesto que no existe ninguna agencia gubernamental análoga a la NOAA en México, es difícil coordinar las actividades oceanográficas nacionales y realizar actividades cooperativas gobierno-a-gobierno. Sin embargo, los Estados Unidos y México han establecido una útil cooperación en temas específicos en los que no existen oficinas o departamentos análogos dentro de las agencias. Los ejemplos incluyen programas de pesca como el MEXUS-Pacífico y MEXUS-Golfo, en los cuales una componente de la NOAA, el Servicio Nacional de Pesca Marina (National Marine Fisheries Service) está cooperando con el Instituto Nacional de la Pesca mexicano (INP).

Recomendación: El gobierno federal mexicano debería investigar la necesidad de crear un organismo del gobierno responsable de asuntos oceánicos, incluyendo las ciencias y la tecnología del mar, bien como una agencia nueva o colocada dentro de una agencia ya existente.

Componente Oceánico de la Academia Mexicana de Ciencias (AMC) o la Fundación Nacional de Investigación (FNI)

Hallazgo: Se podrían mejorar la comunicación y la interacción contidianas entre las comunidades de ciencias oceánicas mexicanas y estadounidenses a través de la existencia de una contraparte mexicana del Consejo de Estudios Oceanográficos (Ocean Studies Board) del Consejo Nacional para la Investigación (National Research Council) de los Estados Unidos.

La Academia Nacional de Ciencias (National Academy of Sciences [NAS]) ha emitido recomendaciones relacionadas con la ciencia y tecnología marinas desde la Guerra Civil de los Estados Unidos, publicando tempranamente informes sobre buques acorazados de guerra y brújulas para barcos, y evaluando las observaciones sobre la circulación de los océanos de Matthew F. Maury (NAS, 1863). El NRC se estableció en 1916 como el brazo operativo de la NAS para ayudar a ésta en su misión de asesorar sobre asuntos de ciencias y tecnología al gobierno federal de los Estados Unidos. El NRC ha creado un número de diferentes organismos responsables de las ciencias oceánicas, la política y la ingeniería desde 1916. Recientemente (en 1985), el NRC creó el Consejo de Estudios Oceánicos (Ocean Studies Board [OSB]) cuyas responsabilidades incluyen:

• Promover el avance del conocimiento científico del océano mediante la supervisión, la salud y el estímulo del progreso de las ciencias oceánicas;
• Fomentar la sabia y prudente utilización del océano y sus recursos a través de la aplicación de los conocimientos científicos;
• Encabezar la formulación de la política oceánica nacional e internacional y aclarar los asuntos científicos que afectan esta política; y
• Promover la cooperación internacional en la investigación oceanográfica y mejorar la ayuda científica y técnica a los países en vías de desarrollo.

Es notable que la cooperación con la AMC para crear el Grupo de Trabajo Conjunto en Ciencias Oceánicas (JWG) de la AMC-NRC es una forma en que el OSB ha cumplido con el cuarto punto de su encomienda. En el transcurso de su existencia, el OSB ha aconsejado al gobierno, a los oceanógrafos, a la industria, a las organizaciones ambientales sobre los temas prioritarios en la investigación costera, la investigación y administración de la pesca, la biodiversidad marina, las interacciones entre la ciencia y la política costeras, los mamíferos marinos y los sonidos submarinos, los sensores químicos, las prioridades y la infraestructura para la investigación en el Océano Ártico, los programas importantes de las ciencias oceánicas, los sistemas globales de observación oceánica, y las aplicaciones en tiempo de guerra de las ciencias marinas. También evaluó el estado de las ciencias oceánicas en los Estados Unidos en 1992 y ha revisado los programas de investigación de varias agencias federales de los Estados Unidos. El OSB y su predecesor (el Consejo sobre las Ciencias y la Política Oceánica [Board on Ocean Science and Policy]) jugó un papel principal al iniciar el Estudio Conjunto Global sobre Flujos oceánicos (Joint Global Ocean Flux Study), el Experimento Mundial sobre la Circulación de los Océanos (World Ocean Circulation Experiment) y el Experimento Global Inter-Disciplinario Ridge (Ridge Inter-Disciplinary Global Experiment). Otros consejos del NRC también han contribuido a las ciencias relacionadas con el mar, la ingeniería, y la política en los Estados Unidos, incluyendo el Consejo de Ciencias Atmosféricas y el Clima (Board on Atmospheric Sciences and Climate), el Consejo para Estudios Ambientales y Toxicológicos (Board on Environmental Studies and Toxicology) y el Consejo Marino (Marine Board).

La Academia Mexicana de Ciencias no tuvo un organismo análogo al NRC de los Estados Unidos sino hasta 1995, cuando se creó la Fundación Nacional de Investigación (FNI). Aún no es claro cómo la FNI se va a organizar y si desarrollará componentes disciplinarios específicos (por ejemplo, enfocados hacia las ciencias oceánicas). Sin duda, esta decisión se basará en el presupuesto total disponible, la estructura de financiamiento de la FNI, y el significado nacional de las ciencias oceánicas en relación con otros temas.

Recomendación: La AMC (o la FNI) de México debería investigar la necesidad de crear una contraparte del OSB para facilitar la constante comunicación sobre los asuntos oceánicos de interés binacional.

CAPACIDAD CIENTÍFICA

Hallazgo: Existe la necesidad de realzar la capacidad humana de la comunidad de ciencias oceánicas, a nivel de doctorado y del personal de apoyo, sobre todo en México, para responder con éxito a los retos de investigación binacional y a las oportunidades existentes. Aunque finalmente esto podría requerir un mayor número de personal, la vía más realista para alcanzar este propósito a corto plazo, dadas las limitaciones presupuestales, sería aumentando las habilidades y el alcance de acción de la comunidad científica existente, mejorando su financiamiento e infraestructura física y haciendo más eficiente a la burocracia.

México apoya una base significativa de científicos marinos talentosos. Los Estados Unidos está significativamente mejor equipado que México en términos de equipos de laboratorio y barcos. Para optimizar las colaboraciones de México con los oceanógrafos de los Estados Unidos y la capacidad de los científicos mexicanos de responder a los retos nacionales, se puede implantar un enfoque de dos pasos. Inicialmente, los Estados Unidos deberían compartir sus recursos físicos y humanos para ayudar a México a utilizar de forma más eficiente su capacidad humana y la infraestructura que ya existe. A un plazo más largo, es importante que México incremente su infraestructura para las ciencias oceánicas incluyendo la formación de una nueva generación de oceanógrafos. El número de inscripciones en la mayoría de los programas de posgrado en las ciencias oceánicas en México se está reduciendo. Reconociendo las limitaciones presupuestales, podría ser necesario que el gobierno mexicano, con información de la comunidad científica, escoja unas cuantas áreas claves dentro de las ciencias oceánicas en que enfocarse.

Recomendación: Las agencias y fundaciones mexicanas y estadounidenses deberían proporcionar mayor apoyo a los programas trans-nacionales diseñados para proporcionar capacitación relevante además de experiencia en el campo y el laboratorio para estudiantes graduados y posdoctorados y personal técnico en el país vecino.

EL PAPEL DE LA INDUSTRIA

Hallazgo: Las industrias de los Estados Unidos y México, que representan riesgos para el ambiente marino o que extraen recursos de él (por ejemplo, petróleo, gas, la generación de fuerza eléctrica, pesca, transportación marítima, turismo, eliminación de desechos) comparten con la comunidad de las ciencias oceánicas, una responsabilidad por desarrollar la comprensión que permitiría la administración a largo plazo del ambiente y los recursos marinos.

Las industrias marinas podrían recibir réditos significativos sobre sus inversiones en las ciencias oceánicas básicas en áreas como el Golfo de México, el Golfo de California y el Océano Pacífico. Una base de conocimientos mejorada facilitaría la administración eficiente y sana en términos del ambiente de las operaciones comerciales y permitiría usos múltiples de las áreas costeras y oceánicas. La comunidad de ciencias oceánicas binacional podría trabajar con la industria al emprender investigación aplicada en apoyo directo a los objetivos de las industrias marinas. Con el fin de atraer a la industria las actividades de las ciencias oceánicas, sería de utilidad desarrollar un foro nacional en el que científicos y representantes de la industria pudieran discutir sus intereses mutuos y desarrollar planes para actividades conjuntas.

Recomendación: Los gobiernos y sociedades profesionales de los Estados Unidos y México deberían trabajar con los líderes de las industrias y organizaciones oceanográficas, como la Sociedad Técnica Marina (Marine Technology Society) en Los Estados Unidos y Petróleos Mexicanos, para promover actividades conjuntas relacionadas con la investigación oceanográfica.

INFRAESTRUCTURA OBSERVACIONAL

Observaciones e Instrumentos

Hallazgo: La oceanografía es una ciencia observacional que ha avanzado significativamente el conocimiento como resultado de los avances logrados en la instrumentación y las técnicas para observar el océano.

Los oceanógrafos dependen de una gama de observaciones de propiedades y procesos oceánicos realizados *in situ* desde barcos, anclajes, y cuerpos a la deriva, además de observaciones realizadas desde satélites, aviones y redes acústicas. Las nuevas observaciones se hacen posibles mediante nuevos equipos y técnicas de observación. Desarrollos como la determinación satelital del nivel del mar y el color del océano revolucionaron nuestros conocimientos de las corrientes oceánicas, la topografía del fondo marino y la detección oportuna de la floración y grandes manchas de fitoplancton en los océanos. El desarrollo y la utilización de magnetómetros a bordo de barcos, la perforación del fondo marino, y los sistemas de posicionamiento globales diferenciales permitieron a los oceanógrafos desarrollar y establecer el paradigma de la tectónica de placas. Asimismo, el desarrollo y mejoramiento de espectrómetros de masa han permitido el desarrollo del campo de la geoquímica de isótopos y la paleoceanografía.

Es indispensable que se proporcione financiamiento suficiente para continuar apoyando el desarrollo de instrumentos e infraestructura (Wunsch, 1989; NRC, 1993). Además, la infraestructura y el equipo que ya existen podrían utilizarse de forma más productiva si las instituciones de los Estados Unidos y México los compartiesen. Parece que en la actualidad no existe un mecanismo formal para lo anterior, pero se podrían desarrollar estrategias a través del Sistema Nacional Oceanográfico de Universidades y Laboratorios (UNOLS) de los Estados Unidos y/o la Asociación Nacional de Laboratorios Marinos.

Recomendación: Las agencias en ambas naciones, que apoyan con financiamiento la investigación básica y aquella orientada a misiones específicas, deberían sostener un nivel apropiado de apoyo para el desarrollo de nuevas técnicas para observar el océano. Convendría desarrollar mecanismos adecuados para poder compartir coordinadamente la principal infraestructura (por ejemplo, mejor utilización del "tiempo ocioso" de instrumentos costosos o buques; la provisión o préstamo de instrumentación de un país para uso en la investigación de campo en el otro). Esta acción realzaría la efectividad de esta infraestructura e instrumental.

Buques

Hallazgo: Los buques para la investigación constituyen una componente esencial de las ciencias oceánicas. Para su uso efectivo, se debe equilibrar el financiamiento de (1) la construcción y la renovación de los barcos; (2) las operaciones marítimas, el mantenimiento, y el apoyo técnico; y (3) los proyectos de investigación que utilizan los barcos. La demanda de tiempo de barcos en México es limitada por falta de financiamiento para la investigación a bordo de barcos.

En 1992, UNOLS coordinó las operaciones de 26 barcos, y las agencias federales de los Estados Unidos operaron 39 barcos adicionales (NRC, 1992). Ha habido alguna rotación en ambas flotas y una reducción neta en la flota federal, pero aún así es un recurso enorme que se debe mantener y emplear eficientemente. Los excedentes o los déficits de tiempo de barco en el futuro dependerán de los nuevos barcos que forman parte de la flota de UNOLS, el retiro de barcos de la flota de UNOLS, y la rotación de barcos por parte del gobierno (por ejemplo, la reducción o la eliminación potencial de la flota de la NOAA). México cuenta con 3 barcos académicos dedicados a la oceanografía. La oceanografía mexicana recibió un estímulo tremendo en la productividad cuando los barcos de investigación *El Puma* y *Justo Sierra* empezaron sus operaciones en 1981 y 1982 respectivamente. Ambas naciones están enfrentando limitaciones en el financiamiento de las operaciones de los barcos y en los proyectos científicos para emplear los barcos. Mayores oportunidades para que los científicos, los técnicos y los operadores de barcos mexicanos interactúen con el UNOLS y sus comités podrían ser de beneficio mutuo. Es importante que el gobierno mexicano financie sus propios barcos de investigación para que participen en operaciones conjuntas con los barcos de los Estados Unidos en aguas territoriales tanto mexicanas como estadounidenses.

Recomendación: Las agencias en ambas naciones deben buscar la forma de sostener un balance apropiado de gastos relacionados con la construcción y utilización de barcos. Para los barcos mexicanos existentes se debe procurar un financiamiento equilibrado entre la investigación y el tiempo de barco asignado a ésta.

Sistemas de Observación

Hallazgo: Se necesitan observaciones regionales a gran escala y a largo plazo para comprender y predecir los procesos oceánicos claves. Ambas naciones, particularmente los Estados Unidos, cuentan con actividades incipientes relacionadas con un sistema global de observación oceánica.

Un sistema de observación oceánica podría y debería proporcionar información de utilidad, casi en tiempo real, tanto para la investigación básica y aplicada como para las operaciones marinas, incluyendo la información necesaria para el desarrollo continuo de las capacidades de pronósticos regionales y globales precisos de los océanos. Los beneficios derivados de tales sistemas excederían con mucho sus costos. Los sistemas regionales de observación oceánicas (ROOSs) compartidos por México y los Estados Unidos en sus áreas comunes del Océano

Pacífico y del Golfo de México podrían encontrar respuestas a problemas apremiantes regionales relacionados con operaciones marinas (petróleo y gas, transportación, búsquedas y rescates), pesca, contaminación, biodiversidad, y la circulación de los océanos que enfrentan ambas naciones. A la vez, estos ROOSs podrían ser componentes importantes de un sistema global de observación oceánica (GOOS).

Recomendación: Las agencias mexicanas y estadounidenses deberían cooperar para establecer sistemas coordinados de observación que realzaran y sostuviesen el importante esfuerzo de monitoreo regional oceánico, igualmente servirían como partes integrales de un sistema de observación global.

Finalmente, se debería dedicar atención al desarrollo de un marco legal y código de ética para el comportamiento de la investigación oceanográfica conjunta entre México y los Estados Unidos. Las leyes y reglamentos de ambos países y la Convención de las Naciones Unidas sobre la Ley del Mar proporcionan un marco legal para las ciencias oceánicas binacionales, y deberían ser plenamente respetados por los científicos de las dos naciones. Existe una percepción por parte de algunos científicos mexicanos de que los científicos de los Estados Unidos no han involucrado de forma adecuada a los científicos mexicanos en las investigaciones realizadas en las aguas territoriales mexicanas y no han compartido los datos y los derechos de publicación. Dicho comportamiento contrarrestaría todos los esfuerzos positivos mencionados en este informe y debería evitarse a todo costo. Una medida importante para cumplir con las expectativas de la investigación conjunta es llegar a acuerdos específicos sobre las obligaciones, las responsabilidades, la autoría conjunta o separada de las publicaciones, los méritos, los derechos de las patentes, y los calendarios antes de llevar a cabo las investigaciones. Medios mutuamente acordados para simplificar los requerimientos legales relacionados con la actividad de la investigación podrían, en algunos casos, llevar a esfuerzos de investigación más productivos. Ambos gobiernos, sobre todo el Departamento de Estado de los Estados Unidos y la Secretaría de Relaciones Exteriores de México deberían responder a los consejos de sus respectivas comunidades científicas al identificar y establecer tales procedimientos simplificados. Sería apropiado que la AMC y el NRC volvieran a examinar el progreso en la cooperación entre oceanógrafos de los Estados Unidos y México en un futuro mediato para determinar si se han implantado las recomendaciones contenidas en este informe.

Referencias

Adams, R.M., K.J. Bryant, B.A. McCarl, D.M. Legler, J. O'Brian, A. Solow, and R. Weiher. 1995. Value of improved long-range weather information. *Contemporary Economic Policy* 13:10-19.

Aguayo, C.J.E. 1988. Procesos sedimentarios y diagenéticos recientes y su importancia como factores de interpretación de sus análogos antiguos. *Bol. Soc. Geol. Mex.* XLIX (1-2):19-44.

Aguayo, C.J.E., and A. Carranza-Edwards. 1991. Tectónica Marina. *Atlas Nal. Mex. UNAM, Hoja: Geología Marina,* No. IV-9-5. Esc. 1: 4,000,000.

Aguayo, C.J.E., and C. Estavillo. 1985. Ambientes sedimentarios recientes en Laguna Madre, NE de México. *Bol. Soc. Geol. Mex.* XLV (1-2):1-37.

Aguayo, C.J.E., and M. Gutiérrez-Estrada. 1993. Dinámica costera por acción antropogénica en el sistema fluvial-deltáico Grijalva-Usumacinta, SE de México. *Bull. Inst. de Geol. du Bassin d'aquitaine (Special Publication).*

Aguayo, C.J.E., and S. Marín. 1987. Origen y evolución de los rásgos morfotectónicos post-cretácicos de México. *Bol. Soc. Geol. Mex.* XLVIII(2):1-37.

Aldana, A.A. 1997. La educación de las ciencias marinas en México. *Ciencia* 48(3):14-22.

Alvarez, L.G., and R. Ramírez M. 1996. Resuspensíon de sedimentos en una región del Alto Golfo de California. *GEOS* 16(4):181.

Alvarez-Borrego, S., B.P. Flores-Báez, and L.A. Galindo-Bect. 1975. Hidrología del Alto Golfo de Californias II. Condiciones durante invierno, primavera y verano. *Ciencias Marinas* 2:21-36.

Alvarez-Borrego, S., and L.A. Galindo-Bect. 1974. Hidrología del Alto Golfo de Californias-I. Condiciones durante otoño. *Ciencias Marinas* 1(1):46-64.

Alvarez-Borrego, S., L.A. Galindo-Bect, and B.P. Báez. 1973. Hidrología. Pp. 248 in Estudio químico sobre la contaminación por insecticidas en la desembocadura del Río Colorado. Tomo II. Reporte Final a la Dirección de Acuicultura de la Secretaría de Recursos Hidráulicos. Universidad Autónoma de Baja California.

Anderson, D.W., J.E. Mendoza, and J.O. Kieth. 1976. Seabirds in the Gulf of California: A vulnerable, international resource. *Nat. Resour. J.* 16:483-505.

Argote, M.L., M.F. Lavin, and A. Amador. 1997. Barotropic residual circulation in the Gulf of California due to the M_2 tide and wind stress. *Atmósfera* (in press).

Atwood, D.K., F.J. Burton, J.E. Corredor, G.R. Harvey, A.J. Mata-Jimenez, A. Vazquez-Botello, and B.A. Wade. 1987a. Results of the CARIPOL Petroleum Pollution Monitoring Project in the wider Caribbean. *Mar. Poll. Bull.* 18(10):540-548.

Atwood, D.K., H.H. Cummings, W.J. Nodal, and R. Caballero Culbertson. 1987b. The CARIPOL Petroleum Pollution Monitoring Project and the CARIPOL Petroleum Pollution Database. *Caribbean Journal of Science* 23:1-4.

Ayala-Castañares, A., and E. Escobar. 1996. Pp. 79-118 in *Improving Interactions Between Coastal Science and Policy: Proceedings of the Gulf of Mexico Symposium.* National Academy Press, Washington, D.C.

Ayala-Castañares, A., W. Wooster, and A. Yañez-Arancibia (eds.). 1989. *Oceanography 1988. Joint Oceanographic Assembly Mexico 88.* Universidad Nacional Autónoma de México, Consejo Nacional de Ciencia y Tecnología, Mexico City, D.F.

Ayala-López, A., and A. Molina-Cruz. 1994. Micropalaeontology of the hydrothermal region in the Guaymas Basin, Mexico. *Journal of Micropalaeontology* 13:133-146.

Bakun, A. 1990. Global climate change and intensification of coastal ocean upwelling. *Science* 247:198-201.

Bakun, A. 1996. *Patterns in the Ocean: Ocean Processes and Marine Population Dynamics.* California Sea Grant College System, La Jolla, Calif.

Bakun, A., and C.S. Nelson. 1991. The seasonal cycle of wind-stress curl in subtropical eastern boundary current regions. *Journal of Physical Oceanography* 21:1815-1834.

Barlow, J., T. Gerrodette, and G. Silber. 1997. First estimates of vaquita abundance. *Marine Mammal Science* 13:44-58.

Batteen, M.L. 1997. Wind-forced modeling studies of currents, meanders, and eddies in the California Current system. *Journal of Geophysical Research* 102 (CI):985-1010.

Baumgartner, T.R., A. Soutar, and V. Ferreira-Bartina. 1992. Reconstruction of the history of Pacific sardine and northern anchovy populations over the past two millennia from sediments of the Santa Barbara Basin, California. *CalCOFI Rep.* 33:24-40.

Behl, R.J., and J.P. Kennett. 1996. Brief interstadial events in the Santa Barbara Basin, NE Pacific during the past 60 kyr. *Nature* 379:243-246.

Berg, C.J., and C.L. van Dover. 1987. Benthopelagic macrozooplankton communities at and near deep-sea hydrothermal vents in the eastern Pacific Ocean and the Gulf of California. *Deep-Sea Res.* 34:379-401.

Biggs, D.C. 1992. Nutrients, plankton, and productivity in a warm-core ring in the western Gulf of Mexico. *Journal of Geophysical Research* 97C:2143-2154.

Biggs, D.C., and F.E. Müller-Karger. 1994. Ship and satellite observations of chlorophyll stocks in interacting cyclone-anticyclone eddy pairs in the western Gulf of Mexico. *Journal of Geophysical Research* 99C:7371-7384.

Biggs, D.C., and L.L. Sanchez. 1997. Nutrient-enhanced primary productivity of the Texas- Louisiana continental shelf. *Journal of Marine Systems* 11:237-247.

Biggs, D.C., G.S. Fargion, P. Hamilton, and R.R. Leben. 1996. Cleavage of a Gulf of Mexico Loop Current eddy by a deep water cyclone. *Journal of Geophysical Research—Oceans* 101:20629-20641.

Birkett, S., and D.J. Rapport. 1996. Comparing the health of two large marine ecosystems: The Gulf of Mexico and the Baltic Sea. *Ecosystem Health* 2:127-144.

Blaha, J., and W. Sturges. 1981. Evidence for wind-forced circulation in the Gulf of Mexico. *Journal of Marine Research* 9:711-734.

Bohannon, R.G., E.L. Geist, and C. Sorlien. 1993. Miocene extensional tectonism of the California Continental Borderland between San Clemente and the Patton Escarpment (abstract). 68th Pacific Section, AAPG, SEG, SEPM, AEG Meeting, Long Beach, Calif.

Botello, A.V. 1996. *Características, composición y propiedades fisicoquímicas del petróleo.* Pp. 203-210 in A.V. Botello, J.L. Rojas-Galavíz, J. Benítez, and D. Zárate-Lomelí (eds.). *Golfo de México, Contaminación e Impacto Ambiental: Diagnóstico y Tendencias.* Universidad Autónoma de Campeche, EPOMEX Serie Científica 5.

Botello, A.V., G. Ponce V., and S.A. Macko. 1996. Niveles de concentración de hidrocarburos en el Golfo de México. Pp. 225-253 in A.V. Botello, J.L. Rojas-Galavíz, J. Benítez, and D. Zárate-Lomelí (eds.). *Golfo de México, Contaminación e Impacto Ambiental: Diagnóstico y Tendencias.* Universidad Autónoma de Campeche, EPOMEX Serie Científica 5.

Botello, A.V., G. Ponce, A. Toledo, G. Dmaz, and S. Villanueva. 1992. Ecología de recursos costeros y contaminación en el Golfo de México. *Ciencia y Desarrollo* 17(102):28-48.

Botello, A.V., J.L. Rojas-Galavíz, J. Benítez, and D. Zárate-Lomelí (eds.). 1996. *Golfo de México, Contaminación e Impacto Ambiental: Diagnóstico y Tendencias.* Universidad Autónoma de Campeche, EPOMEX Serie Científica 5.

Boyce, P.B., and H. Dalterio. 1996. Electronic publishing of scientific journals. *Physics Today* (January):42-47.

Boyd, I. 1993. Recent advances in marine mammal science. *Symposium Zoological Society of London* 66:293-313.

Breese, D., and B.R. Tershy. 1993. Relative abundance of cetacea in the Canal De Ballenas, Gulf of California. *Marine Mammal Science* 9:319-324.

Broenko, W.W., A.J. Lewitus, and R.E. Reaves. 1983. Oceanographic results from the Vertex 3 particle interceptor trap experiment off central Mexico. October-December, 1982. Moss Landing Marine Laboratories Technical Publication 83-1, Moss Landing, Calif.

Brooks, D.A. 1984. Current and hydrographic variability in the northwestern Gulf of Mexico. *Journal of Geophysical Research* 89C:8022-8032.

Brooks, D.A., and R.V. Legeckis. 1982. A ship and satellite view of hydrographic features in the western Gulf of Mexico. *Journal of Geophysical Research* 87C:4195-4206.

Burger, J., and M. Gochfeld. 1994. Predation and effects of humans on island-nesting seabirds. Pp. 39-67 in D.N. Nettleship, J. Burger, and M. Gochfeld (eds.), *Seabirds on Islands.* Birdlife Conservation Series No. 1. Birdlife International, Cambridge.

Carbajal, N., A. Souza, and R. Durazo. 1997. A numerical study of the ex-ROFI of the Colorado River. *J. Mar. Systems* 12:17-33.

Chávez, F.P. 1996. Forcing and biological impact of onset of the 1992 El Niño in central California. *Geophysical Research Letters* 23:265-268.

Cochrane, J.D. 1972. Separation of an anticyclone and subsequent developments in the Loop Current (1969). Pp. 91-106 in L.R A. Capurro and J.L. Reid (eds.), *Contribu-*

tions on the Physical Oceanography of the Gulf of Mexico, Vol. 2. Gulf Publishing Co., Houston, Tex.

CONACyT. 1994. The 1994 Indicators of Scientific and Technological Activities in Mexico, Mexico City, D.F.

Costa, D.P. 1993. The secret life of marine mammals: New tools for the study of their biology and ecology. *Oceanography* 6:120-128.

Cowan, J.H., Jr., and R.F. Shaw. 1991. Ichthyoplankton off West Louisiana in winter 1981-1982 and its relationship with zooplankton biomass. *Contributions in Marine Science* 32:103-121.

Crouch, J.K., and J. Suppe. 1993. Late Cenozoic tectonic evolution of the Los Angeles basin and inner California Borderland. *Geological Soc. of Amer. Bull.* 105:1415-1434.

Cupul-Magaña, A. 1994. Flujos de sedimento en suspensión y de nutrientes en la cuenca estuarina del Río Colorado. M.Sc. Thesis, Universidad Autónoma de Baja California, Ensenada, B.C.

Cushing, D. 1995. *Population Production and Regulation in the Sea: A Fisheries Perspective.* Cambridge University Press, Cambridge, England.

Dagg, M.J. 1988. Physical and biological responses to the passage of a winter storm in the coastal and inner shelf waters of the northern Gulf of Mexico. *Continental Shelf Research* 8:167-178.

Dagg, M.J., P.B. Ortner, and F. Al-Yamani. 1988. Winter-time distribution and abundance of copepod nauplii in the northern Gulf of Mexico. *Fishery Bulletin* 86:319-330.

Dagg, M.J., and T.E. Whitledge. 1991. Concentrations of copepod nauplii associated with the nutrient-rich plume of the Mississippi River. *Continental Shelf Research* 11:1409-1423.

Dañobeitia, D. Cordoba, L.A. Delgado-Argote, F. Michaud, R. Bartolomé, M. Farran, R. Carbonell, F. Nuñez-Cornu, and the CORTES-P96 Working Group. 1997. Expedition gathers new data on crust beneath Mexican west coast. *EOS, Trans. Amer. Geophys. Union* 78(49):565, 572.

Davis, R.W., and G.S. Fargion. 1996. Distribution and abundance of cetaceans in the north-central and western Gulf of Mexico, Final Report. Vol II. Technical Report. OCS study MMS 96-0027. U.S. Department of the Interior Minerals Management Service, New Orleans, La.

Devol, A.H., and J.P. Christensen. 1993. Benthic fluxes and nitrogen cycling in sediments of the continental margin of the eastern North Pacific. *J. Mar. Res.* 51:435-372.

Dietrich, D.E., and C.A. Lin. 1994. Numerical studies of eddy shedding in the Gulf of Mexico. *Journal of Geophysical Research* 99C4:7599-7615.

Einsele, G., J.M. Gieskes, J. Curray, D.M. Moore, E. Aguayo, M.P. Aubry, D. Fornari, J. Guerrero, M. Kastner, K. Kelts, M. Lyle, Y. Matoba, A. Molina-Cruz, J. Niemitz, J. Pueda, A. Sanders, H. Schrader, B. Simoneit, and V. Vaquier. 1980. Intrusion of basaltic sills into highly porous sediments and resulting hydrothermal activity. *Nature* 283:441-445.

Elliott, B.A. 1979. Anticyclonic rings and the energetics of the circulation of the Gulf of Mexico. Ph.D. dissertation, Texas A&M University, College Station.

Elliott, B.A. 1982. Anticyclonic rings in the Gulf of Mexico. *Journal of Physical Oceanography* 12:1292-1309.

el Sayed, S.Z. 1972. Primary productivity and standing crop of phytoplankton. Pp. 8-13 in V.C. Bushnell (ed.), *Chemistry, Primary Productivity and Benthic Algae of the Gulf of Mexico.* American Geographical Society, New York.

Engle, V.D., J.K. Summers, and G.R. Gaston. 1994. A benthic index of environmental condition of Gulf of Mexico estuaries. *Estuaries* 17:372-384.

Enfield, D.B. 1996. Relationships of inter-American rainfall to tropical Atlantic and Pacific SST variability. *Geophysical Research Letters* 23:3505-3508.

Enfield, D.B., and E.J. Alfaro. 1998. The dependence of Caribbean rainfall on the interaction of the tropical Atlantic and Pacific oceans. *J. Climate* (submitted).

Escobar, E., A. Briseno, and L. Gutierrez. 1996. Food sources of a hydrothermal vent anemone in the Guaymas Basin. *Bridge* 10:45-50.

Escobar, E., M. Lopez Garcia, L.A. Soto, and M. Signoret. 1997. Density and biomass of the meiofauna of the upper continental slope in two regions of the Gulf of Mexico. *Ciencias Marinas* 23(4):463-489.

Escobar, E., and L.A. Soto. 1997. Continental shelf biomass in the western Gulf of Mexico. *Cont. Shelf Res.* 17(6):585-604.

Estes, J.A., N.S. Smith, and J.F. Palmisano. 1978. Sea otter predation and community organization in the Western Aleutian Islands, Alaska. *Ecology* 59:822-833.

Farfán, C., and S. Alvarez-Borrego. 1992. Biomasa del zooplancton del Alto Golfo de California. *Ciencias Marinas* 18:17-36.

Faulkner, D.J. 1983. Biologically-active metabolites from Gulf of California marine invertebrates. *Rev. Latinoamer. Quin.* 14:61-67.

Forristall, G.Z., K.J. Schaudt, and J. Calman. 1990. Verification of Geosat altimetry for operational use in the Gulf of Mexico. *Journal of Geophysical Research* 95C:2985-2989.

Fraser, W.R., R.L. Pitman, and D.G. Ainley. 1989. Seabird and fur seal responses to vertically migrating winter krill swarms in Antarctica. *Polar Bio.* 10:37-41.

Gallegos, M. 1986. *Petróleo y Manglar.* Centro de Ecodesarrollo, Serie medio Ambiente en Coatzacoalcos, México.

Gallegos, A. 1996. Descriptive physical oceanography of the Caribbean Sea. Pp. 36-55 in G.A. Maul (ed.), *Small Island: Marine Science and Sustainable Development*, Vol. 51. American Geophysical Union, Washington, D.C.

Gallegos, A., and S. Czitrom. 1997. Aspectos de la Oceanografía Física Regional del Mar Caribe. Pp. 1401-1414 in M. Lavín (compilator), *Oceanografía Física en México*, Monograph 3, Unión Geofísica Mexicana, México, D.F.

García de Ballesteros, M.G., and M. Larroque. 1974. Elementos sobre turbidez en el alto Golfo de California. *Ciencias Marinas* 1(2):1-30.

Garson, M.J. 1994. The biosynthesis of sponge secondary metabolites: Why it is important. Pp. 427-428 in Braekman, J.-C., Van Kempen, T.M.G., Van Soest, R.M.W. (eds.), *Sponges in Time and Space: Biology, Chemistry, Paleontology.* A.A. Balkema, Rotterdam.

GESAMP. 1995. *Biological Indicators and Their Use in the Measurement of the Marine Environment.* GESAMP Reports and Studies, No. 55.

Gibbs, W.W. 1995. Lost science in the Third World. *Scientific American* (August):92-99.

Gieskes, J.M., M. Kastner, G. Einsele, K. Kelts, and J. Niemitz. 1982. Hydrothermal activity in the Guaymas Basin, Gulf of California: A synthesis. Pp. 1159-1167 in J.R. Curray et al., (ed.), *Initial Reports of the Deep Sea Drilling Project*, Vol. 64. U.S. Government Printing Office, Washington, D.C.

Global Ocean Ecosystems Dynamics (GLOBEC). 1994. *Eastern Boundary Current Program: A Science Plan for the California Current*. Berkeley, Calif.

Godínez, V. 1997. Condiciones Estuarinas en el Alto Golfo de California. MSc Thesis,. CICESE.

Gold, G., R. Simb, O. Zapata, and J. Gémez. 1995a. Histopathological effects of petroleum hydrocarbons and heavy metals on the American Oyster (*Crassostrea virginica*) from Tabasco, Mexico. *Marine Pollution Bulletin* 31(4-12):439-445.

Gold, G., O. Zapata, E. Noreña, M. Herrera, and V. Ceja. 1995b. Oil pollution in the southern Gulf of Mexico. P. 13 in *The Gulf of Mexico, A Large Marine Ecosystem*. (Abstract).

Gold-Bouchot, G., E. Barroso-Norea, and O. Zapata-Púrez. 1995. Hydrocarbon concentrations in the American Oyster (*Crassostrea virginica*) in Laguna de Terminos, Campeche, Mexico. *Bulletin of Environmental Contamination and Toxicology* 53(2):222-227.

Gordon, A.L. 1965. Quantitative study of the dynamics of the Caribbean Sea. Ph.D. Dissertation, Columbia University.

Govoni, J.J. 1993. Flux of larval fishes across frontal boundaries: Examples from the Mississippi River plume front and the western Gulf Stream front in winter. Part 1. Larval fish assemblages and ocean boundaries. *Bulletin of Marine Science* 53:538-566.

Govoni, J.J., D.E. Hoss, and D.R. Colby. 1989. The spatial distribution of larval fishes about the Mississippi River plume. *Limnology and Oceanography* 34:178-187.

Grassle, J.F. 1984. Animals in the soft sediments near the hydrothermal vents. *Oceanus* 27:63-66.

Grassle, J.F. 1986. The ecology of deep-sea hydrothermal vent communities. *Advances in Marine Biology* 23:301-362.

Grassle, J.F. 1991. Deep-sea benthic biodiversity. *Bioscience* 41:464-469.

Grassle, J.F., L.S. Brown-Leger, L. Morse-Poteous, R. Petrecca, and I. Williams. 1985. Deep-sea fauna in the vicinity of hydrothermal vents. *Bull. Biol. Soc. Wash.* 6:443-452.

Greene, C., and P. H. Wiebe. 1990. Bioacoustical oceanography: New tools for zooplankton and micronekton research in the 1990s. *Oceanography* 3:12-17.

Greene, H.G., and M.P. Kennedy. 1987. Geology of the California continental margin: Explanation of the continental margin geologic map series. Bulletin 207. California Division of Mines and Geology.

Grimes, C.B., and J.H. Finucane. 1991. Spatial distribution and abundance of larval and juvenile fish, chlorophyll and macrozooplankton around the Mississippi River discharge plume, and the role of the plume in fish recruitment. *Marine Ecology Progress Series* 75:109-119.

Gutiérrez-Estrada, M., and J.E. Aguayo C. 1993. Morphology and surface sediments, Continental shelf off Tabasco and Campeche, Mexico. *Bull. Inst. de Geol. du Bassin d'aquitaine (Special Publication)*.

Hamilton, P. 1990. Deep currents in the Gulf of Mexico. *Journal of Physical Oceanography* 20:1087-1104.

Hendrickson, J.R. 1973. *Study of the Marine Environment of the Northern Gulf of California.* University of Arizona Biological Science Department Final Report, Tucson. NTIS Report N74-16008.

Hernandez-Ayón, J.M., M.S. Galindo-Bect, B.P. Flores-Baez, and S. Alvarez-Borrego. 1993. Nutrient concentrations are high in turbid waters of the Colorado River Delta. *Estuarine, Coastal, and Shelf Science* 37:593-602.

Hoelzel, A.R. 1993. Genetic identity of stocks and influences of gene flow. *Symposium Zoological Society of London* 66:15-29.

Hofmann, E.E., and S. Worley. 1986. An investigation of the circulation of the Gulf of Mexico. *Journal of Geophysical Research* 91C:14221-14236.

Holmgren-Urba, D., and T.R. Baumgartner. 1993. A 250-year history of pelagic fish abundances from the anaerobic sediments of the central Gulf of California. *CalCOFI Rep.* 34:60-65.

Hui, C.A. 1979. Undersea topography and distributions of dolphins of the genus *Delphinus* in the Southern California Bight. *Journal of Mammalogy* 60:521-527.

Hui, C.A. 1985. Undersea topography and the comparative distributions of two pelagic cetaceans. *Fisheries Bulletin* 83:472-475.

Huntley, M.E., M.D.G. Lopez, and D.M. Karl. 1991. Top predators in the Southern Ocean: A major leak in the biological carbon pump. *Science* 253:64-66.

Hurlburt, E.H., and J.D. Thompson. 1980. A numerical study of Loop Current intrusions and eddy shedding. *Journal of Physical Oceanography* 10:1611-1651.

Hurlburt, E.H., and J.D. Thompson. 1982. The dynamics of the Loop Current and shed eddies in a numerical model of the Gulf of Mexico. Pp. 243-297 in J.C.J. Nihoul (ed.), *Hydrodynamics of Semi-enclosed Seas.* Elsevier Science, New York.

Huyer, A. 1983. Coastal upwelling in the California Current System. *Prog. Oceanogr.* 12:259-284.

Huyer, A. 1990. Shelf circulation. Pp. 423-466 in B. Le Melaute and D.M. Hanes (eds.), *The Sea* Vol. A: *Ocean Engineering.* John Wiley & Sons, New York.

Ichiye, T. 1962. Circulation and water mass distribution in the Gulf of Mexico. *Geofis. Int.* 2:47-76.

Inter-American Institute for Global Change Research (IAI). 1996. Newsletter. Issue 11, (April).

Intergovernmental Oceanographic Commission (IOC). 1992. *States of Pollution by Oil and Marine Debris in the Wider Caribbean Region.* IOC Technical Series No. 39. Paris.

Intergovernmental Oceanographic Commission (IOC). 1993. *Global Ocean Observing System (GOOS): The Approach to GOOS.* Action Paper (Annex 2) of the Seventeenth Session of the IOC Assembly. Paris.

Jannasch, H.W., D.C. Nelson, and C.O. Wirsen. 1989. Massive natural occurrence of unusually large bacteria (*Beggiatoa* sp.) at a hydrothermal deep-sea vent site. *Nature* 342:834-836.

Jørgensen, B.B., M.F. Isaksen, and H.W. Jannasch. 1992. Bacterial sulfate reduction above 100 °C in deep-sea hydrothermal vent sediments. *Science* 258:1756-1757.

Jørgensen, B.B., L.X. Zawacki, and H.W. Jannasch. 1990. Thermophilic bacterial sulfate reduction in deep-sea sediments at the Guaymas Basin hydrothermal vent site (Gulf of California). *Deep-Sea Research* 37:695-710.

Journal of Geophysical Research. 1991. *Coastal Transition Zone.* 96(C8).

Journal of Geophysical Research. 1992. *Physics of the Gulf of Mexico.* 97(C2).

Kawka, O.E., and B.R.T. Simoneit. 1990. Polycyclic aromatic hydrocarbons in hydro-thermal petroleums from the Guaymas Basin Spreading Center. *Applied Geochem-istry* 5:17-27.

Kennett, J.P., and B.L. Ingram. 1995. A 20,000-year record of ocean circulation and climate change from the Santa Barbara Basin. *Nature* 377:510-514.

Kenney, R.D., H.E. Winn, and M.C. Macaulay. 1995. Cetaceans in the Great South Channel, 1979-1989: Right whale (*Eubalaena glacialis*). *Continental Shelf Research* 15:385-414.

Kirwan, A.D., Jr., W.J. Merrell, Jr., J.K. Lewis, and R.E. Whitaker. 1984a. Lagrangian observations of an anticyclonic ring in the western Gulf of Mexico. *Journal of Geo-physical Research* 89C:3417-3424.

Kirwan, A.D., Jr., W.J. Merrell, Jr., J.K. Lewis, R.E. Whitaker, and R. Legeckis. 1984b. A model for the analysis of drifter data with an application to a warm core ring in the Gulf of Mexico. *Journal of Geophysical Research* 89C:3425-3438.

Klekowsky, E.J., J.E. Corredor, J.M. Morell, and C.A. del Castillo. 1994. Petroleum pollution and mutation in mangroves. *Mar. Poll. Bull.* 28(3):166-169.

Krause, D.C. 1965. Tectonics, bathymetry and geomagnetism of the southern continental borderland west of Baja California, Mexico. *Bulletin Geological Society of America* 76:617.

Leben, R.R., G.H. Born, J.D. Thompson, and C.A. Fox. 1990. Mean sea surface variabil-ity of the Gulf of Mexico using Geosat altimetry data. *Journal of Geophysical Re-search* 95C:3025-3032.

Lee, T.N., M.E. Clarke, E. Williams, A.F. Szmant, and T. Berger. 1994. Evolution of the Tortugas Gyre and its influence on recruitment in the Florida Keys. *Bulletin of Ma-rine Science* 54:621-646.

Lee, T.N., C. Rooth, E. Williams, M. McGowan, A.F. Szment, and M.E. Clarke. 1992. Influence of Florida Current, gyres and wind-driven circulation on transport of larvae and recruitment in the Florida Keys coral reefs. *Continental Shelf Research* 12:971-1002.

Legg, M.R. 1991. Developments in understanding the tectonic evolution of the California Continental Borderland. Pp. 291-312 in R.H. Osborne (ed.), *From Shoreline to Abyss: Contributions in Marine Geology in Honor of Francis Parker Shepard,* Volume 46. Society for Sedimentary Geology, Tulsa, Okla.

Lepley, L.K. 1973. ERTS imagery anaylsis. Pp. 70-103 in *Study of the Marine Environ-ment of the Northern Gulf of California.* Arid Land Studies. Prepared for the Goddard Space Flight Center, Greenbelt, Maryland. University of Arizona, Tucson.

Lewis, J.K. 1992. The physics of the Gulf of Mexico. *Journal of Geophysical Research* 97C2:2141-2142.

Lewis, J.K., and A.D. Kirwan. 1985. Some observations of ring topography and ring-ring interactions in the Gulf of Mexico. *Journal of Geophysical Research* 90C:9017-9028.

Lewis, J.K., A.D. Kirwan, and G.Z. Forristall. 1989. Evolution of a warm core ring in the Gulf of Mexico: Lagrangian observations. *Journal of Geophysical Research* 94C:8163-8178.

Lluch-Belda, D., R.A. Schwartzlose, R. Serra, R. Parrish, T. Kawasaki, D. Hedgecock, and R.J.M. Crawford. 1992. Sardine and anchovy regime fluctuations of abundance in four regions of the world oceans: A workshop report. *Fisheries Oceanography* 1:339-347.

Long, E., and L. Morgan. 1990. The potential for biological effects of sediment-sorbed contaminants tested in the National Status and Trends program. NOAA Technical Memo, NOS/OMA 52. U.S. Department of Commerce, National Oceanic and Atmospheric Administration, Seattle, Wash.

Lonsdale, P., and K. Becker. 1985. Hydrothermal plumes, hot spots, and conductive heat flow in the southern trough of Guaymas Basin. *Earth Planet. Sci. Lett.* 73:211-225.

Lyle, M., I. Koizumi, C. Richter, et al. 1997. Initial Reports. Volume 167 (Parts 1 and 2). ColX (Ocean Drilling Program), College Station, Texas.

Lynn, R.J., F.B. Schwing, and T.L. Hayward. 1995. The effect of the 1991-1993 ENSO on the California Current System. *CalCOFI Rep.* 36:57-71.

Macaulay, M.C., K.F. Wishner, and K.L. Daly. 1995. Acoustic scattering from zooplankton and micronekton in relation to a whale feeding site near Georges Bank and Cape Cod. *Continental Shelf Research* 15:509-537.

Marinone, S.G. 1997. Tidal residual currents in the Gulf of California: Is the M_2 tidal constituent sufficient to induce them? *J. Geophys. Res.* 102(4):8611-8623.

Martens, C.S. 1990. Generation of short chain organic acid anions in hydrothermally altered sediments of the Guaymas Basin, Gulf of California. *Applied Geo. Chem* 5:71-76.

Maul, G.A. (ed.). 1993. *Climate Change in the Intra-Americas Sea.* Edward Arnold Publishers, London.

Merrell, W.J., Jr., and J. Morrison. 1983. On the circulation of the western Gulf of Mexico with observation from April 1978. *Journal of Geophysical Research* 86C5:4181-4185.

Merrell, W.J., Jr., and A. Vásquez. 1983. Observations of changing mesoscale circulation patterns in the western Gulf of Mexico. *Journal of Geophysical Research* 88C12:7721-7723.

Molinari, R.L., J.F. Festa, and D.W. Behringer. 1978. The circulation in the Gulf of Mexico derived from estimated dynamic height fields. *Journal of Physical Oceanography* 8:987-996.

Mooers, C.N.K., and G.A. Maul. 1998. Intra-Americas Sea circulation. Pp. 183-208 in A.R. Robinson and K.H. Brink (eds.), *The Sea: Global Coastal Ocean: Processes and Methods.* John Wiley & Sons, New York.

Mullin, K., W. Hoggard, C. Roden, R. Lohoefener, C. Rogers, and B. Taggart. 1991. Cetaceans of the upper continental slope in the north central Gulf of Mexico. OCS Study MMS 91-0027. U.S. Department of the Interior, Minerals Management Service, Gulf of Mexico OCS Regional Office, New Orleans, La.

National Academy of Sciences (NAS). 1863. *Report of the National Academy of Sciences.* Washington, D.C.

National Marine Fisheries Service (NMFS). 1996. *Our Living Oceans: Report on the Status of U.S. Living Marine Resources—1995.* U.S. Department of Commerce, NOAA Tech. Memo NMFS-FISPO-19. Silver Spring, Maryland.

National Oceanic and Atmospheric Administration (NOAA). 1990. *Fifty Years of Population Change Along the Nation's Coasts, 1960-2010.* Rockville, Maryland.

National Oceanographic and Atmospheric Administration (NOAA) and Intergovernmental Oceanographic Commission (IOC). 1996. NOAA-IOC Workshop on Socio-Economic Benefits of the Global Ocean Observing System: Assessing Benefits and Costs of the Climate and Coastal Modules. Silver Spring, Maryland.

National Research Council (NRC). 1992. *Oceanography in the Next Decade: Building New Partnerships.* National Academy Press, Washington, D.C.

National Research Council (NRC). 1993. *Applications of Analytical Chemistry to Oceanic Carbon Cycle Studies.* National Academy Press, Washington, D.C.

National Research Council (NRC). 1994a. *Molecular Biology in Marine Science: Scientific Questions, Technological Approaches, and Practical Implications.* National Academy Press, Washington, D.C.

National Research Council (NRC). 1994b. *Review of U.S. Planning for the Global Ocean Observing System.* National Academy Press, Washington, D.C.

National Research Council (NRC). 1994c. *A Review of the Accomplishments and Plans of the NOAA Coastal Ocean Program.* National Academy Press, Washington, D.C.

National Research Council (NRC). 1994d. A *Review of the NOAA National Sea Grant College Program.* National Academy Press, Washington, D.C.

National Research Council (NRC). 1995. *Understanding Marine Biodiversity.* National Academy Press, Washington, D.C.

National Research Council (NRC). 1996. *Improving Interactions Between Coastal Science and Policy: Proceedings of the Gulf of Mexico Symposium.* National Academy Press, Washington, D.C.

National Research Council (NRC). 1997. *The Global Ocean Observing System (GOOS): Users, Benefits, and Priorities.* National Academy Press, Washington, D.C.

Nelson, D.C., C.O. Wirsen, and H.W. Jannasch. 1989. Characterization of large, autotrophic *Beggiatoa* spp. abundant at hydrothermal vents of the Guaymas Basin. *Applied Env. Microbiology* 55:2909-2917.

Neshyba S., C.N.K. Mooers, R.L. Smith, and R.T. Barber (eds.). 1989. Poleward Flows Along Eastern Ocean Boundaries. *Coastal and Estuarine Studies No. 34,* Springer-Verlag, New York.

Nicholson, C., C.C. Sorlien, T. Atwater, J.C. Crowell, and B.P. Luyendyk. 1994. Why did the western Peninsula Ranges rotate? *Geology* 22:491-495.

Nowlin, W.D., Jr. 1972. Winter circulation patterns and property distributions. Pp. 3-51 in L.R.A. Capurro and J.L. Reid (eds.), *Contributions on the Physical Oceanography of the Gulf of Mexico.* Gulf Publishing Co., Houston, Tex.

Odum, E.P. 1971. *Fundamentals of Ecology,* Third Edition. Saunders, Philadelphia.

Olson, D.P., and G.P. Podesta. 1987. Oceanic fronts as pathways in the sea. Pp. 1-14 in W.F. Herrnkind and A.B Thistle (eds.), *Signposts in the Sea: Proceedings of a Multidisciplinary Workshop on Marine Animal Orientation and Migration.* Florida State University, Tallahassee.

Ortner, P.B., L.C. Hill, S.R. Cummings. 1989. Zooplankton community structure and copepod species composition in the northern Gulf of Mexico. *Continental Shelf Research* 9:387-402.

Parrish, R.H., A. Bakun, D.M. Husby, and C.S. Nelson. 1983. Comparative climatology of selected environmental processes in relation to eastern boundary current pelagic fish reproduction. *FAO Fish. Rep.* 291(3):731-778.

Peter, J.M., P. Peltonen, S.D. Scott, B.R.T. Simoneit, and O.E. Kawka. 1991. ^{14}C ages of hydrothermal petroleum and carbonate in Guaymas Basin, Gulf of California: Implications for oil generation, expulsion, and migration. *Geology* 19:253-256.

Phillips, B.F., A.F. Pearce, R. Litchfield, and S.A. Guzman Del Proo. 1994. Spiny lobster catches and the ocean environment. Pp. 250-261 in B.F. Phillips, J.S. Cobb, and J. Kittaka (eds.), *Spiny Lobster Management.* Fishing News Books, London.

Polovina, J.J., G.T. Mitchum, and G.T. Evans. 1995. Decadal and basin-scale variation in mixed-layer depth and the impact on biological production in the central and north Pacific, 1960-88. *Deep-Sea Research Part I—Oceanographic Research Papers* 42:1701-1716.

Rabalais, N.N. 1996. Environmental impacts of oil production. Pp. 143-150 in *Improving Interactions Between Coastal Science and Policy: Proceedings of the Gulf of Mexico Symposium.* National Academy Press, Washington, D.C.

Rabalais, N.N., R.E. Turner, and W.J. Wiseman, Jr. 1994. Hypoxic conditions in bottom waters on the Louisiana-Texas shelf. Pp. 50-54 in M.J. Dowgiallo (ed.), *Coastal Oceanographic Effects of 1993 Mississippi River Flooding.* Special NOAA Report. NOAA Coastal Ocean Program/National Weather Service, Silver Spring, Maryland.

Reilly, S.B. 1990. Seasonal changes in the distribution and habitat differences among dolphins in the eastern tropical Pacific. *Marine Ecology Progress Series* 66:1-11.

Reinberg, L., Jr. 1984. *Waterborne Trade of Petroleum and Petroleum Products in the Wider Caribbean Region.* Final Report NOCGW-1084. U.S. Department of Transportation and U.S. Coast Guard, Washington, D.C.

Richards, W.J., T. Leming, M.F. McGowan, J.T. Lamkin, and S. Kelley-Fraga. 1988. Distribution of fish larvae in relation to hydrographic features of the Loop Current boundary in the Gulf of Mexico. *Rapp. P.-V. Reun. Ciem* 191:169-176.

Rinehart, K.L., Jr., P.D. Shaw, L.S. Shield, J.B. Gloer, G.C. Harbour, M.E.S. Koker, D. Samain, R.E. Schwartz, A.A. Tymiak, D.L. Weller, G.T. Carter, M.H.G. Munro, R.G. Hughes, Jr., H.E. Renis, E.B. Swyneneberg, D.A. Stringfellow, J.J. Vavra, J.H. Coats, G.E. Zurenko, S.L. Kuentzel, L.H. Li, G.J. Bakus, R.C. Bruska, L.L. Craft, D.N. Young, and J.L. Connor. 1981. Marine natural products as sources of antiviral, antimicrobial, and antineoplastic agents. *Pure & Appl. Chem.* 53:795-817.

Roberts, C.M. 1997. Connectivity and management of Caribbean coral reefs. *Science* 278:1454-1457.

Roemmich, D., and J. McGowan. 1995a. Climatic warming and the decline of zooplankton in the California Current. *Science* 267:1324-1326.

Roemmich, D., and J. McGowan. 1995b. Sampling zooplankton: Correction. *Science* 268:352-353.

Romero, J., L.A. Soto, E. Escobar, and H.W. Jannasch. 1996. A note on mesophilic and extremely thermophilic chitin-decomposing bacteria from Guaymas Basin and 21°N EPR vent sites. *Bridge Newsletter* 11:24-26.

Ross, D.A., and J. Fenwick. 1992. *Maritime Claims and Marine Scientific Research Jurisdiction* [map]. Woods Hole Oceanographic Institution, Woods Hole, Mass.

Rowe, G., G. Boland, E. Escobar, M. Cruz-Kaegi, A. Newton, D. Piepenburg, and I. Walsh. 1997. Sediment community biomass and respiration in the northeast water polynya, Greenland: A numerical simulation of benthic lander and spade core data. *Journal of Marine Systems* 10:497-515.

Salazar-Vallejo, S.I., and N.E. González (eds.). 1993. Biodiversidad marina y costera de México. CONABIO/CIQRO, México.

Schoenherr, J.R. 1991. Blue whales on high concentrations of euphasiids around Monterey submarine canyon. *Canadian Journal of Zoology* 69:583-594.

Science Applications International Corporation (SAIC). 1988. *Gulf of Mexico Physical Oceanography Program, Final Report*: Year 3, Vol. II. Tech. Rep., MMS contract No. 14-12-0001-29158, OCS Report/MMS 88-0046.

Sericano, J.L., T.L. Wade, T.J. Jackson, J.M. Brooks, B.W. Tripp, J.W. Farrington, L.D. Mee, J.W. Readmann, J.P. Villeneuve, and E.D. Goldberg. 1995. Trace organic contamination in the Americas: An overview of the U.S. National Status and Trends and the International "Mussel Watch" programmes. *Marine Pollution Bulletin.* 31:(4-12):214-229.

Shi, C., and D. Nof. 1993. The splitting of eddies along boundaries. *Journal of Marine Research* 51:771-795.

Shi, C., and D. Nof. 1994. The destruction of lenses and generation of wodons. *Journal of Physical Oceanography* 24:1120-1136.

Simoneit, B.R.T., and P.F. Lonsdale. 1982. Hydrothermal petroleum in mineralized mounds at the seabed of Guaymas Basin. *Nature* 295:198-202.

Simoneit, B.R.T., P.F. Lonsdale, J.M. Edmond, W.C. Shanks III. 1990. Deep-water hydrocarbon seeps in Guaymas Basin, Gulf of California. *Applied Geochemistry* 5:41-49.

Smith, D.C., IV. 1986. A numerical study of Loop Current eddy interaction with topography in the western Gulf of Mexico. *Journal of Physical Oceanography* 16:1260-1272.

Smith, D.C., IV, and J.J. O'Brien. 1983. The interaction of a two layer isolated mesoscale eddy with bottom topography. *Journal of Physical Oceanography* 13:1681-1697.

Smith, P.E. 1995. A warm decade in the Southern California Bight. *CalCOFI Rep.* 36:120-126.

Soto, L.A. 1991. Faunal zonation of the deep-water brachyuran crabs in the Straits of Florida. *Bull. Mar. Sci.* 49(1-2):623-637.

Soto, L.A., and E. Escobar. 1995. Coupling mechanisms related to benthic production in the southwestern Gulf of Mexico. Pp. 233-242 in European Marine Biological Symposium, Greece. Olsen & Olsen International Symposium Series.

Soto, L.A., E. Escobar-Briones, and L.A. Cifuentes. 1996. Further observations of the isotopic composition of megafauna associated with hydrothermal vents in the Guaymas Basin, Gulf of California. *Bridge Newsletter* 10:42-44.

Soto, L.A., and J.F. Grassle. 1988. Megafauna of hydrothermal vents in Guaymas Basin, Gulf of California. Pp. 105 in *Joint Oceanographic Assembly* Abstract 488. IABO.

Southwest Regional Marine Research Program (SWRMRP). 1996. *Research Plan.* California Sea Grant College System, University of California, La Jolla.

Speranza, A., S. Tibaldi, and R. Franchetti. 1995. Global change. Proceedings of the First Demetra Meeting, Chianciano Terme, Italy, October 28-31, 1991. European Commission, Luxembourg.

Steele, J.H. 1996. Regime shifts in fisheries management. *Fisheries Research* 25:19-23.

Stehli, F.G., and J.W. Wells. 1971. Diversity and age pattern in hermatypic corals. *Syst. Zool.* 20:115-126.

Sturges, W. 1993. The annual cycle of the western boundary current in the Gulf of Mexico. *Journal of Geophysical Research* 98C:18053-18068.

Sturges, W., and J.P. Blaha. 1976. A western boundary current in the Gulf of Mexico. *Science* 192:367-369.

Sullivan, S.K. 1997. Ecoregional planning and oceanography of hope: The new wave of conservation in the marine environment. The Nature Conservancy's Annual Meeting 28-29 September 1997. Texas.

Summers, J.K., J.M. Macauley, P.T. Heitmuller, V.D. Engle, A.M. Adams, and G.T. Brooks. 1992. *Annual Statistical Summary: EMAP-Estuaries Louisianan Province—1991.* EPA/600/R-93/001. U.S. Environmental Protection Agency, Gulf Breeze, Florida.

Tershy, B.R., E. VanGelder, and D. Breese. 1993. Relative abundance and seasonal distribution of seabirds in the Canal de Ballenas, Gulf of California. *Condor* 95:458-464.

Tester, P.A., R.P. Stumpf, F.M. Vukovich, P.K. Folwer, and J.T. Turner. 1991. An expatriate red tide bloom: Transport, distribution, and persistence. *Limnology and Oceanography* 36:1053-1061.

Trillmich, F., and K. Ono. 1991. *Effects of El Niño on Pinnipeds.* University of California Press, Berkeley.

Umhoefer, P. J., J. Stock, and A. Martin. 1996. The Penrose Conference Report: Tectonic evolution of the Gulf of California and its margins. *GSA Today* 6(8):16-17.

United Nations. 1983. *Law of the Sea.* St. Martin's Press, Inc., New York.

United Nations. 1995. *Agreement for the Implementation of the Provisions of the United Nations Convention on the Law of the Sea of 10 December 1982 Relating to the Conservation and Management of Straddling Fish Stocks and Highly Migratory Fish Stocks.* New York.

United Nations Environment Programme (UNEP). 1995. *Global Programme of Action for the Protection of the Marine Environment from Land-Based Activities.* UNEP(OCA)/LBA/IG.2/7.

Urban, J., K.C. Balcomb, C. Alvarez, P. Bloedel, J. Cubbage, J. Calambokidus, G. Steiger, and A. Aguyao. 1987. Photo-identification matches of humpback whales between Mexico and Central California. *Seventh Biennial Conference of the Biology of Marine Mammals*, Society for Marine Mammalogy, Lawrence, Kansas.

van Franeker, J.A. 1992. Top predators as indicators for ecosystem events in the confluence zone and the marginal ice zone of the Weddell and Scotia seas, Antarctica, November 1988 to January 1989. *Polar Biology* 12:93-102.

van Vleet, E.S., W.M. Sackett, F.F. Weber, Jr., and S.B. Reinhardt. 1983. Input of pelagic tar into the Northwest Atlantic from the Gulf Loop Current: Chemical characterization and its relationship to weathered IXTOC-I oil. *Can. J. Fish. Aquat. Sci.* 40 (Suppl. 2):12-22.

Vega, A., D. Lluch-Belda, M. Mucino, G. León, S. Hernández, M.R. Luch-Cota, and G. Espinoza. 1997. Development, perspectives and management of lobster and abalone fisheries off northwest Mexico, under a limited access system. Pp. 136-142 in *Developing and Sustaining World Fisheries Resources: The States of Science and Management*. Second World Fisheries Proceedings. CSIRO, Australia.

Velarde, E., and D.W. Anderson. 1994. Conservation and management of seabird islands in the Gulf of California: Setbacks and successes. Pp. 229-243 in D.N. Nettleship, J. Burger, and M. Gochfeld (eds.), *Seabirds on Islands: Threats, Case Studies, and Action Plans: Proceedings of the Seabird Specialist Group Workshop Held at the XX World Conference of the International Council for Bird Preservation*. Birdlife Conservation Series No. 1. Birdlife International, Cambridge, England.

Vidal, F.V. 1980. Part I: The metabolism of arsenic in marine bacteria and yeast; Part 2: Stable isotopes of helium, nitrogen and carbon in the geothermal gases of the subaerial and submarine hydrothermal systems of the Ensenada Quadrangle in Baja California Norte, Mexico; Part 3: Life at high temperatures in the sea: Thermophilic marine bacteria isolated from submarine hot springs, coastal seawater and heat exchangers of seawater cooled power plants. Ph.D. Dissertation, University of California at San Diego.

Vidal, F.V., and V.M.V. Vidal. 1980. Arsenic metabolism in marine bacteria and yeast. *Marine Biology* 60(1):1-7.

Vidal, F.V., J. Welhan, and V.M.V. Vidal. 1982. Stable isotopes of helium, nitrogen and carbon in a coastal submarine hydrotermal system. *J. Volcanol. Geothermal Res.* 12:101-110.

Vidal, O., L.T. Findley, and S. Leatherwood. 1993. Annotated checklist of the marine mammals of the Gulf of California. *Proceedings of the San Diego Society of Natural History* 28:1-16.

Vidal, V.M.V., E.I. Freites, and F.V. Vidal. 1986. The influence of the Orinoco River in the southeastern Caribbean Sea and the Gulf of Paria (abstract). *EOS. Transactions. American Geophysical Union* 67(27):565.

Vidal, V.M.V., and F.V. Vidal. 1997. La importancia de los estudios regionales de circulation oceánica en el Golfo de México. *Revista de la Sociedad Mexicana de Historia Natural* 47:191-200.

Vidal, V.M.V., F.V. Vidal, and A. Hernández. 1990. *Atlas Oceanográfico del Golfo de México*, Vol. 2. Instituto de Investigaciones Eléctricas. Cuernavaca, Morelos, México.

Vidal, V.M.V., F.V. Vidal, A. Hernández, E. Meza, and J.M. Pérez-Molero. 1994b. Baroclinic flows, transports, and kinematic properties in a cyclonic-anticyclonic-cyclonic ring triad in the Gulf of Mexico. *Journal of Geophysical Research* 99C:7571-7597.

Vidal, V.M.V., F.V. Vidal, A. Hernández, E. Meza, and L. Zambrano. 1994d. *Atlas Oceanográfico del Golfo de México*, Vol. 3. Instituto de Investigaciones Eléctricas, Cuernavaca, Morelos, México.

Vidal, V.M.V., F.V. Vidal, and J.D. Issacs. 1981. Coastal submarine hydrothermal activity off northern Baja California. 2. Evolutionary history and isotope geochemistry. *Journal of Geophysical Research* 86:9451-9568.

Vidal, V.M.V., F.V. Vidal, J.D. Issacs, and D.R. Young. 1978. Coastal submarine hydrothermal activity off northern Baja California. *Journal of Geophysical Research* 83:1757-1774.

Vidal, V.M.V., F.V. Vidal, E. Meza, A. Hernández, and L. Zambrano. 1994c. Winter water mass distributions in the western Gulf of Mexico affected by a colliding anticyclonic ring. *Journal of Oceanography* 50:559-588.

Vidal, V.M.V., F.V. Vidal, E. Meza, A. Hernández, L. Zambrano, D.C. Biggs, and K.J. Shaudt. 1994a. Formation of a western boundary current in the Gulf of Mexico from decay of Loop Current anticyclonic rings (abstract). *EOS Trans.* 75(3):223.

Vidal, V.M.V., F.V. Vidal, and J.M. Pérez-Molero. 1988. *Atlas Oceanográfico del Golfo de México*, Vol. 1. Instituto de Investigaciones Eléctricas, Cuernavaca, Morelos, México.

Vidal, V.M.V., F.V. Vidal, and J.M. Pérez-Molero. 1992. Collision of a Loop Current anticyclonic ring against the continental shelf slope of the western Gulf of Mexico. *Journal of Geophysical Research* 97C2:2155-2172.

Vidal, V.M.V., F.V. Vidal, J.M. Pérez-Molero, A. Hernandez, R.A. Morales, E. Suárez, and E. Meza. 1989. *Informe Final de las Campañas Oceanográficas ARGOS realizadas en el Golfo de México 1984-1988.* Rep. IIE/13/1926/I 14/F. Instituto de Investigaciones Eléctricas, Cuernavaca, Morelos, México.

Von Damm, K.L., J.M. Edmond, C.I. Measures, and B. Grant. 1985. Chemistry of submarine hydrothermal solutions at Guaymas Basin, Gulf of California. *Geochimica et Cosmochimica Acta* 49:2221-2237.

Vukovich, F.M., and B.W. Crissman. 1986. Aspects of warm rings in the Gulf of Mexico. *Journal of Geophysical Research* 91C:2645-2660.

Vukovich, F.M., B.W. Crissman, M. Bushnell, and W.J. King. 1979. Some aspects of the oceanography of the Gulf of Mexico using satellite and in situ data. *Journal of Geophysical Research* 84C:7749-7768.

Welhan, J.A., and J.E. Lupton. 1987. Light hydrocarbon gases in Guaymas Basin hydrothermal fluids: Thermogenic versus abiogenic origin. *Amer. Assoc. Ret. Geol.* 71:215-223.

Whitehead, H., S. Brennan, and D. Grover. 1992. Distribution and behavior of male sperm whales on the Scotian Shelf, Canada. *Can. J. Zool.* 70:912-918.

Winn, H.E., C.A. Price, and P.W. Sorenson. 1986. The distributional biology of the right whale (*Eubalaena glacialis*) in the Western North Atlantic. *Rep. Intl. Whal. Commn.* (Special Issue 10).

Wooster, W.S., and J.L. Reid. 1963. Eastern boundary currents. Pp. 253-280 in M.N. Hill (ed.), *The Seas,* Vol. 2. Wiley Interscience, New York.

Wunsch, C.I. 1989. Comments on oceanographic instrument development. *Oceanography* 2(2):26.

Wüst, G. 1963. On the stratification and the circulation in the cold water sphere of the Antillean-Caribbean basin. *Deep Sea Res.* 10:165-187.

Wüst, G. 1964. *Stratification and Circulation in the Antillean-Caribbean Basins*, Part I. Columbia University Press, New York.

Zamora-Casas, C. 1993. Comportamiento del seston en la desembocadura del Río Colorado, Sonora-Baja California. BS Thesis, Facultad de Ciencias Marinas, Universidad Autónoma de Baja California.

APÉNDICES

Acuerdo de la AMC-NRC para Crear un Grupo de Trabajo Conjunto sobre Ciencias Oceánicas (Abril 6 a 7, 1994)

Resultados de la visita del Dr. William Merrell, Chairman of the Ocean Studies Board, National Research Council, National Academy of Sciences, EEUU a México invitado por el Dr. Mauricio Fortes, Presidente de la Academia de la Investigación Científica (AIC) para discutir la posible cooperación en Ciencias Marinas.

En virtud de la importancia de los océanos al bienestar ambiental y económico de México y de los Estados Unidos de América se propone como resultado de los dos días de discusión que las Academias de ambos paises propongan formar un Grupo Conjunto de Trabajo enfocado a la promoción de las Ciencias del Mar.

Este grupo podría estar compuesto de aproximadamente 10 científicos de cada país representando todas las disciplinas en la oceanografía e incluyendo una pequeña representación de científicos de la industria. Los co-presidentes del grupo serán elegidos por ambas Academias. Los miembros del Grupo Conjunto de Trabajo representaran los elevados estándares científicos de las Academias.

El Grupo Conjunto de Trabajo se encargará de preparar un informe que describa la importancia de los océanos y la investigación oceanográfica en el desarrollo de ambos paises haciendo notar que la oceanografía es una ciencia de caracter observacional que requiere un apoyo financiero significativo interno en cada país. El documento identificará las metas a largo plazo de esta investigación y reiterará su importancia en la economía y calidad ambiental de los dos paises. De ser posible, este documento incluirá algunos proyectos a corto plazo que los científicos de ambos paises puedan desarrollar en cooperación para alcanzar las metas a largo plazo. El informe deberá elaborarse y presentarse dentro de un año. Los resultados del Grupo Conjunto de Trabajo constituirá un paso adelante en el desarrollo de las ciencias marinas en ambos paises y una mejor integración de sus intereses y mejor entendimiento.

El apoyo financiero para este Grupo Conjunto de Trabajo será proporcionado por las dos Academias a sus respectivos científicos.

Este Grupo Conjunto de Trabajo deberá asímismo explorar la posibilidad de organizar un simposio sobre el estado de las ciencias marinas de interés común para México y los Estados Unidos. Tanto las memorias de este simposio, como el informe, se presentarán en los dos idiomas y serán ampliamente distribuidos en ambos paises.

APÉNDICE
B

Biografías de los Miembros del Grupo Conjunto de Trabajo

AGUSTÍN AYALA-CASTAÑARES preside por parte de la Academia Mexicana de Ciencias (AMC) el Grupo Conjunto de Trabajo de la AMC-NRC (National Research Council). Se Doctoró en la Facultad de Ciencias, (UNAM) en 1963. En 1973 obtuvo la maestría en Ciencias (Geología) de la Universidad de Stanford. En 1988 la Universidad de Burdeos, Francia, le otorgó el grado de *Doctor Honoris Causa.*). Su campo de especialidad es la Geología Marina. Ha investigado sobre Micropaleontología, Estratigrafía y Paloecología de foraminíferos. Ingresó a la UNAM en 1956; además de investigador, ha desempeñado diferentes cargos incluyendo el de Director de los Institutos de Biología y de Ciencias del Mar y Limnología (ICMYL, 1967-1972 y 1981-1987 respectivamente). Ha sido Coordinador de la Investigación Científica, UNAM (1972-1979); Presidente de la AMC (1975-1976) y miembro del Consejo Científico del SCOR (1987-1989). Asimismo, ocupó la Presidencia de la Comisión Oceanográfica Intergubernamental (IOC-UNESCO) de 1977-1982.

ROBERT KNOX preside por parte del NRC el Comité de Colaboración entre E.U.A. y México en Investigación en Ciencias Oceánicas y actúa como co-presidente del Grupo Conjunto en Ciencias Oceánicas de la AMC-NRC. Actualmente se desempeña como oceanógrafo y Director Asociado en la Institución Oceanográfica Scripps de la Universidad de California, San Diego. El Dr. Knox ha ocupado varios puestos en Scripps, después de haber obtenido su Doctorado en Oceanografía en 1971 en el programa conjunto del Instituto de Tecnología de Massachusetts y la Institución Oceanográfica Woods Hole. Ha sido miembro de la Junta directiva de Estudios Oceánicos (OSB) desde enero de 1974 y ha actuado como co-presidente del Comité de Revisión de los E. U. A para la Planificación de un Sistema Global de Observación Oceánica perteneciente al OSB.

JOAQUÍN EDUARDO AGUAYO-CAMARGO obtuvo su Doctorado en la Universidad de Texas, Dallas en 1975 en la especialidad de tectónica y sedimentología. Fue jefe del Departamento de Evaluación Geológica de Cuencas en el Instituto Mexicano del Petróleo. Ocupó el cargo de Director del ICMYL en la UNAM de 1991 a 1995. El Dr. Aguayo es actualmente el corresponsal nacional en México del Grupo Ridge Internacional de Experimentos Interdisciplinarios Globales (InterRIDGE). Es Profesor en el Programa de Posgrado en Ciencias del Mar, UNAM. Su campo de especialidad es la Geología Marina enfocada a la tectónica, sedimentología y la geoquímica de minerales.

DANIEL P. COSTA obtuvo su Doctorado en Biología en la Universidad de California, Santa Cruz, en 1978. Ha sido investigador visitante en el Programa Británico de Investigación Antártica, Cambridge, Inglaterra, y en el Instituto Max Planck para la Investigación Fisiológica, Seewiesen, Alemania. El Dr. Costa se desempeño como director de programa en la Oficina de Investigación Naval durante 2.5 años y posteriormente durante 3 años fue miembro del Comité Directivo del Programa sobre la Dinámica de Ecosistemas Oceánicos Globales. Actualmente es Profesor de Biología, vicepresidente del Departamento de Biología, y Director Asociado del Instituto de Ciencias Marinas de la Universidad de California, en Santa Cruz. Sus campo de especialidad incluye la investigación sobre la energética de los procesos de reproducción y alimentación de los mamíferos y aves marinas, así como los efectos de sonidos de baja frecuencia sobre organismos marinos.

ELVA G. ESCOBAR BRIONES obtuvo su Doctorado en Oceanografía Biológica en la UNAM en 1988. La Dra. Escobar es investigador asociado en el ICMYL-UNAM y Profesor-Investigador afiliado en la Universidad de Texas A&M. Es miembro regular de la AMC y ha actuado como representante de Latinoamérica en la Sociedad de Crustáceos desde 1996. Su campo de especialidad incluye el bentos marino, el efecto de los procesos bento-pelágicos de acoplaminento sobre la biodiversidad, el ciclo del carbono, estructura trófica, y flujo energético.

D. JOHN FAULKNER obtuvo su Doctorado en Química Orgánica en el Colegio Imperial de Londres, en 1965. El Dr. Faulkner ha pasado la mayor parte de su carrera profesional en la Institución Oceanográfica de Scripps en donde es actualmente Profesor de Química Marina. Su campo de especialidad comprende el descubrimiento de fármacos potenciales obtenidos a partir de organismos marinos y la ecología química de invertebrados marinos.

ARTEMIO GALLEGOS-GARCÍA obtuvo su Doctorado en Oceanografía Física en la Universidad de Texas A&M en 1980. Actualmente el Dr. Gallegos es investigador y Profesor en el ICMYL-UNAM desde 1980. Su campo de investigación comprende la dinámica oceánica y el clima y el estudio de la circulación superficial oceánica mediante imágenes satelitales.

GERARDO GOLD-BOUCHOT obtuvo su Doctorado en Ciencias Marinas en el Centro de Investigación y Estudios Avanzados (CINVESTAV), Mérida en 1991. Es Profesor y Jefe de Departamento de Recursos Marinos del CINVESTAV. El campo de especialidad del Dr. Gold incluye el estudio de contaminantes tóxicos y su efecto en el ambiente marino.

EFRAÍN GUTIÉRREZ GALÍNDO obtuvo su Doctorado en la Universidad de Niza, Francia en 1980. Actualmente es investigador y Director del Instituto de Investigaciones Oceanológicas (IIO) de la Universidad Autónoma de Baja California (UABC). Su campo de especialidad se enfoca en el estudio de la contaminación marina particularmente la causada por metales pesados y pesticidas.

ADRIANA HUYER obtuvo su Doctorado en Oceanografía Física en la Universidad Estatal de Oregon (OSU) en 1974. La Dra. Huyer ha sido Profesor en OSU desde 1975. Su campo de especialidad incluye el estudio de surgencias costeras, la circulación sobre la plataforma continental y la distribución de propiedades físicas en el océano.

DALE C. KRAUSE obtuvo su Doctorado en Geología Marina en la Universidad de California en San Diego, en 1961. Actualmente es Profesor asociado en la Universidad de California en Santa Barbara. Su campo de especialidad comprende la evolución del fondo oceánico y de los márgenes continentales, así como la biogeografía pelágica.

DANIEL LLUCH-BELDA es actualmente investigador en el Centro de Investigaciones Biológicas del Noroeste, S. C. (CIBNOR). El Dr. Lluch-Belda es copresidente del Grupo de Trabajo 98 sobre las Fluctuaciones de Escala Mundial de las Poblaciones de Sardina y Anchoveta, perteneciente al Comité Científico de Investigación Oceánica (SCOR). Su investigación se enfoca al estudio de la interacción entre el clima y las pesquerías.

CHRISTOPHER S. MARTENS obtuvo su Doctorado en Oceanografía Química en la Universidad Estatal de Florida en 1972. El Dr. Martens ha sido Profesor de Ciencias Marinas en el Programa de Ciencias Marinas de la Universidad de Carolina del Norte, desde 1988. Su campo de especialidad incluye el estudio de los procesos químicos en ambientes marinos ricos en materia orgánica, la producción y consumo microbiano de gas, y la remineralización de nutrientes y materia orgánica.

MARIO MARTÍNEZ-GARCÍA obtuvo su Doctorado en Física en el Instituto Tecnológico de California en 1971. De 1988 a 1996 se desempeño como Profesor de Ciencias de la Tierra dentro del Programa de Posgrado del Centro de Investigación Científica y de Educación Superior de Ensenada, B. C. (CICESE) en Ensenada, en la cual fue también Director General. El Dr. Martínez-García se halla actualmente laborando en el Centro de Investigaciones Científicas del Noroeste, S. C., La Paz, Baja California Sur. Su campo de especialidad incluye el uso de métodos eléctricos y electromagnéticos para la exploración tanto en ambientes marinos como continentales.

CHRISTOPHER N. K. MOOERS obtuvo su Doctorado en Oceanografía Física en la Universidad Estatal de Oregon en 1969. Actualmente es Profesor de Física Marina Aplicada y es Director del Centro de Investigación de Contaminación Oceánica y del Laboratorio Experimental de Predicción Oceánica en la Escuela Rosenstiel de Ciencias Marinas y Atmosféricas (RSMAS), de la Universidad de Miami. Su campo de especialidad incluye la circulación de mares marginales y semicerrados; la predicción oceánica y costera de mesoescala; la dinámica de la circulación oceánica costera; frentes oceánicos, flujos y vórtices; y surgencias costeras.

JOSE LUIS OCHOA de la TORRE obtuvo su Doctorado en Oceanografía Física en la Institución Oceanográfica de Scripps en 1983. El Dr. Ochoa ha pasado la mayor parte de su carrera profesional en CICESE en donde se ha desempeña como Profesor e Investigador. Su campo de especialidad incluye el estudio de los procesos difusivos de pequeña y gran escala, olas producidas por viento, y la modelación numérica de procesos de mesoescala.

GILBERT T. ROWE obtuvo su Doctorado en Zoología en la Universidad de Duke en 1968. El Dr. Rowe es Profesor y Jefe del Departamento de Oceanografía en la Universidad de Texas A&M, y Codirector del Instituto de Ciencias de Vida Marina. Es autor y editor de tres libros y miembro de la Asociación Americana para el Avance de la Ciencia. Su campo de especialidad comprende el bentos marino; el aclopamiento bento-pelágico; el ciclo del carbono, nitrógeno, oxígeno y sulfuro; la trofodinámica de los ecosistemas; y la modelación de la trama trófica.

LUIS A. SOTO obtuvo su Doctorado en Oceanografía Biológica en RSMAS en la Universidad de Miami en 1978. Actualmente es Jefe del Laboratorio de Ecología del Bentos en el ICMYL-UNAM, es miembro regular de la AMC, el SIN, y la Academia de Ciencias de Florida. Su campo de especialidad incluye el estudio de los procesos oceanográficos que determinan la estructura y el funcionamiento de las comunidades epibénticas de la plataforma continental y mar profundo del Golfo de México y del Golfo de California.

FRANCISCO VICENTE-VIDAL LORANDI obtuvo su Doctorado en Oceanografía, con especialidad en Ciencias Oceánicas Aplicadas, en la Institución Oceanográfica de Scripps en 1980. El Dr. Vicente-Vidal Lorandí laboró en el Instituto de Investigaciones Eléctricas (IIE) en Cuernavaca, Morelos, México de 1980 a 1996 como Oceanógrafo Titular y Jefe del Grupo de Estudios Oceanográficos. Actualmente trabaja en el Instituto Politécnico Nacional como Profesor de Oceanografía y Ciencias Oceánicas Aplicadas y funge como Jefe del Grupo de Investigación Oceanográfica e Ingeniería Oceánica en dicha institución. Es miembro regular de la AMC, del Sistema Nacional de Investigadores de México (SIN), y miembro de la Sociedad Mexicana para el Progreso de la Ciencia y la Tecnología (SOMPROCyT). Es autor de tres libros y ha formado parte de diversas juntas directivas estatales y federales. Su campo de especialidad incluye el estudio de la dinámica oceánica de mesoescala, procesos costeros, geoquímica marina, oceanografía física descriptiva, interacciones biofísicas, y oceanografía operacional.

VÍCTOR M. VICENTE-VIDAL LORANDI obtuvo su Doctorado en Oceanografía en la Institución Oceanográfica Scripps en 1978. El Dr. Vicente-Vidal Lorandí laboró como investigador Titular en el IIE de 1980 a 1996. Actualmente es Profesor de Oceanografía y Ciencias Oceánicas Aplicadas en Centro en Investigación Científica Aplicada y Tecnología Avanzada del Instituto Politécnico Nacional. Es miembro regular de la AMC. Su campo de especialidad incluye el estudio de la circulación costera, el modelaje de las descargas costeras, los fenómenos de circulación de mesoescala asociados con la interacción de los anillos de la Corriente del Lazo y la topografía, y la distribución de masas de agua en el Mar Intramericano.

APÉNDICE
C

Definición de Acronismos

AGU	American Geophysical Union (Unión Geofísica Americana)
AID	Agency for International Development (Agencia para el Desarrollo Internacional)
AMC	Academia Mexicana de Ciencias
ASLO	American Society for Limnology and Oceanography (la Sociedad Americana para la Limnología y la Oceanografía)
CalCOFI	California Cooperative Oceanic Fisheries Investigations (Investigación Cooperativa sobre al Pesca Oceánica de California)
CARIPOL	Pollution Monitoring Programme in the Caribbean (IOCARIBE, el Programa de IOCARIBE sobre el Monitoreo de la Contaminación)
CEC	Commission for Environmental Cooperation (Comisión para la Cooperación Ambiental)
CEP-POL	Caribbean Environmental Program on Pollution (Programa Ambiental del Caribe sobre Contaminación)
CFE	Comisión Federal de Electricidad
CIBNOR	Centro de Investigaciones Biologicas del Noroeste, S.C.
CICESE	Centro de Investigación Científica y de Educación Superior de Ensenada
CICIMAR	Centro Interdisciplinario de Ciencias Marinas
CINVESTAV	Centro de Investigaciones y de Estudios Avanzados del Instituto Politécnico Nacional

CLIVAR   Climate Variability and Predictability program (programa de
                Predicción y Variabilidad Climática)
CODE   Coastal Ocean Dynamics Experiment (Experimento sobre la
                Dinámica del Océano Costero)
CONACyT   Consejo Nacional de Ciencia y Tecnología
CONVEMAR   Third United Nations Convention on the Law of the Sea
                (Tercera Convención de las Naciones Unidas sobre las Leyes
                del Mar)
CTZ   Coastal Transition Zone experiment (Experimento de la Zona
                de Transición Costera)
CUE   Coastal Upwelling Experiment (Experimento sobre las
                Surgencias Costeras)
EBC   Eastern Boundary Current experiment (Experimento de las
                Corrientes de Frontera Oriental)
EC   European Community (Comunidad Europea)
EEZ   exclusive economic zone (zona económica exclusiva)
EMAP   Environmental Monitoring and Assessment Program (Progra-
                ma de Asesoría y Monitoreo Ambiental)
ENSO   El Niño-Southern Oscillation (El Niño-Oscilación del Sur)
EPA   U.S. Environmental Protection Agency (Agencia de Protec-
                ción de los Estados Unidos)
ESF   European Science Foundation (la Fundación para la Ciencia
                Europea)
FNI   Fundación Nacional de Investigaciones
GLOBEC   Global Ocean Ecosystem Dynamics program (el programa
                sobre la Dinámica Global de los Ecosistemas Oceánicos)
GOOS   global ocean observing system (sistema global de observación
                de los océanos)
IAI   Inter-American Institute for Global Change Research (el
                Insituto Inter-Américano para Investigación del Cambios
                Climatológicos)
IAS   Intra-Americas Sea (el Mar Intra-Americano)
ICES   International Council for Exploration of the Seas (el Consejo
                Internacional para la Exploración del Mar)
ICMyL   Instituto de Ciencias del Mar y Límnologia (UNAM)
IIE   Instituto de Investigaciones Eléctricas
IIO   Instituto de Investigaciones Oceanologicias (UABC)
IMECOCAL   Investigaciones Mexicanas en la Corriente de California
INE   Instituto Nacional de Ecología
INEGI   Instituto Nacional de Geografía e Informática
INP   Instituto Nacional de la Pesca
InterRIDGE   International Ridge Inter-Disciplinary Global Experiment (el
                Experimento Interdisciplinario Global Ridge Internacional)

IOC	Intergovernmental Oceanographic Commission (Comisión Oceanográfica Intergobernmental)
IOCARIBE	Sub-Commission for the Caribbean and Adjacent Regions (Sub-Comisión para las Regiones del Caribe y Adyacentes de la Comisión Oceanográfica Intergubernamental)
IPN	Instituto Poletécnico Nacional
IRI	International Institute for Climate Change (Instituto Internacional para Cambios Climatológicos)
JGOFS	Joint Global Ocean Flux Study (el Estudio Global Conjunto sobre los Flujos Oceánicos)
JWG	Joint Working Group on Ocean Sciences (AMC-NRC) (Grupo de Trabajo Conjunto en Ciencias Oceánicas)
LATEX	Louisiana-Texas Shelf Circulation and Transport Processes (Procesos de Circulatión y Transporte den la Plataforma Lousiana-Texas)
LC	Loop Current (Gulf of Mexico)
LOICZ	Land-Ocean Interactions in the Coastal Zone program (el programa Interacciones Tierra-Océano en la Zona Costera)
MAST	Marine Science and Technology Programme (el programa de Ciencia y Technología Marinas)
NAO	North Atlantic Oscillation (Oscilación del Atlántico Norte)
NAS	National Academy of Sciences (Academia Nacional de Ciencias)
NMFS	National Marine Fisheries Service (Servicio de Pesca Marina de los Estados Unidos, U.S. NOAA)
NOAA	National Oceanic and Atmospheric Administration (la Administración Nacional Oceánica y Atmosférica de los Estados Unidos)
NODC	National Oceanic Data Center (el Centro Nacional de Datos Oceanographicos)
NRC	National Research Council (Consejo Nacional de Investigación de los Estados Unidos)
NSF	National Science Foundation (la Fundación Nacional de Ciencias de los Estados Unidos)
OCE	NSF's Ocean Science Division (División de las Ciencias del Mar)
ODP	Ocean Drilling Program (Programa de Perforaciones en el Océano)
OPTOMA	Ocean Prediction Through Observational Analysis (Predicción Oceánica a través de la Observación, Modelado y Análisis
OSB	Ocean Studies Board (NRC)
OTAN	Organizatión del Tratado del Atlántico del Norte

PAHs	polycyclic aromatic hydrocarbons (hidrocarburos policíclicos y aromáticos)
PEMEX	Petróleos Mexicanos
PICES	North Pacific Marine Sciences Organization (la Organización de Ciencias Marinas del Pacífico del Norte)
PNUA	Programa Ambiental de las Naciones Unidas
PNUD	Programa de las Naciones Unidas para el Desarrollo
RIDGE	Ridge Inter-Disciplinary Global Experiment (el Experimento Inter-disciplinario Global Ridge)
ROOS	regional ocean observing system (el sistema regional de observacion océanos)
SCI	*Science Citation Index*
SCOR	Scientific Committee on Oceanic Research (Comité Científica sobre las Investigación Oceánica)
SEMARNP	Secretaría de Medio Ambiente, Recursos Naturales y Pesca
SEP	Secretaría de Educación Pública
SINAP	Sistema Nacional de Areas Protegidas
SNI	Sistema Nacional de Investigadores
SOMPROCyT	Sociedad Mexicana para el Progresso de la Ciencia y la Tecnología
SRE	Secretaria de Relaciones Exteriores
TAMU	Texas A&M University (Universidad de Texas A&M)
TLC	Tratado de Libre Comercio de América del Norte
UABC	Universidad Autónoma de Baja California
UN	United Nations (Naciones Unidas)
UNAM	Universidad Nacional Autónoma de Mexico
UNCLOS	United Nations Conference on the Law of the Sea (Tercera Conferencia de las Naciones Unidas sobre las Leyes del Mar)
UNESCO	United Nations Educational, Scientific and Cultural Organization (Organización de las Naciones Unidas Para la Educación, la Cultura y la Ciencia)
UNOLS	University-National Oceanographic Laboratories System (el Sistema Nacional Oceanográfico de Universidades y Laboratorios
WOCE	World Ocean Circulation Experiment (el Experimento Mundial sobre la Circulación de los Océanos)

BUILDING OCEAN SCIENCE PARTNERSHIPS

THE UNITED STATES AND MEXICO WORKING TOGETHER

AMC-NRC Joint Working Group on Ocean Sciences

Academia Mexicana de Ciencias

and

Ocean Studies Board
Commission on Geosciences, Environment, and Resources
National Research Council

NATIONAL ACADEMY PRESS
Washington, D.C.

NATIONAL ACADEMY PRESS • 2101 Constitution Avenue, N.W. • Washington, DC 20418

NOTICE: The project that is the subject of this report was approved by the Governing Board of the U.S. National Research Council, whose members are drawn from the councils of the National Academy of Sciences, the National Academy of Engineering, and the Institute of Medicine. The Board of the Academia Mexicana de Ciencias also approved this project. The members of the working group responsible for the report were chosen for their special competencies and with regard for appropriate balance.

This report was supported by contracts from the National Oceanic and Atmospheric Administration and the National Science Foundation in the United States and through funding provided by the National Research Council and the Academia Mexicana de Ciencias. The views expressed herein are those of the authors and do not necessarily reflect the views of the sponsors.

Library of Congress Catalog Number 97-68979
International Standard Book Number 0-309-05881-3

Additional copies of this report are available from:

National Academy Press
2101 Constitution Avenue, NW
Box 285
Washington, D.C. 20055
800-624-6242
202-334-3313 (in the Washington Metropolitan area)
http://www.nap.edu

The National Academy of Sciences is a private, nonprofit, self-perpetuating society of distinguished scholars engaged in scientific and engineering research, dedicated to the furtherance of science and technology and to their use for the general welfare. Upon the authority of the charter granted to it by the Congress in 1863, the Academy has a mandate that requires it to advise the federal government on scientific and technical matters. Dr. Bruce Alberts is president of the National Academy of Sciences.

The National Academy of Engineering was established in 1964, under the charter of the National Academy of Sciences, as a parallel organization of outstanding engineers. It is autonomous in its administration and in the selection of its members, sharing with the National Academy of Sciences the responsibility for advising the federal government. The National Academy of Engineering also sponsors engineering programs aimed at meeting national needs, encourages education and research, and recognizes the superior achievements of engineers. Dr. William Wulf is president of the National Academy of Engineering.

The Institute of Medicine was established in 1970 by the National Academy of Sciences to secure the services of eminent members of appropriate professions in the examination of policy matters pertaining to the health of the public. The Institute acts under the responsibility given to the National Academy of Sciences by its congressional charter to be an adviser to the federal government and, upon its own initiative, to identify issues of medical care, research, and education. Dr. Kenneth I. Shine is president of the Institute of Medicine.

The National Research Council was organized by the National Academy of Sciences in 1916 to associate the broad community of science and technology with the Academy's purposes of furthering knowledge and advising the federal government. Functioning in accordance with general policies determined by the Academy, the Council has become the principal operating agency of both the National Academy of Sciences and the National Academy of Engineering in providing services to the government, the public, and the scientific and engineering communities. The Council is administered jointly by both Academies and the Institute of Medicine. Dr. Bruce Alberts and Dr. William Wulf are chairman and vice-chairman, respectively, of the National Research Council.

The Academia Mexicana de Çiencias (AMC), formerly the Academia de la Investigación Científica (AIC), is an independent, nonprofit association, established in 1959, to which distinguished Mexican scientists are affiliated on an individual basis. The AMC has pursued the development of scientific research in Mexico and the consolidation of the national academic community. The AMC has advocated that the production of knowledge should always be for the benefit of mankind and the preservation of the environment, while ensuring that scientific activity be governed by the ethical principles of the common good. The AMC's commitment to the Mexican nation entails promoting dialogue between scientists and members of civil society and state authorities for the examination and solution of national problems. Dr. Francisco Bolivar Zapata is its president.

The Fundación Nacional de Investigación (FNI) is a consortium of three Mexican Academies, namely the Academia Mexicana de Ciencias, the Academia Nacional de Medicina, and the Academia Nacional de Ingeniería. FNI is an auxiliary organization that serves as the operating branch of the three academies for the undertaking of joint studies with Mexican and foreign experts.

Acknowledgment of Reviewers

This report has been reviewed in draft form by individuals chosen for their diverse perspectives and technical expertise, in accordance with procedures approved by the NRC's Report Review Committee. The purpose of this independent review is to provide candid and critical comments that will assist the NRC in making the published report as sound as possible and to ensure that the report meets institutional standards for objectivity, evidence, and responsiveness to the study charge. The review comments and draft manuscript remain confidential to protect the integrity of the deliberative process. We wish to thank the following individuals for their participation in the review of this report:

Robert Dunbar, Stanford University
J. Frederick Grassle, Rutgers University
Robert Herzstein, Shearman and Sterling, Washington, D.C.
John Knauss, Scripps Institution of Oceanography/University of Rhode Island
Thomas Malone, North Carolina State University
Bruce Phillips, Curtin University of Technology, Perth, Australia
Alberto Zirino, Naval Ocean Systems Center, San Diego

The report also was reviewed by three other individuals, including two Mexican reviewers, who wished to remain anonymous. While the individuals listed above have provided many constructive comments and suggestions, it must be emphasized that responsibility for the final content of this report rests entirely with the authoring committee and the NRC.

Preface

It is with great pleasure that we present the following report of the Joint Working Group on Ocean Sciences (JWG) that was a collaboration between the Academia Mexicana de Ciencias (AMC) and the U.S. National Research Council. This report resulted from cooperative efforts of Mexican and U.S. ocean scientists over a period of two and one-half years. The report is published in both Spanish and English to make its information accessible to scientists in both nations. We believe this report will provide the foundation for increased cooperation between ocean scientists and policymakers of Mexico and the United States, to the benefit of the citizens of both nations.

It has been rewarding to work together as colleagues and to discuss exciting scientific opportunities that would best be explored in binational scientific activities. We were also challenged by the social and environmental issues that will require a strong ocean science capability in both nations. We hope that this will be only the beginning of stronger binational cooperation. It is encouraging to see members of the JWG lead the way in binational cooperation by inviting participation in a research cruise, hosting a scientist on sabbatical, and jointly organizing a multinational conference focused on the Gulf of Mexico. We hope that this report will encourage such activities to multiply.

We extend our thanks to all JWG members, who worked diligently to produce this report. Special thanks are due to Ed Urban, the study director at the Ocean Studies Board, without whose extraordinary hard work, patience, and diligence this report could not have been completed. The JWG also thanks the sponsors of this study: the AMC in Mexico and the National Oceanic and Atmospheric Administration, National Science Foundation, and National Research Council in the United States.

AGUSTÍN AYALA-CASTAÑARES
Mexican Co-chairman

ROBERT A. KNOX
U.S. Co-chairman

Contents

EXECUTIVE SUMMARY   1

1   INTRODUCTION   7

2   EXAMPLES OF PROMISING SCIENCE PROGRAMS
    AND PROJECTS   15
    Pacific Ocean and Gulf of California Regions, 16
      Oceanographic Setting, 16
      Variability of Fisheries, 20
      Marine Mammals and Seabirds, 25
      Climate-Controlled Laminated Sediments, 28
      Marine Pollution, 28
      Sediment Transport in the Upper Gulf of California, 30
      Tectonic Development of the California Borderland and the Gulf
       of California, 31
      Sediment-Smothered Hydrothermal Vents, 35
    The Intra-Americas Sea, 38
      Introduction, 38
      Physics of the Intra-Americas Sea, 43
      Biophysical Coupling, 49
      Biology of the Intra-Americas Sea, 52
      Sedimentary Dynamics and Environmental Impacts on the Coastal
       and Oceanic Zones of the Gulf of Mexico, 55
      Oil- and Gas-Associated Seeps in the Southern Gulf of Mexico, 56
      Marine Environmental Quality, 56
    Marine Natural Products, 60
      Conservation of Marine Biological Diversity, 61
      Marine Biotechnology, 62
    Regional Climate Change, 63

3 ACTIONS TO IMPROVE COOPERATION AND INFLUENCE
  OCEAN SCIENCE POLICYMAKING   65
  Human Resources and Capacity Building, 65
    Graduate and Postdoctoral Education, 67
    Continuing Education of University and Government Scientists and
      Binational Exchanges, 68
  Scientific Infrastructure, 69
    Fiscal Resources, 70
    Physical Resources, 71
  Mexican-U.S. Cooperation in Large International Ocean Science
      Programs, 75
  Regional and Global Ocean Observing Systems, 76
  Science Events and Publications, 78
  Potential Funding Sources for Binational Activities, 80

4 FINDINGS AND RECOMMENDATIONS   83
  Binational and Multinational Research, 83
    Ongoing Programs, 87
    Multinational Funding, 87
    Mechanisms for Binational Projects, 88
    Trilateral Scientific Activities, 89
  Exchanges and Awareness, 90
    Publication Issues, 91
    Mexican Ocean Agency, 92
    Ocean Component of the Academia Mexicana de Ciencias (AMC) or
      Fundación Nacional de Investigación (FNI), 93
  Scientific Capacity, 95
  Industry's Role, 95
  Observational Infrastructure, 96
    Observations and Instruments, 96
    Ships, 96
    Observing Systems, 97

REFERENCES   99

APPENDIXES
A Agreement to Form AMC-NRC Joint Working Group
     on Ocean Sciences   117
B Biographies of Joint Working Group Members   119
C Definition of Acronyms   125

Executive Summary

Mexico and the United States have a long history of interactions—economic, political, and social. These two countries, by virtue of geography and economic relationship, have many common interests and linked destinies. In addition, Mexico and the United States have adjacent coastal and oceanic areas in the Pacific Ocean, the Gulf of Mexico, and the Caribbean Sea. Oceanic currents, large-scale mixing in each region, and animal migrations link these ocean regions seamlessly. Unfortunately, national political boundaries and cultural differences form artificial barriers to cooperation in ocean sciences and the solution of problems related to living resources and environmental quality. In shared coastal areas, as well as in adjacent international waters, actions taken by one nation affect the other, and knowledge gained by researchers of one nation can help solve problems in the other. Examples of marine concerns affecting both the United States and Mexico include commercial and recreational fisheries management, protection of marine birds and mammals, water quality and quantity, oil and gas development, tourism and commercial development, biological diversity, and coastal zone management. Managing and protecting shared marine resources and solving shared marine environmental problems will require stronger binational cooperation in education, research, monitoring, modeling, and management.

Despite this natural impetus for joint activities in oceanic and coastal areas, there has been relatively limited cooperation on oceanic issues between Mexico and the United States. The general lack of cooperative activities has resulted (in part) because only minor attention is focused on such cooperation by the governments of the two nations, possibly because of a lack of appreciation of the national advantages of binational efforts. Additionally, language barriers, differ-

1

ential development of scientific infrastructure and human resources, and disproportionate funding have hindered cooperation.

To lower or remove some of the barriers that separate ocean scientists in Mexico and the United States and to promote binational ocean sciences, representatives of the Academia Mexicana de Ciencias (AMC, formerly the Academia de la Investigación Científica) and the U.S. National Research Council (NRC) met in 1994. At that meeting, participants discussed an interacademy project to articulate the benefits of increased binational ocean sciences, describe potential topics for joint research, identify barriers to cooperative research, and suggest ways to lower these barriers. Meeting participants discussed the need for greater cooperation between Mexican and U.S. ocean scientists and agreed to form an interacademy group to explore common research interests (see Appendix A for agreement). The NRC and AMC each formed a committee of scientists, funded and administered separately, which together served as the AMC-NRC Joint Working Group on Ocean Sciences (see Appendix B for biographies of working group members). This report offers examples of significant research that could be conducted binationally in the Pacific Ocean/Gulf of California and the Gulf of Mexico/Caribbean Sea.

In the Pacific Ocean, there are important research questions related to the cause of regional variations in fish abundance, particularly the role of oceanic physical processes and their effects on top predators such as marine mammals and seabirds. There is evidence that the physical-biological regime of the California Current System varies between alternate hydrographic and biological conditions, evidenced, for example, by changes in the dominance of the mid-levels of the ecosystems by either sardines or anchovies, possibly in response to global climate variations. Also in relation to climate, both the California Borderland and the Gulf of California provide the opportunity to study past conditions through analysis of laminated sediments whose deposition is affected by climate.

Although the Gulf of California is located entirely within the borders of Mexico, the United States has a large effect on this gulf because of reduction of the quantity and the quality of water entering the head of the gulf through the Colorado River, as well as the major impact of U.S. tourists on the region. In addition, the open Pacific coast and the Gulf of California are physically connected and share many physical, biological, and geological features. The Continental Borderland and Gulf of California have a shared tectonic development, and modern geological and geophysical investigation of these two regions would help solve problems of broad scientific significance. A number of research topics specific to the Gulf of California are both scientifically interesting and important to society, for example, the transport of materials across the Gulf of California continental shelf, the tectonics and geology of the gulf, and the unusual sediment-covered hydrothermal vents that exist in this region.

The United States and Mexico border the Gulf of Mexico. Because of the semi-enclosed nature of this basin, activities of the two nations can have signifi-

cant and long-lasting effects on the marine environment not only within the basin, but also downstream along the U.S. East Coast and possibly upstream on Caribbean coasts because of recirculation. The Loop Current-Florida Current System links the Yucatán Peninsula with South Florida. The Gulf of Mexico-Caribbean Sea region is a logical location for a regional ocean observing system, coordinated communication networks for research and public education, and large-scale binational research programs. Research is needed to understand the connections between the physical processes in this ocean area (circulation, Loop Current and ring dynamics, and water mass exchange) and fisheries, continental weather, and natural hazards. Scientific activities related to oil and gas exploration and development, the impacts of oil and other pollutants on marine organisms and humans, and the ecology of hydrocarbon and saline seeps are also important. Finally, habitat destruction and changes in biological diversity that result from human activities are important societal issues throughout the region. Management and mitigation of such human impacts can best be accomplished through policy based on accurate and complete scientific information, appropriate models, and correct application of available information.

Our combined ocean areas are rich in marine life, especially invertebrate species. Studies worldwide have demonstrated that marine invertebrates produce a wide range of biochemicals that may be useful to humans. The field of marine natural products chemistry has been developed to search for such useful compounds, understand their natural functions, and predict their commercial potential. There is substantial potential for collaboration between the United States and Mexico in exploring for and developing marine natural products.

Despite the great scientific promise in areas described above, a number of actions must be taken to make collaborative research more effective, to improve ocean science capabilities, and to form strong partnerships between Mexico and the United States. Most importantly, strengthening the infrastructure of ocean science in Mexico would improve the ability of Mexican scientists to cooperate with scientists from other nations. The primary means of achieving this goal are (1) joint research and (2) personnel exchanges for education and training. Exchanges may include students, faculty members, technicians, and government officials; regular academy-to-academy consultations related to ocean science issues; increased dissemination and sharing of information; and scientific symposia focused on binational ocean sciences. At present, the lack of an institutional focus for ocean sciences in Mexico hinders cooperation between the nations. The Mexican federal government should examine the merits of creating an agency responsible for marine affairs and ocean information services, including ocean sciences and technology, either as a new agency or placed within an existing agency. Such an entity would be able to cooperate with U.S. agencies such as the National Oceanic and Atmospheric Administration and could coordinate the application of ocean science to environmental and societal needs in Mexico. Similarly, the AMC (or its operating arm, the National Foundation for Research

[Fundación Nacional de Investigación]) should consider the value of creating a Mexican counterpart to the Ocean Studies Board to facilitate regular interacademy communication on marine issues of binational interest and to deal with Mexican ocean science needs.

In addition to strengthening the human "infrastructure," the physical infrastructure of science should be shared to mutual advantage between Mexico and the United States in the short term and the Mexican infrastructure should be built up in the longer term to achieve self-sustaining capabilities in the ocean sciences. Such capabilities are important both to enable the cooperation of Mexican ocean scientists with their colleagues from the United States and other nations and to allow Mexican scientists to respond to their nation's ocean-related challenges and opportunities more effectively.

To develop better understanding of ocean processes and how human activities can affect these processes, agencies that fund basic and mission-oriented research in both nations should sustain an appropriate level of support for development of new techniques to observe the ocean. Well-coordinated sharing of major facilities would enhance the effectiveness and utilization of such instruments and facilities after they are developed. Examples include better use of the "idle time" of expensive instruments or ships and provision or loan of instrumentation from one country for use in field and laboratory research in the other. Agencies in both nations should seek to sustain an appropriate balance of expenditures related to ship construction, maintenance, and operations. Building ships without providing additional funding for maintenance and for research using the ships results in underutilized and wasted ship resources. In the Mexican case, balanced funding for research and for support of existing ships should be pursued. Including Mexican participants in organizational, planning, and training activities of the University-National Oceanographic Laboratory System could be mutually beneficial to both nations by making ship operations more compatible and transferring the extensive experience of U.S. ship operators and technicians to their Mexican counterparts. Mexican and U.S. agencies and scientists should cooperate in establishing coordinated observing systems in shared and adjacent waters that will enhance and sustain regionally important ocean monitoring efforts and also serve as integral parts of a global system.

Pursuing binational research, increasing cooperation, and building infrastructure will depend on the investment of adequate resources. The significant scientific opportunities and societal needs related to binational ocean research described herein indicate that important benefits could result if the two federal governments devote greater resources to binational ocean science and proceed to initiate planning of joint ocean science activities. Greater cooperation would result if funding were provided by the U.S. and Mexican governments for full participation in research by U.S. and Mexican scientists in contiguous waters of the two nations. Funding for binational marine science activities is extremely limited at present. It is appropriate for the government agencies, foundations, and

industrial sectors of both nations to devote resources to such activities, using existing mechanisms such as the U.S.-Mexico Foundation for Science, designating specific funds to be distributed through existing channels, or creating new vehicles to fund joint activities.

It is crucial that efforts be made to reduce the likelihood of misunderstandings and unmet expectations of collaborative research by specifying (in advance) agreement about duties, responsibilities, joint or separate authorship of publications, credit, patent rights, and timetables of planned research. It also is important to form an ethical and legal framework for joint science and balanced collaborations, depending on ideals of the Law of the Sea treaty and other relevant international law and standards of ethical scientific conduct.

Most of the recommendations contained in this report require implementation by the federal agencies of the United States and Mexico. Some of the recommendations are also applicable, however, to private foundations, state agencies, academic and research institutions, individual ocean scientists, scientific societies, and/or the national academies of the two nations. The information contained in this report can serve as the foundation and stimulus for a new era of cooperation between ocean scientists of the United States and Mexico and thus can result in significant scientific advances, more effective and careful use of marine natural resources, and improved protection of the marine environment in both nations.

1

Introduction

Mexico and the United States share a common land border stretching approximately 3,000 kilometers. Just as important are the ocean and coastal areas shared by the two nations in the Gulf of Mexico and the Pacific Ocean, where the activities of one nation impact the other (Figure 1.1). A third marine area, the Gulf of California, is totally within the boundaries of Mexico but is significantly affected by activities in the United States through the influence of the Colorado River and the impact of U.S. tourism around the gulf. A fourth marine area, the Caribbean Sea, is of major importance to both nations because the Gulf of Mexico is impacted by Caribbean Sea processes and each nation has coastal areas bounded by this sea. Therefore, Mexico and the United States should cooperate with other Caribbean nations to improve understanding of the marine environment in the region.

The ocean areas separated by the U.S.-Mexico border may be politically distinct but are in fact unified natural systems in which increasing use of living and nonliving marine resources by both nations will undoubtedly take place, hopefully in a rational and sustainable manner. Such development presents unique opportunities and responsibilities for binational research to make rational and sustainable development possible and to build closer human ties across the political border.

In the 1970s, it was clear to all developing countries that they needed to participate effectively in the Third UN Conference on the Law of the Sea (UNCLOS). These nations also realized their serious deficiencies in marine science knowledge, marine science expertise, and marine infrastructure to carry out their anticipated responsibilities under the Third UN Convention on the Law of the Sea (CONVEMAR). Many coastal developing countries made significant

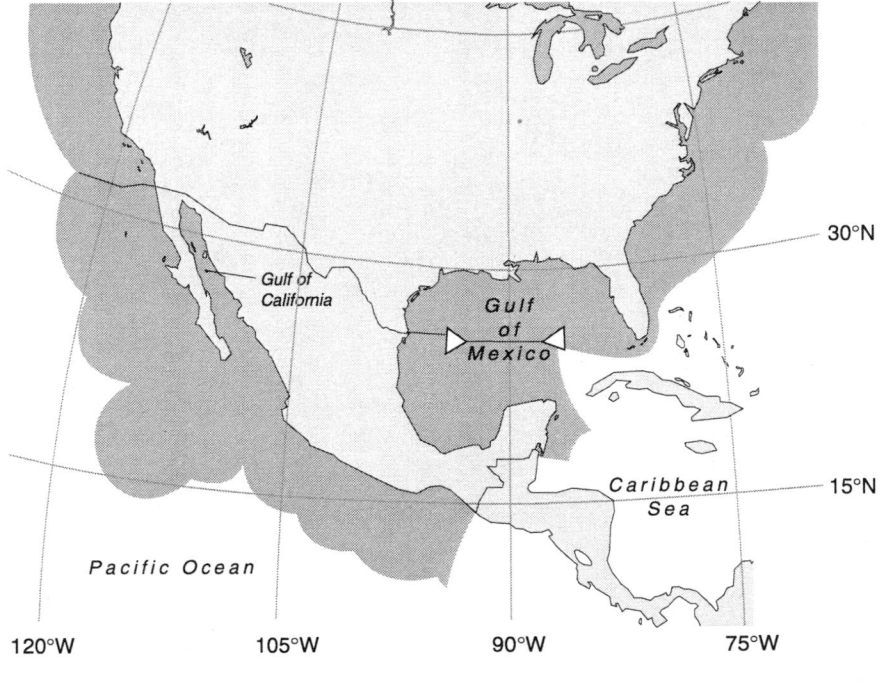

FIGURE 1.1   Overview of U.S. and Mexican coastal and ocean areas discussed in the report. The approximate boundaries of the exclusive economic zones of the two nations are shown. SOURCE: Modified from Ross and Fenwick (1992).

investments in marine science during the 1970s to prepare for implementation of CONVEMAR.

Like other developing coastal nations, Mexico followed this course, which is very different from what transpired in the United States. In the 1970s, Mexico funded joint projects with resources from the United Nations Development Programme (UNDP), national funds, and on a lesser level through loans from the World Bank and other banks. All of these entities are oriented toward developing physical infrastructure and human resources, so Mexico emphasized these as aspects of development; relatively little funding was available from international sources for research. For example, the Agency for International Development (AID) focuses on programs of infrastructure development, and is quite opposed to funding basic scientific research. However, there was an implied commitment that countries would provide their own resources for research after the infrastructure was in place.

In the 1970s, Mexico made a large investment in marine sciences. Early in the decade, a mid- to long-term policy brought together the federal government, state governments, universities, and research institutions. A large number of vis-

iting foreign experts and professors participated; Mexico funded a large number of long-term scholarships for Mexican graduate students in several institutions in Mexico and abroad (e.g., in the United States, Canada, Spain, France, Belgium, Holland, Germany, Israel, Norway, Sweden, USSR, Japan, Australia, and Chile), mostly with Mexican funds and additional support of the UNDP. The purpose of such scholarships was to build the fundamental critical mass of human resources (at the Ph.D. level). Other investments were designed to strengthen existing institutions, create new research centers in different parts of the country, and buy equipment and build infrastructure in accordance with national and international needs.

The UNCLOS Conference culminated in 1982 with the approval of the Law of the Sea Convention and the ratification process started. Almost simultaneously, the world, especially in the developing countries, was plunged into an international debt crisis. In 1994, the ratification of CONVEMAR finished and the CONVEMAR Convention entered into force. Because of the debt crisis, it was difficult to obtain significant research funding in Mexico and Mexican marine science was disadvantaged at a time when the United States was making significant advances in funding for ocean sciences.

A trilateral partnership was formed among the National Autonomous University of Mexico (Universidad Nacional Autónoma de México [UNAM]), the National Council on Science and Technology (Consejo Nacional de Ciencia y Teconología [CONACyT]), and the Mexican Petroleum Corporation (Petróleos Mexicanos [PEMEX]). It included operation and support of two Mexican ocean-going research vessels, which provided Mexican oceanographers the opportunity to participate in the development of open-ocean research. This partnership was a major step forward and a unique national success. After signing the agreement, the most difficult part started: developing the necessary ocean science knowledge in Mexican institutions, strengthening the physical infrastructure for ocean sciences, and establishing proper peer-review mechanisms of evaluation.

The three partners had financial concerns and a lack of understanding that open-ocean research can only be done with uninterrupted financial support. Unfortunately, as a result of the debt crisis, this project lost its political and budgetary support. With the diminished access to ocean-going research vessels, the support of Mexican ocean sciences became more difficult. Throughout the 1980s and 1990s, Mexican efforts continued in ocean sciences under difficult budgetary conditions. During this time, however, Mexico participated in several international oceanographic activities and events, such as hosting the Joint Oceanographic Assembly in Acapulco, Mexico in 1988, which resulted in *Oceanography 1988* (Ayala-Castañares et al., 1989).

Mexico's efforts and investment in oceanographic development from 1970 to 1990 were not unilateral; they were a response to the urgent geopolitical need to establish means to exercise its sovereign rights and sustain the resources within its territorial and jurisdictional waters. More information on these aspects can be found in Ayala-Castañares and Escobar (1996).

The importance accorded to coastal and ocean issues differs between the United States and Mexico in significant ways. In the United States, coastal population densities are increasing more rapidly than inland densities and a high proportion (45%) of the U.S. population lives in coastal counties (NOAA, 1990). Mexico's population and modern history have been concentrated in the interior of the country, which generally is cooler and more conducive to agriculture. The United States has always been a maritime nation; this feature has influenced national development and resource use in important ways, from colonial ocean trade routes to Cold War naval activities. Mexico has been much more focused on the development and use of its terrestrial and nearshore resources.

These differences in history, maritime traditions, trading patterns, and development affect the marine plans and attitudes of the two countries in many ways. For example, recognition of the value of marine sciences and marine education as necessary for decisionmaking in the larger context of governmental and national policy, although relatively modest in the United States, has been even more modest in Mexico. The siting of power plants in coastal areas of Mexico is considered highly appropriate and less subject to adverse reaction by the local citizenry than in the United States. Conversely, there are sectors of Mexican national life in which ocean-related issues loom at least as large as in the corresponding U.S. sectors, whether or not policymakers in Mexico have recognized this situation. For example, the development of a major tourist economy in Mexico has been possible because of relatively unspoiled, but exquisitely sensitive, tropical, subtropical, and coral reef ecosystems. Likewise, offshore oil and gas production is a major component of the Mexican economy and is a stimulus of national development. This industry depends on knowledge generated by marine geologists for exploration and on information from marine biologists, chemists, and physicists to ensure that development activities do not harm the marine environment.

These economic, historical, and cultural differences between the nations lead to differences in priorities for responding to marine environmental problems and the level of resources devoted to the ocean sciences necessary to understand such problems. Yet, the ocean has no respect for national borders. Mexico and the United States are inextricably linked in the search for rational, science-based solutions of many pressing marine problems that affect both nations. Some examples of issues in which a coordinated binational approach is clearly more advantageous than purely national efforts follow.

FISHERIES

Fish and crustacean stocks range across the junctions of the U.S. and Mexico exclusive economic zones (EEZs), and fishing activities in each nation affect the catch available to the other nation. Two obvious examples are shrimp and tuna in the Gulf of Mexico and sardines and anchovies off the coast of the Californias. In addition to fishing activities, indirect effects from habitat alteration and pollution

can affect fish populations in the waters of both nations. Based on a continuing collaboration between the California Cooperative Oceanic Fisheries Investigations and Mexico's National Fisheries Institute (Instituto Nacional de la Pesca [INP]) a program called MEXUS-Pacifico was initiated in 1987 as a cooperative activity between the Southwest Fisheries Science Center of the U.S. National Marine Fisheries Service (NMFS) and Mexico's INP to collect scientific information on shared fish stocks, mammals, and turtles through collaborative research. A similar program in the Gulf of Mexico, MEXUS-Golfo, was initiated in 1977 and is a cooperative venture between INP and the NMFS Southeast Fisheries Science Center.

Mexico and the United States participate in a variety of multinational organizations designed to manage pelagic fish stocks. Binational collaborative management of shared nearshore fish stocks also would be highly desirable. Such management could be accomplished under the 1995 *Agreement for the Implementation of the Provisions of the United Nations Convention of 10 December 1982, Relating to the Conservation and Management of Straddling Fish Stocks and Highly Migratory Fish Stocks* (United Nations, 1995).

MARINE BIRDS AND MAMMALS

Marine mammals and birds are important biological components of the region that includes the Pacific coast of the Californias and the Gulf of California. Like marine fish, marine mammals and seabirds ignore international boundaries and migrate between the territorial waters of Mexico and the United States. Indeed, concern for proper management of these species has led to a number of binational and international treaties. Marine mammals and seabirds are economically important as significant consumers of fisheries resources. As "charismatic megafauna," they are the focus of considerable public concern and form the basis of a valuable ecotourism industry in both countries. For example, a substantial tourist industry centers around the breeding of the California gray whale in coastal lagoons of Baja California (Scammons Lagoon [Laguna Ojo de Liebre], Magdalena Bay, and San Ignacio), as well as the breeding rookeries of boobies, terns, and pelicans on the offshore islands in the Gulf of California (Velarde and Anderson, 1994). More importantly, many species of marine mammals and seabirds utilize and require marine habitats of both countries. Several species that have been extirpated or are endangered in the United States maintain significant populations in Baja California (historically, the brown pelican and elephant seal are examples; current examples include Xantu's murrelet and osprey). Fortunately, there is a history of collaboration between individual U.S. and Mexican marine mammal and seabird biologists. However, cooperative studies typically are limited to isolated groups or individuals and have not been integrated with concurrent investigations of biophysical oceanographic processes that are known to be critical in determining the abundance, distribution, and population dynamics of these top predators.

WATER QUALITY AND QUANTITY

Water quality and quantity are important binational issues because removal of water from rivers such as the Colorado and the Rio Grande in the United States has a major impact in Mexican and U.S. coastal waters. The head of the Gulf of California has been transformed from a brackish delta to a highly saline environment because of freshwater removals from the Colorado River, endangering species such as the *totoaba*, a large sportfish that once flourished in gulf waters, and altering sediment input to the gulf. Inputs of polluted river water from the Rio Grande and the Tijuana Slough are detrimental to marine ecosystems and human health on both sides of the border. Effective management of these problems will require better research and monitoring, coupled with binational efforts to conduct such scientific activity in the geographic ranges within which natural processes occur, rather than confining studies of processes to national boundaries. Solving coastal pollution problems will also require the cooperation of terrestrial scientists. These environmental problems also must be addressed at a political level.

OIL AND GAS DEVELOPMENT

Both Mexico and the United States have extensively exploited oil and gas resources in their adjacent coastal zones off the coast of California and throughout the Gulf of Mexico. The gulf is particularly vulnerable to damage from oil and gas pollution because of its semienclosed nature and circulation patterns. Fortunately, apart from the IXTOC-1 oil well blowout in 1979, the Gulf of Mexico has suffered relatively few major oil spills. However, the onshore impacts of oil and gas development have been substantial in some areas of the United States (Rabalais, 1996) and Mexico (Botello et al., 1992). The oil and gas industry is a major force in the economies of coastal Texas and Louisiana in the United States (see NRC, 1996) and Tamaulipas, Veracruz, Tabasco, and Campeche states in Mexico.

The Mexican states of Tamaulipas, Veracruz, Tabasco, and Campeche along the Gulf of Mexico and adjacent waters hold 96% of the nation's oil and gas production and related industrial activities (Vidal et al., 1994d). The Bay of Campeche contributes 80% of Mexico's crude oil production, and 90% of its oil and gas processing infrastructure is situated in the coastal zone of the Gulf of Mexico and its EEZ. Recent geophysical surveys conducted by Mexico have corroborated the existence of extensive oil deposits in deep waters. The combination of known and probable reserves places Mexico at the forefront of oil-producing nations. Continued production of oil and gas in the Gulf of Mexico will require focused efforts to protect associated coastal tidal wetlands, estuaries, and offshore ecosystems.

TOURISM AND DEVELOPMENT

Coastlines of all three ocean areas considered in this report have been developed to some degree for tourism. Historically, favorable economic and cultural conditions led to the development of many Mexican coastal areas as major tourist resorts. This development is not entirely negative from an environmental perspective, because much of the tourism is based on clean waters and preserved marine environments and reefs. The challenge is to sustain both the development of the economic benefits of tourism and the pristine quality of the natural environment that attracts tourists. As mentioned earlier, there is otherwise relatively little residential development in Mexican coastal areas. Coastal areas of the United States are more developed for residential and commercial uses, and some areas are so developed that public access is difficult.

BIOLOGICAL DIVERSITY

The marine areas discussed in this report span latitudes from 10 to 50°N, ranging from tropical to temperate zones. The diversity of life in coastal areas is threatened by the uses described above, except for some forms of ecotourism. As in the case of fisheries, Mexico and the United States have an important stake in cooperating to preserve marine biological diversity because the distributions of many marine species cross our common border and gene flow among populations are often necessary to preserve the genetic diversity and adaptability of species. Preservation of marine biodiversity is important for sustaining healthy marine ecosystems and could also contribute to the discovery of new natural products from marine organisms.

COASTAL ZONE MANAGEMENT

Both nations are interested in managing uses of their coastal areas, which include activities related to each of the concerns above. Unfortunately, there has been little cooperation in terms of coastal zone management because management of coastal areas depends critically on local environmental, social/cultural, and political conditions that may differ from those in some other local areas and in the neighboring country. The State of California has had a coastal zone management program since 1972 and has an approved plan under the U.S. Coastal Zone Management Program; Texas recently received approval of its plan.

Information necessary for rational management of coastal areas in Mexico is severely lacking. Mexican coastal zones are relatively unpopulated, and the functioning of coastal ecosystems is poorly understood. Because of their great scientific and socioeconomic relevance for the future sustainable development of Mexico, it is imperative that coastal zones be studied and managed properly. Bilateral research in coastal zone science and management should help improve

our knowledge and support the development of strategies for rational use of coastal areas.

The foregoing considerations all have practical implications for governments in the United States and Mexico, but there are also important intellectual rationales for enhanced collaboration in fundamental marine science between Mexico and the United States. Few other areas of science are so intrinsically transborder and impossible to constrain logically to one side or the other of a man-made border. Whether probing the physical, chemical, and biological processes of the ecosystem that supports Pacific sardines or discovering the ecology surrounding such geological features of the Gulf of Mexico as hydrocarbon seeps, it is impossible to conduct intellectually thorough and definitive studies without including sites on both sides of the border. Consequently, in marine science as in few other areas of human activity, the fact of national interdependence is displayed in stark clarity. The United States and Mexico have dramatically different economies, histories, and cultural backgrounds. The use of collaborative binational approaches to address the intellectual challenges of marine sciences facing the nations would be a remarkable example of mutually beneficial cooperation between sovereign nations and an impressive, positive example to their own citizens as well as to the broader community of nations.

It is hoped that this consensus report of the Academia Mexicana de Ciencias-National Research Council (AMC-NRC) Joint Working Group on Ocean Sciences will stimulate a long-term focused effort to improve collaboration between Mexican and U.S. ocean scientists for the advancement of fundamental knowledge and the practical benefit of both nations. The following chapters describe a set of exemplary binational science projects (Chapter 2), general actions that must be taken to pursue joint ocean science (Chapter 3), and recommendations for new ways of interacting across our common border (Chapter 4).

2

Examples of Promising Science Programs and Projects

This chapter describes a set of potential programs and projects that are of binational interest and scientific significance. Each topic was developed by a team of Mexican and U.S. ocean scientists. The studies described below are designed both to illustrate the existence of a wide range of possible projects of common interest and binational importance and to show the wealth of important questions that could benefit from (or require) collaboration between U.S. and Mexican scientists. The projects presented are not an exhaustive list of scientific issues and admittedly reflect the interests and expertise of members of the Academia Mexicana de Ciencias-National Research Council (AMC-NRC) Joint Working Group on Ocean Sciences (JWG). Concrete proposals, implementation plans, and other details required to initiate new research related to these and other topics depend on consultation and inclusion of scientists beyond the JWG, for example, through focused workshops. In the development of other binational ocean science activities, they should pass the test of being studies that are (1) of unique scientific concern to scientists in the United States and Mexico in waters adjacent to or significantly influenced by these nations and (2) best done collaboratively. Another source of ideas for binational research is the plan of the Southwest Regional Marine Research Program (1996). The JWG identifies here projects that should be done cooperatively because scarce resources from both countries could be used more effectively and the scientists of each nation have knowledge (not all of which has been published) unavailable to the other nation. It is possible that either nation could conduct the research alone, but the research would be more efficient if knowledgeable scientists from both nations could be involved.

An effective binational collaboration in ocean science between the United

States and Mexico will require sufficient human and economic resources from both nations to make the collaboration meaningful and equitable. In this regard, and given the limited resources available, only a few binational projects can be promoted at any given time, after a peer-review process to select projects that address specific binational oceanographic topics, contribute to answering interesting scientific questions, and help solve marine-related problems shared by the two nations. Project size should not be the determining factor. Some binational collaboration has been initiated with small projects involving few scientists and graduate students. Other projects, for example, those requiring regional oceanographic observations, must be larger, requiring proportionately larger budgets and involving a larger number of scientists and students. Project administration, regardless of size, does not automatically promote bureaucracy. The expeditious channeling of economic resources, minimization of binational political barriers, and granting of project organization and administration independence minimize bureaucratic barriers.

The studies described below include both single-discipline and multidisciplinary projects, classified by geographic region. In planning research on these topics, it should be recognized that insights can be gained not only by research within individual regions, but also by comparative studies among the three regions.

PACIFIC OCEAN AND GULF OF CALIFORNIA REGIONS

Oceanographic Setting

Pacific Ocean

The Pacific Ocean region shared by the United States and Mexico is dominated by the California Current, which flows southward as the eastern boundary current of the subtropical North Pacific Ocean (Figure 2.1). This surface current overlies a poleward subsurface flow. Wind-driven coastal upwelling is prevalent, especially in the summer season. The California Current is punctuated by upwelling of nutrient-rich cool waters and current jets that can extend 100 or more kilometers (km) offshore (Batteen, 1997). These features depend on coastal wind patterns that vary with climate (Bakun, 1990) and on other factors such as topography, interior ocean circulation, and instabilities of the currents. Batteen (1997) has shown that the meridional variability of the Coriolis parameter (ß effect), irregularities in the coastline geometry, and the longshore component of wind stress are key ingredients for generating the vertical and horizontal structures of the California Current System. Such structures render the currents unstable, resulting in the generation of meanders, filaments, and eddies.

The coastal seafloor topography off the Californias (California and Baja California) features a narrow continental shelf, submarine canyons, basins, and is-

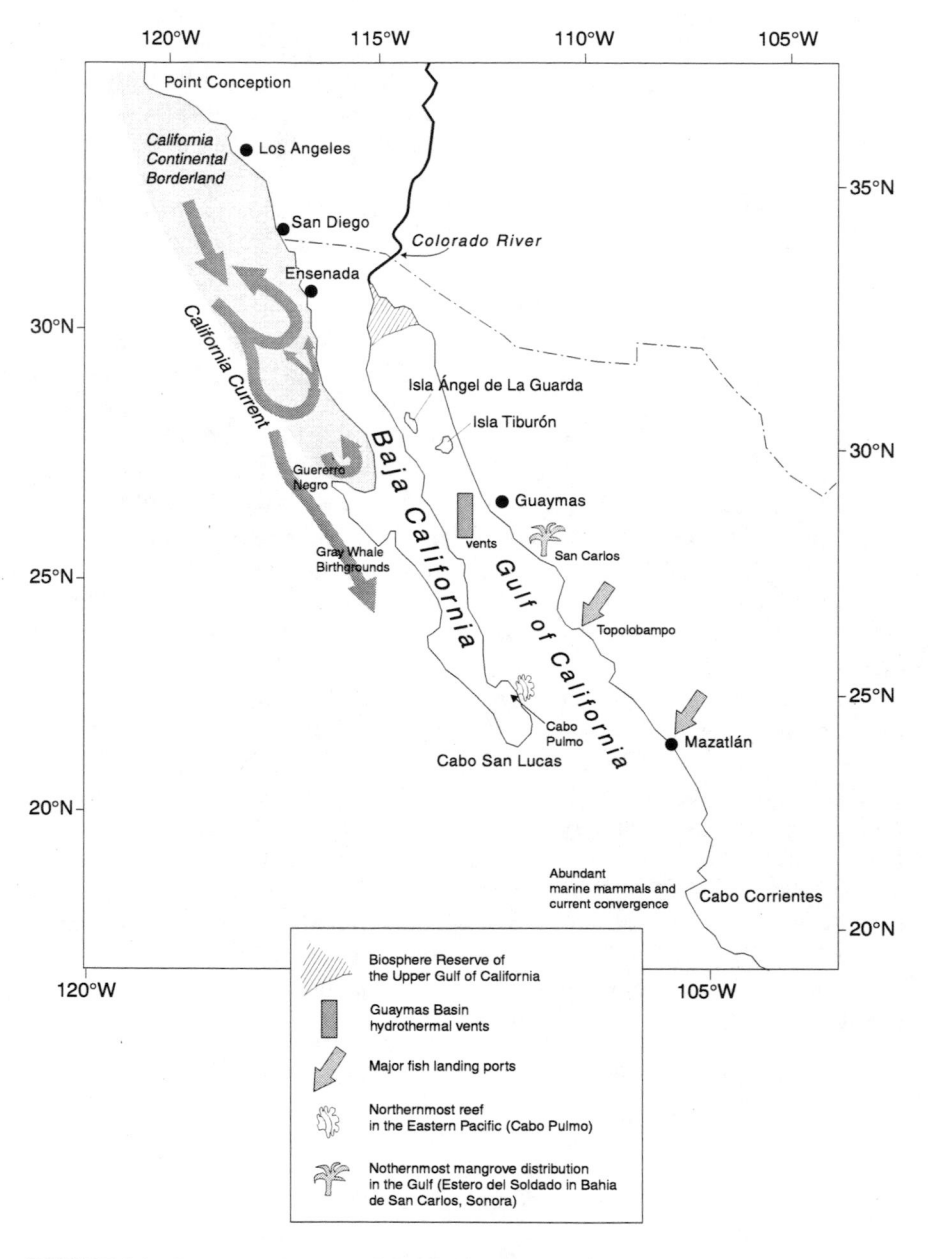

FIGURE 2.1   Important features of the Californias and Gulf of California.

lands that greatly affect regional circulation, sediment transport, and biology. This region is called the California Borderland (Figure 2.1). The coast of the Californias is also the site of many bays that provide shallow-water coastal habitats missing from the exposed outer coast. For the purposes of this report, the region of proposed cooperative activities extends from Point Conception in California to the southern tip of Baja California and the Gulf of California.

There have been both extensive, long-term studies (e.g., the California Cooperative Oceanic Fisheries Investigations [CalCOFI]) and intensive studies (e.g., Coastal Upwelling Experiment [CUE], Coastal Ocean Dynamics Experiment [CODE], Ocean Prediction Through Observation, Modeling, and Analysis [OPTOMA], Coastal Transition Zone [CTZ] experiment, and Eastern Boundary Currents [EBC] experiment) of the California Current and the inshore coastal upwelling systems farther north. The U.S. Global Ocean Ecosystems Dynamics (GLOBEC) program is developing a scientific study focused on the ecosystem dynamics of the California Current System (GLOBEC, 1994). In 1997, the Center of Scientific Investigation and Higher Education of Ensenada (Centro de Investigación Científica y de Educación Superior de Ensenada [CICESE]) initiated a new program for the long-term monitoring of the waters off Baja California: Investigaciones Mexicanas en la Corriente de California [IMECOCAL], as a counterpart to the CalCOFI program, using similar methodology and occupying stations in Mexican waters that include stations of the old CalCOFI network that had been abandoned.

In terms of physical oceanography, a great deal has been learned in the past three decades about the physical processes characteristic of eastern boundary currents over the continental shelf in regions where the shelf is long and straight, particularly regarding coastal upwelling, upwelling fronts, coastal jets, undercurrents, response to transient (day-to-day) winds, seasonal wind-driven shelf circulation, coastal trapped waves (periods of days to weeks), local and remote forcing, waves propagating from the equatorial Pacific Ocean, perturbations associated with the El Niño-Southern Oscillation (ENSO), and interannual variations (Huyer, 1983, 1990; Neshyba et al., 1989; Batten, 1997).

More recently, there has been progress in studying more complex phenomena such as

* the nature of the upwelling front and associated jets and eddies in the case where the front lies seaward of the edge of the continental shelf;
* the relation between coastal upwelling jets and the core of the California Current;
* the evolution of jets and eddies through an upwelling season;
* the circulation in regions of more complex bottom topography (see the special issue of the *Journal of Geophysical Research*, 1991); and
* the influence that wind forcing, coastal irregularities, and the variation of the Coriolis parameter have on the generation of many of the observed features of the California Current System (Batten, 1997).

South of the U.S.-Mexico border there has been some sampling of the California Current by CalCOFI, which was interrupted in the late 1970s. Although the CalCOFI program covered latitudes north and south of the U.S.-Mexican border, the sampling has been more intense and continuous in U.S. waters. Many important gaps persist at the southern (tropical) limit of the California Current System along Baja California and in the Gulf of California.

One example of a large-scale feature that has not been sampled adequately is the California Undercurrent. This is a narrow ribbon of water from the south, approximately 20 km wide, flowing poleward, with its core located at a depth of approximately 200 meters (Batteen, 1997). This current is almost always found hugging the continental slope but occasionally intrudes onto the shelf. There is a distinct thermohaline signature of the waters within this ribbon (i.e., the Subtropical Subsurface Water) that distinguishes them continuously to the south, somewhat beyond the Gulf of Tehuantepec. The presence of poleward undercurrents is a common phenomenon along eastern ocean boundaries (see Neshyba et al., 1989; Batteen, 1997).

Another large-scale feature that deserves more intensive study is the confluence of the California and Costa Rica Currents, which occurs near the latitude of Cabo Corrientes. The surface flows from north and south merge and turn westward, forming the North Equatorial Current. The seasonal shift and modulation in the position of this confluence is known only vaguely. A similar feature deserving study is the mixture of subarctic waters of the California Current, tropical waters of the Costa Rica Current, and waters outflowing from the Gulf of California in the vicinity of the mouth of the gulf.

Analysis of large-scale marine wind observations (Parrish et al., 1983; Bakun and Nelson, 1991) shows that the wind-driven or Ekman transport[*] of water offshore occurs year-round to at least the southern tip of Baja California. Variations—convergences and divergences—of this transport imply upwelling and downwelling in different regions along the coast.[†] The regions of convergence

---

[*]According to Ekman's theory, the steady-state wind-driven transport of water in the ocean surface layer is proportional to the wind stress at the sea surface, is directed 90 degrees to the right (left) of the wind in the Northern (Southern) Hemisphere, and takes place in a layer (the Ekman layer) some tens of meters deep. The depth of this layer and the distribution of currents within it depend on poorly known frictional processes in the layer, but the total transport integrated over the layer depends only on the surface wind stress and the Coriolis parameter in the Ekman theory, and so can be calculated without any direct measurement of ocean currents.

[†]If the Ekman layer transport is convergent at a particular place, more water flows into that location than flows out, so there must be a compensating downwelling out of the layer to conserve the mass of water. Conversely, a divergent Ekman transport implies upwelling of deeper water into the Ekman layer. Since there can be no flow through a coastal boundary, equatorward winds on the West Coast produce a coastal Ekman divergence, and thus, coastal upwelling. The curl of the wind stress (a physical property involving east-west [north-south] gradients of north-south [east-west] wind stress) yields the estimate of open-ocean upwelling or downwelling in the Ekman theory. Since the equatorward winds off the West Coast have an offshore maximum, there is cyclonic wind stress curl over the shoreward side of the California Current, and thus, open-ocean upwelling there.

seem to separate populations of fish such as anchovies, sardines, and mackerel. The 1982-1983 and 1997-1998 El Niño events have had dramatic impacts on the eastern Pacific Ocean off Mexico and the United States in relation to the current systems, ocean properties, marine biological systems and fisheries, and local climate. The scientific questions raised by the 1997-1998 El Niño and the data that have been generated will contribute significantly to the research agenda in the years ahead. The phenomenon affects all of the scientific problems discussed here.

Gulf of California

The virtually land-locked Gulf of California is an extreme physical and geological environment, characterized by such major features and processes as

• large tidal range, reaching 10 m during spring tides, causing extensive drying and flooding of the nearshore regions;
• relatively pristine and arid land areas;
• strong tidal streams and strong vertical mixing forced by them;
• wide shallow-water deposits of fine sediments in the Colorado River delta;
• local wind forcing of both drift currents and wave-induced mixing;
• strong resuspension of seabed material, probably correlated with tidal and wind-induced mixing; and
• circulation that may distribute particulate matter across the shelf, reaching the deeper basins near the middle of the gulf.

Variability of Fisheries

The social and economic concerns related to studies of the California Current System are obvious. An improved ability to monitor and predict primary and secondary productivity has potential value for improving the management of coastal fisheries and possibly allowing forecasting of catch. Forecasting the onset of ENSO events could enable the prediction of their effects on coastal ecosystems. A better understanding of the California Current System and its variations may also be useful in mitigating the effects of pollution (e.g., oil spills or pollutants from coastal communities).

Fish populations in this region fluctuate considerably, apparently under the influence of global-scale climatic and oceanic variations (Figure 2.2), and are also affected by the coastal physical conditions described in the previous section, and, of course, by human fishing activities and predation by other marine organisms. Fluctuations in the abundances of organisms found in the California Current System parallel those of other stocks of the same (or similar) species in other areas of the world (Lluch-Belda et al., 1992). The specific mechanisms through which the environment provokes these significant changes are unclear, but this is one of the most important questions to be answered if proper management of

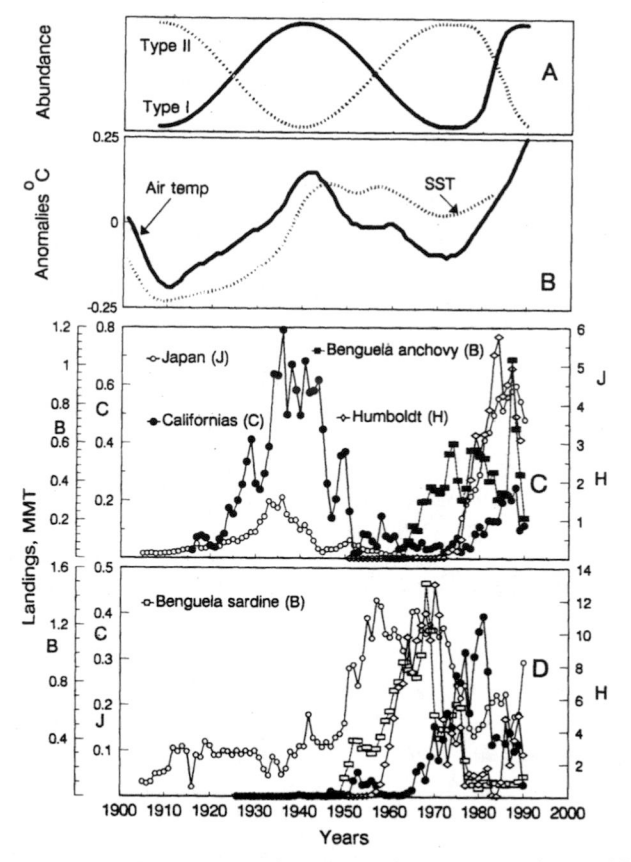

FIGURE 2.2   Cycles of abundance of sardine and anchovy species worldwide, showing the coincidence of fish abundance (panels A, C, D) and sea surface temperature (SST) and air temperature (panel B). Type I and Type II fishes tend to have different cycles. Thus, Type I fish species (sardines + Benguela anchovy) have higher abundance during periods of high SST and Type II fish species (anchovies + Benguela sardine) have higher abundance during times of lower air and sea temperatures. SOURCE: Lluch-Belda et al. (1992) (used with permission from Blackwell Scientific Publications). NOTE: mmt = million metric tons.

fisheries is to be achieved. Working Group 98 of the Scientific Committee on Oceanic Research (Worldwide Large-Scale Fluctuations of Sardine and Anchovy Populations) (Lluch-Belda et al., unpublished report) stated:

- Coherent fluctuations on a decadal scale affect fish populations and the structure of their ecosystems; transitions between stages typically are abrupt. Cycles of high and low abundance of certain species—mainly evident in the temperate sardines *Sardinops*—alternate with abundances of other groups of species, most clearly anchovies.

- Worldwide coincidences of such regime shifts imply links to global climate variability.
- There are regime shifts (Steele, 1996) presently occurring in several major oceanic ecosystems.
- These large-scale variations pose severe challenges to sustainable economic development and to fisheries management.
- Regime shifts are now hypothesized to be of far greater magnitude than interannual variation and present fundamentally different problems than usually considered by fisheries science. Existing approaches are inadequate for the management of sardine and anchovy fisheries and associated economic development because they do not account for regime shifts that occur on time scales of decades.

Environmental variations seem to affect marine organisms directly through several locally different mechanisms. Indeed, many local events are related simultaneously to large-scale climatic and oceanic changes. An understanding of how climate affects fish population abundances is important not only in the Californias, but also in all of the eastern boundary current systems in the world, which are fueled by coastal upwelling and are particularly vulnerable to climate variations such as ENSO. The effectiveness of fisheries management will depend significantly on how well we understand and predict such effects. This is true not only for sardines and anchovies (which account for more than 10% of world landings), but also for many other species. Climate changes affect not merely a few fish species, but exert effects on the physical and biological characteristics of entire ecosystems, as revealed by fluctuations of other commercial fish populations (e.g., see Bakun, 1996) and of other components such as thermocline depth (Polovina et al., 1995), zooplankton volumes (Roemmich and McGowan, 1995a,b), and the abundance of marine organisms such as fish (Bakun, 1996), abalone, and other benthic species (Phillips et al., 1994; Vega et al., 1997).

Regime shifts and the associated changes in abundance and distribution of critical prey species such as sardines and anchovies have profound influences on the population dynamics and status of marine mammals and seabirds. The most notable example of such effects is the drastic changes in populations of marine mammal and seabird populations associated with ENSO events (Trillmich and Ono, 1991). These long-lived species have adapted to withstand annual and decadal variations in food resources over large spatial and temporal scales. However, many species are now at historically low population levels, at least partially due to overfishing, pollution, disturbance, and habitat degradation, and may not be able to accommodate future changes in prey species and composition resulting from regime shifts.

The Pacific coast of the Californias offers a unique opportunity to learn how the environment acts on both populations and ecosystems in upwelling regions. It includes several distinct upwelling zones (Southern California Bight, Pt. Banda, Pt. Eugenia, Bahia Magdalena, and larger islands of the Gulf of California) with year-round high productivity, controlled by different mechanisms in each zone.

There are two arguments to support the common interest of both the United States and Mexico in studies of the physics and biology of the California Current System. First, the California Current constitutes a continuous major ecosystem fully shared by the two countries. As such, intense interdependence of populations through migratory patterns, advection, genetic interchange, and trophic relations is widely recognized. Second, the need for cooperation is increasing because the demand for marine living resources is growing. Societal concern for the environment has created a movement toward sustainable management practices, requiring new approaches for wise management. Natural and anthropogenic events and processes induce fluctuations, and possibly long-term changes in the abundance and availability of marine species, that may be as strong as those induced by harvesting.

The problem of fluctuating fish populations extends well beyond scientific interest. Managing shared, uncontrollably fluctuating resources is not a trivial challenge. Further, human fishery activities profoundly influence and are in turn influenced by marine mammals and seabirds. In the face of major natural changes in abundance and availability, the management of human activities becomes considerably more complex and must extend beyond the mere assurance of sustainability. Marine harvesting needs to be managed to avoid exerting too much fishing pressure during natural collapses, yet be able to detect and exploit population booms. Switching target species during regime shifts to avoid wasting fishing infrastructure and attempting to allocate fishing effort temporally and geographically to improve efficiency will not be easy tasks without deeper insight into the fundamental ecosystem processes. Answers to some of these fundamental questions will be found most readily by comparative studies among regions around the world that exhibit similar physical and biological processes. Comparative studies can be conducted most efficiently and with the most insight if carried out cooperatively, rather than unilaterally.

Binational cooperation could lead to greater progress in understanding the effects of the physical environment on fisheries in the California Current System (e.g., fish and shellfish population fluctuations caused by ENSO phenomenon [Phillips et al., 1994; Vega et al., 1997]. Studies must include socioeconomic aspects—fisheries resources and their exploitation—and should document the enormous losses that result from unpredictable, major fluctuations in natural systems. More specifically, there are a number of important scientific questions related to the physical dynamics of the California Current System and how the physical system affects the population dynamics of commercially important fish species. The following are some examples:

• What is the nature of the climatic and oceanic variations, and what drives them?

• Are these variations predictable? Scientists have gained some degree of ability in predicting the timing and magnitude of ENSO events, even though the

biological outcomes of these events, such as the relative abundance of sardines and anchovies, are less predictable (Lynn et al., 1995; Smith, 1995; Chavez, 1996).

• How should we expect climatic and oceanic variability to change if global warming occurs?

• What is the dynamic behavior of eddies and upwelling that allows for the maintenance of large sardine and anchovy populations throughout the year in areas ranging from subarctic to subtropical?

• How do these major changes affect population abundances, and by which specific mechanisms? Why do anchovy populations increase when sardine populations are scarce?

• Where are sardine and anchovy populations located near the southern limit of the California Current System, and do these populations vary coherently with others elsewhere?

• What is the offshore structure of the California Current at its southern extent, given the fairly steady Ekman transport throughout the region?

 1. Does the California Current have a relatively narrow (<100 km), high-velocity (approximately 50 centimeters per second [cm/s]) core off the Baja California coast, as it does off northern California, or is it broad and weak as described by Wooster and Reid (1963)?

 2. How do the California Current's strength and position vary with season?

• Is there a near-shore (i.e., over or near the shelf) coastal jet flowing toward the equator at southern latitudes, as there is in midlatitude coastal upwelling regions (e.g., Oregon, northern California)?

• How do the strength and position of the poleward undercurrent or countercurrent over the continental slope vary with season?

• Are the dynamics of this system governed primarily by coastal upwelling (i.e., offshore Ekman transport), open-ocean upwelling due to wind-stress curl (i.e., Ekman pumping), or ring/eddy dynamics?

Study of the California Current's regime shifts presents a binational challenge because of the limitations of resources for such a large-scale, long-term (decadal-scale) task. The only way regime shifts in the California Current System can be studied is within the context of a larger regional or global program, for example, through the establishment of a regional ocean observing system or through links with the Climate Variability and Predictability (CLIVAR) program or other international programs designed to study decadal-scale changes and comparisons among eastern boundary current systems.

The causes and effects of short-term climate variability in coastal areas of the United States and Mexico is another important topic for collaborative research. Short-term climate variability is dominated by ENSO events (on a 2- to 10-year time scale) in the Pacific Ocean and by North Atlantic Oscillation (NAO) events (on a 10- to 20-year time scale) in the Atlantic Ocean (with repercussions in the Caribbean Sea and Gulf of Mexico). The impacts of ENSO events are relatively

well understood and intensively studied on the Pacific coasts of the United States and Mexico compared to those of NAO events on the Atlantic/Caribbean/Gulf of Mexico coasts of the two countries, but much remains to be understood on both coasts. The severity of the 1997-1998 ENSO event highlights the importance of improving U.S.-Mexican interactions on this topic. The scientific questions raised by the 1997-1998 ENSO event and the data that have been generated from it will contribute significantly to the research agenda in the years ahead. The phenomenon affects all of the scientific problems discussed here.

The impacts of ENSO events on the Pacific Coast involve anomalous currents, surface temperatures, and runoff; increased storm damage, especially due to excessive rainfall; and the displacement of biota, including fish, beyond their normal ranges. Furthermore, ENSO events are known to impact the Caribbean Sea and Gulf of Mexico through anomalous atmospheric forcing, especially changes in surface winds and precipitation due to altered weather cycles and storm tracks. The coastal impacts of NAO events are basically unexplored; however, it has been established that sea surface temperature (SST) variability in the Caribbean Sea and Gulf of Mexico is linked to anomalous SSTs in the tropical Atlantic Ocean associated with the NAO.

Climate fluctuations of the Caribbean, southern meso-America, and northern South America are associated with anomalous SST variability in both the tropical Pacific and tropical Atlantic (Enfield, 1996). The effect of ENSO is to produce rainfall deficits along the Pacific coast of meso-America during the rainy season following the period of maximum Pacific SST anomalies. However, with the possible exception of strong ENSO events, non-ENSO SST warmings in the tropical North Atlantic, especially when the South Atlantic is cool, has a stronger association with rainfall in this region, increasing it (Enfield and Alfaro, 1998). These are manifestations of the NAO.

Collaborative studies of regional, short-term climate variability, including its impact on coastal circulation and ecosystems, associated with ENSO and NAO events will have obvious societal benefits (including predictability of climate). Additionally, climate variability will serve as a natural test of our understanding of the response of circulation systems and ecosystems under differing atmospheric forcing conditions. To achieve maximum effect, such collaborative studies will require cooperation among hydrologists, meteorologists, and oceanographers in multi-year investigations.

Marine Mammals and Seabirds

Seabirds and marine mammals rely on regional patches of high productivity that result from localized sources of nutrient influx associated with upwelling or tide-induced vertical mixing regions, bottom topography, or divergence zones (Schoenherr, 1991; Kenney et al., 1995; Macaulay, 1995). As endotherms with high metabolic rates, seabirds and marine mammals are the dominant consumers

of zooplankton and fish biomass and can influence the community structure of marine habitats (Estes et al., 1978; Huntley et al., 1991). Their populations are distributed in patches and their distributions are usually good predictors of areas of high productivity and prey abundance (Fraser et al., 1989; van Franeker, 1992). The population centers or breeding locations of many marine mammals and sea-birds are located in close proximity to such areas of high productivity (Hui, 1979, 1985; Winn et al., 1986; Reilly, 1990; Mullin et al., 1991; Whitehead et al., 1992; Kenney et al., 1995). For example, the highest densities of brown pelican, brown- and blue-footed boobies, and California sea lions are associated with the highly productive waters of the mid-region of the Gulf of California (Breese and Tershy, 1993; Tershy et al., 1993; Velarde and Anderson, 1994).

Many seabirds breed exclusively or primarily in the Pacific Ocean and Gulf of California regions (e.g., yellow-footed gull, Townsend shearwater, black-vented shearwater, Caveri's murrelet, black storm petrels, least storm petrels, Heermans gull, elegant tern, and possibly Xantu's murrelet). Many of these species are endangered or threatened, and although their population status and distribution are relatively well known in the United States, very little is known about their status in Mexican waters (Velarde and Anderson, 1994).

Four species of pinnipeds breed in this region (harbor seal, northern elephant seal, California sea lion, and Guadalupe fur seal) and three are resident. The region is a critical feeding and breeding ground for 26 whale species. The 30 species of marine mammals found in these waters represent 25% of all species of marine mammals in the world (Vidal et al., 1993). Some of these species exist nowhere else in the world or have breeding colonies that are located exclusively in the waters off Baja California (Barlow et al., 1997). For example, the highly endangered *vaquita*, a small porpoise, is limited to less than a few hundred individuals living exclusively in the northern region of the Gulf of California. The sole breeding site of the Guadalupe fur seal is limited to one island. The calving grounds of the entire California gray whale population (approximately 22,000 individuals) are situated exclusively in the coastal lagoons and embayments of the Pacific coast of Baja California. In addition, populations of other species, such as humpback and blue whales, remain quite low and continue to receive protection under national and international agreements for endangered species. Populations of both blue and humpback whales migrate between their winter and spring breeding grounds of the Pacific coast of Mexico and in the Gulf of Califor-nia to their summer feeding grounds off the west coast of the United States (Ur-ban et al., 1987). Importantly, the population of blue whales that inhabits the regional waters between the United States and Mexico is the only one in the world that appears to be increasing.

A wealth of information exists for some species with regard to their popula-tion status, general biology, feeding ecology, and migratory patterns; such infor-mation is totally lacking for other species. Application of new technologies, such as satellite telemetry, recoverable data loggers, molecular markers, acoustic track-

ing, and remote sensing, combined with dedicated research vessels, holds significant promise to increase our understanding of the ecology and biology of these important marine predators (Greene and Wiebe, 1990; Costa, 1993; Hoelzel, 1993). These new tools have already provided significant insights into the lives of a few species (Boyd, 1993). The potential exists to link marine mammal and seabird studies with investigations of commercially important prey species such as anchovies, sardines, and squid. The relatively calm waters and the high concentrations of marine mammals and seabirds in the Pacific Ocean and Gulf of California provide a unique opportunity to apply these new techniques to pelagic species that have been difficult to study.

Significant insights into the ability of marine mammals and seabirds to adjust to climate-driven changes in food availability and abundance (e.g., El Niño effects) would be gained from inclusion of these top predators into integrated studies of fisheries biology and biophysical interactions. Fledgling efforts are under way at a number of institutions in the United States and Mexico. Researchers at the University of California at Santa Cruz and Davis have collaborated with colleagues at the Autonomous University of Baja California and the Interdisciplinary Center of Marine Sciences (CICIMAR-La Paz) of the National Polytechnic Institute (IPN), to study marine mammal and seabird populations and foraging ecology in the Gulf of California and Pacific Ocean. Texas A&M University at Galveston is carrying out a major research effort funded by the U.S. Minerals Management Service to understand the relationship between marine mammal abundance and the physical and biological oceanography of the Gulf of Mexico (Davis and Fargion, 1996).

Pinnipeds and seabirds require isolated and predator-free islands to rear their young successfully and are thus extremely susceptible to the short-term negative impacts of human disturbance (Anderson et al., 1976) and the long-term negative impacts of introduced terrestrial mammals (Burger and Gochfeld, 1994; Velarde and Anderson, 1994). In the past 30 years, a 175% increase in the human population of the Pacific coast and Gulf of California areas and road construction along much of the coast have increased the accessibility and attractiveness of the region's islands to commercial fishers, tourists, and other potential visitors. Together with the increased human disturbance there has been introduction of non-indigenous mammals. Currently, one species of seabird, the Townsend shearwater, is threatened with extinction due to the presence of introduced mammals on all known breeding colonies, and other species are endangered. Most of the important breeding islands are legally protected as natural areas. Thus, the development and application of effective techniques to eradicate introduced mammals from such islands are possible and can have long-term conservation benefits for breeding seabirds in the region.

Human development of estuarine habitats also may impact both seabirds and marine mammals through the direct loss of foraging and breeding habitat and the indirect loss of areas important in the life history of prey species. For example,

the destruction of the Colorado River delta due to the collapse of freshwater flow directly and indirectly threatens the vaquita as well as regional populations of many species of seabirds that breed and winter in the upper Gulf of California. Similar to what has already occurred in the United States, the smaller-scale destruction of wetland habitat through increasing marina and aquaculture development further threatens seabird and marine mammal populations in Mexico.

Climate-Controlled Laminated Sediments

Finely laminated sediments in periodically or permanently anoxic basins of the California Borderland and the Gulf of California carry a detailed record of the ocean's response to global climate change over at least the past 100,000 years, as shown in the Santa Barbara Basin by correlation to the isotopic temperature records of the Greenland ice cores and to events in the North Atlantic Ocean (Kennett and Ingram, 1995). Certain oceanic sites, such as the Santa Barbara Basin, apparently amplify the climate-ocean coupling signal. The laminations are alternately dominated by oceanic and terrestrial components and by oxygenated, bioturbated sediments versus undisturbed sediments.

Studies by Baumgartner et al. (1992) of fish scales in laminated sediments show a 2,000-year record of fluctuations of the populations of the Pacific sardine and the northern anchovy over periods of about 60 and 100 years, respectively. Recent changes in these populations resemble fluctuations of the past. Studies of anoxic sediments off western Baja California and in the Gulf of California (e.g., Holmgren-Urba and Baumgartner, 1993) show a similar long time series of fish population fluctuations. Observations of laminated sediments could help answer questions regarding the physical and biological factors that control long-period variations of the marine environment. Preliminary work on the subject has been carried out by Broenko et al. (1983), Devol and Christensen (1993), and Ayala-López and Molina-Cruz (1994), but further work could provide new insights.

Collaborative research on laminated sediments by Mexican and U.S. scientists could be quite productive as a means of refining estimates of past climate changes and the response to such changes by the ocean's physical and biological systems. Such collaborative research is already occurring in the Gulf of California—for example, on slope basins northeast of La Paz—involving the Autonomous University of Baja California Sur and the University of Southern California, but similar research should also be conducted in the California Borderland. Comparative studies of processes occurring in these two regions would improve our understanding and use of these sensitive climatic indices.

Marine Pollution

Reports of beach closures, bans on shellfishing, health warnings to seafood consumers, waste discharge to the sea, ocean dumping, and habitat losses have

increased public concern about the quality and health of the coastal environment in the Mexico-U.S. border areas (Botello et al., 1996). Consequently, the public is becoming increasingly aware of pollution problems in the coastal marine environment, particularly on beaches and adjacent waters.

The marine environment in the Mexico-U.S. border area is used heavily for transportation, recreation, and commercial fishing and is the final repository of many pollutants, threatening both marine ecosystems and coastal human populations. The impacts of pollution include contamination and disease in fish and shellfish populations, changes in kelp beds and other ecosystems, changes in plankton populations due to nutrient enrichment by wastewater, and contamination of sediments and organisms with toxic material and bacteria in wastewater and storm runoff. These effects can accumulate as local and regional inputs continue over time.

The range of contaminants introduced into the marine environment surrounding the U.S.-Mexico border region is extensive. Among the contaminants that should be studied are bacteria and pathogens, particulate organic matter and solids, trace metals, synthetic organic chemicals, and products of oil exploration and production. Among the regional pollution topics that need to be studied are the following:

- the biogeochemistry related to inputs, pathways of transport, and fates of various pollutants;
- the usefulness of regularly acquired coastal environmental quality data as a foundation for resource management and policy (there are many monitoring programs presently operating; are they effective?);
- the role of bivalve sentinel organisms in monitoring chemical contaminants;
- the effectiveness of sewage outfall monitoring: and
- the biological effects of chemical contamination.

Standardized bioassay protocols and bioaccumulation tests should be required, to assess (1) the toxicity of effluents to marine life, (2) the hazards of human consumption of fishery products from coastal areas affected by such effluents, and (3) habitat changes resulting from human activities. As a foundation for such studies, the following steps will be necessary:

- Develop an inventory of harmful chemicals and bacteria in the border coastal environment.
- Identify sources of environmental pollutants.
- Develop basic descriptions of the geography, hydrology, water quality, nearshore circulation patterns, climate, habitats, and natural resources of areas prone to pollution, including land-use patterns and economic activities.

In the near future, monitoring and research related to marine pollution must assess the degree of exposure and sensitivity of marine ecosystems to contaminants, as well as the cumulative effects of these agents.

Sediment Transport in the Upper Gulf of California

The waters of the northern Gulf of California (less than 40 m deep) are mixed vertically by tidal currents, resulting in large amounts of sediment in suspension, particularly in the channels within river deltas, for example, at the mouth of the Colorado River. Concentrations of suspended particulate matter reach 130 milligrams per liter (mg/L) near the Baja California side of the upper gulf, decreasing to 5 mg/L toward the center of the northern gulf (García de Ballesteros and Larroque, 1974). Extreme values of 10 g/L have been reported at the mouth of delta channels. Sediments originating in the delta region have been observed 250 km to the south, near Ángel de la Guarda Island. Whether resuspension and widespread sediment transport take place over the remainder of the northern gulf or other local areas is not yet known. It has been shown that when sediments are resuspended, nutrients are released with the interstitial water, so sediment transport could have a direct impact on food chains through stimulation of phytoplankton growth (Hernández-Ayón et al., 1993).

Ongoing research at CICESE involves detailed measurement of suspended sediment and velocity profiles. It is known that the tidal influence on turbidity is large; advection and resuspension signals are both important, but the former seems to dominate during neap tides (Cupul-Magaña, 1994; Alvarez and Ramírez, 1996). Off Baja California, concentrations of suspended sediments were about 5 mg/L near the surface and about 80 mg/L near the seafloor during spring tides.

There are studies of the circulation (Godínez, 1997), hydrography (Alvarez Borrego et al., 1973; Alvarez Borrego and Galindo-Bect, 1974; Alvarez Borrego et al., 1975), biomass, nutrients, seston (Farfán and Alvarez Borrego, 1992; Hernandez-Ayón et al., 1993; Zamora-Casas, 1993) and hydrodynamical modeling (Carbajal et al., 1997; Marinone, 1997; Argote et al., 1997) of the area, but a comprehensive understanding of sediment transport has not been achieved. Most of the knowledge we have gained about suspended sediments and turbidity in the upper gulf comes from observations. As a result, changes taking place at tidal and lower frequencies are unexplained and unpredictable. Frequent measurements of these properties over time are required to gain understanding and predictive abilities. Measurements of turbidity should be connected to circulation and sediment transport modeling for maximum value and potentially to achieve predictive ability. Measurements capable of revealing small residual circulation in the presence of large tidal variations are needed in the upper gulf. New observations are planned, primarily by CICESE and Autonomous University of Baja California personnel with the aid of funding from CONACyT.

The vertical distribution of suspended particulate matter and changes of distributions caused by tidal and wind forcing have not been explained. Consequently, the more difficult task of explaining the horizontal distribution of suspended material has not been achieved. Difficulties in developing predictive models are due in part to rapid changes in turbidity resulting from the semidiurnal

tidal frequency that dominates this environment. Several turbid water patterns (bands, front-like structures, small eddy-like structures, cross-shore plumes) have been observed in satellite images (Lepley, 1973), but their origin is unknown. These phenomena have to be explained in terms of the dynamics involving tides, wind, and the interaction of currents with seafloor morphology.

Now that the Colorado River input of terrigeneous sediment and water is negligible, the sediment budget of the delta and adjacent regions depends mainly on tide-induced transport (both as bed load and suspended load). It is important to determine if the delta or specific areas of this region are being destroyed by dominant erosive processes over time or if these areas are being filled in by depositional mechanisms. Answers to this question have significant implications both for the future of natural marine habitats and for the future of human activities on the Gulf of California coast.

Tectonic Development of the California Borderland and the Gulf of California

The Continental Borderland to the west of Baja California and Southern California occupies a unique and strategic location critical to understanding the crustal evolution of the Californias and the Pacific Plate-North American Plate boundary (Krause, 1965). Acquiring such an understanding will require new collaborative research between Mexican and U.S. scientists. The Borderland is an underwater region of high ridges, deep basins, and a few islands that extends 900 km from Point Conception on the north to Bahía Vizcaíno on the south and is up to 300 km wide (Krause, 1965). The geologic structure of the Borderland consists of displaced continental blocks, unroofed lower crustal and subducted oceanic rock, extensive basaltic volcanism, and sedimentary facies of various ages (Greene and Kennedy, 1987). The region has experienced significant elements of Tertiary subduction, Miocene extension, and post-Miocene compression, in addition to major components of strike-slip deformation. The Borderland is nearly twice as wide as any other analogous location along the western edge of North America and was the result of extreme continental extension in Miocene time, estimated to be as much as 250 km.

Recent conceptual advances (e.g., Legg, 1991; Bohannon et al., 1993; Crouch and Suppe, 1993; Nicholson et al., 1994) have provided, for the first time, coherent and testable models for the tectonic[*] development of the Borderland and its relationship to the tectonics of the Californias. Presently, all of Baja California and the western part of Southern California are being carried northwestward with the Pacific Plate, relative to the North American Plate. However, prior to mid-Tertiary time (20 million years ago), the Pacific Plate was separated from the continent by the Farallon Plate, which was subducting at an oceanic trench along

---

[*]Tectonic refers to the regional structural and deformational features of Earth's crust.

the margin of the Californias. A spreading rift separated the two oceanic plates. Eventually, almost complete subduction of the Farallon Plate brought the oceanic rift near to the North American Plate at the trench, whereupon the Farallon Plate began to break up and the resultant microplates were captured by the Pacific Plate together with portions of the continental margin. The motion between the oceanic plate and the North American Plate then changed from subduction to the present right lateral strike-slip motion of the San Andreas Fault and its ancestral analogues, followed later by the oblique opening of the Gulf of California. Off Southern California, this event occurred 20 million years ago with the welding of the Monterey Microplate remnant of the Farallon Plate to the continental margin; it initiated

1. a splitting off and northward shift of some segments of the continental margin upon their capture by the Pacific Plate;

2. a rotation of 90 degrees of one of these segments over the present area of the northern Borderland to become the present east-west trending western Transverse Ranges, as the western end of the range moved northward faster than the eastern end; and

3. a reorganization of the tectonics of the region that resulted in the present structure of the Borderland and the Californias, the opening of the Gulf of California, and the capture by the Pacific Plate of Baja California and all of Southern California west of the San Andreas Fault.

A major debate, however, concerns

- whether extension in the Borderland continued until seafloor spreading was reached in the thinned basins;
- how this process of extension was accommodated at different levels in the crust;
- how this extension was related to the evolving transform plate boundary; and
- how closely related the timing of extension was to motions of the oceanic plates or to predictions from proposed tectonic models.

Much geological and geophysical research has been carried out in the northern Borderland, especially by oil companies. However, few studies, and no modern deep seismic studies, have been made in the southern Borderland off Baja California, where the prime targets for testing the new tectonic model are located. The most significant recent research development has been the drilling of cores in Borderland basins during the Ocean Drilling Program (ODP) Leg 167 in 1996. The drill hole in the Southern Borderland bottomed in relatively young basalt of late Miocene age (9 million years ago; Lyle et al., 1997). The drill cores carry a rich history of climate change with warm and cool periods, changes in the California Current and marine flora and fauna, and influences of tectonic reorganiza-

tion such as the uplift of Baja California. Further study of the cores will be fruitful in revealing this history.

Scientists from the United States and Mexico have shown considerable interest in conducting research in the Borderland area. A binational program on this topic could be pursued involving several ships and institutions, using

1. shipboard multichannel seismic measurements, swath sounding, and other marine geophysical techniques to image the three-dimensional geological structure at shallow to deep crustal levels;

2. detailed offshore-onshore refraction to assess velocity structure of the crust and upper mantle and to help relate offshore structure to onshore geology; and

3. seafloor sampling, core analysis, isotope dating, and petrologic studies to assess offshore and nearshore rock composition, stratigraphy, and the rates and dates of sedimentation, volcanism, and Borderland deformation and breakup, as well as changes in the climate and the California Current System.

Observations of these three types would provide an integrated data set to allow detailed interpretation of the fundamental processes involved in crustal evolution, crustal extension, and plate boundary development of this critical segment of the continental margin of the Californias. Scientific objectives should include the determination of sedimentary facies in the area and the processes of their deposition, such as the relative roles of land-derived versus marine sediments and the effects of climate change. As an initial step, a workshop of Mexican and U.S. scientists interested in these problems should review the state of knowledge in detail and identify suitable joint scientific and environmental research problems, both disciplinary and interdisciplinary.

A natural corollary of the above activity would be a detailed study of the present interaction of the oceanic Rivera Microplate with the continental margin of the State of Jalisco, mainland Mexico. This interaction may be a modern analogue of the tectonic interaction 20 million years ago, when the Monterey Microplate was about to be captured by the Pacific Plate, with all of the consequences described above.

The history of plate reorganization to the west of the peninsula of Baja California is known with some detail; however, with respect to the Gulf of California, there are inadequate data to allow us to discern the beginning of oceanic rifting and transform faulting or the history of the movements in the region linking Baja California to continental Mexico. A recent study of the North American Plate boundary was conducted by Spanish and Mexican scientists and ships in the southern Gulf of California and southward along the Pacific coast of the Mexican mainland (Dañobeita et al., 1997). This study documents the transition of the tectonic setting from an entirely subduction to entirely transform plate boundary and could lead to better understanding and prediction of earthquakes in the region.

From about 5 million years ago until the present, the system of transform faults and spreading centers in the Gulf of California has been formed as a result of changes in the plate boundary of this region. This system of transform faults and basins developed to the north, joining itself to the San Andreas Fault system in California.

In the following paragraphs, some questions are suggested with regard to the geology and geophysics of the Gulf of California. These questions are of interest to scientists because they help to define the history of the gulf and its adjacent land area and their geology and geophysics (Umhoefer et al., 1996).

Some local studies seem to support the model in which the gulf is divided into segments of spreading rifts offset from one another by transform faults, similar to orthogonal rifts of the California Borderland. There are, however, many unanswered questions. For example, is the peninsula the result of a migration in time from Sonora to the northwest, such as it appears today? If so, when did it start? Is segmentation a widely distributed feature in the gulf? Is this structural pattern responsible for the formation of the protogulf in the time that has been proposed for the orthogonal extension?

Some primary geological aspects relevant to the formation of the gulf are possible influences on the gulf's location and development: the batholith* in Baja California may have controlled the definition of the western margin of the rift by acting as a rigid block; perhaps the Cretaceous trans-arc environment occupied the position of the modern gulf, and/or the later Miocene volcanic arc helped to determine the present position of the gulf. Data from the extreme south of the San Andreas Fault system still must be integrated with data from the mouth of the gulf to determine the importance of Miocene volcanism.

Knowledge of plate movements suggests a difference in the history of rifting and volcanism between the northern and southern parts of the gulf, but this contrast is not clear from petrologic data; therefore, additional isotopic studies are needed to define the temporal evolution of the lithospheric composition in both ends of the gulf.

Micro- and macrofossil data suggest that the first marine incursion in the modern gulf occurred between 12 and 15 million years ago and was characterized as a transgressive process in shallow coastal environments. Two questions related to marine incursions are (1) could paleontologic data help in determining if there are synchronous discordances on a regional scale in the gulf? and (2) when and in which regions were there links between the gulf and the Pacific Ocean, as suggested by some paleontologic data?

---

*A batholith is a body of igneous rock formed at considerable depth and spanning at least 100 square kilometers.

Sediment-Smothered Hydrothermal Vents

Seafloor hydrothermal environments in the Gulf of California are premier sites for interdisciplinary studies of ecological, biogeochemical, and geophysical processes important for understanding the global significance of processes that occur at ocean spreading centers. Unlike most open-ocean spreading centers, some vents in the Gulf of California are buried by a thick cover of sediments that are characterized by extreme physical and chemical gradients. Sediment temperatures can range from bottom water values of 2 to 4 °C at the sediment-water interface to more than 200 °C at <1 m depth in the sediment column. Hydrothermal fluids whose temperatures exceed 350 °C exit chimneys located on mineralized mounds (Von Damm et al., 1985). Petroleum, found in association with the mounds and in surrounding sediments, is created from biological detritus by thermal alteration, followed by quenching during hydrothermal removal and condensation at the seafloor (Simoneit and Lonsdale, 1982; Peter et al., 1991). Light hydrocarbons dissolved in the hydrothermal fluids of the Guaymas Basin have a thermogenic rather than a biogenic origin (Welhan and Lupton, 1987).

Hydrothermally altered sediments on the seafloor of the Guaymas Basin provide unique opportunities for research; these systems have attracted scientists from many countries to the gulf area. Heat flow to overlying waters (Lonsdale and Becker, 1985) is slowed not only by thick sediment cover, but also by an extensive system of subsurface dikes and sills that interrupt the hydrothermal circulation (Einsele et al., 1980). No other deep-sea area is known to have a comparable variety of physical contrasts influencing ecological relationships. Chemical distributions are dominated by complex interactions between migrating hydrothermal fluids and both inorganic and organic sedimentary materials (Gieskes et al., 1982). In addition to the deep sediment-smothered basins of the gulf, there are numerous nearby shallow-water areas such as Punta Banda, Baja California, where hydrothermal activity and the microbiology of thermophilic marine bacteria can be studied at depths of approximately 30 m (Vidal, 1980; Vidal and Vidal, 1980; Vidal et al., 1982: Vidal et al., 1978, 1981).

In contrast to open-ocean spreading centers where the heat flux is concentrated in discrete vents along the rift zone, a majority of the heat flux from Guaymas sediments may be carried by solutions flowing through a myriad of small-diameter (<2 cm) holes in the sediment. Such venting occurs continuously over many areas of more than 100 m^2 and thus has major implications for chemical mass transport and reactions within the sediment column.

Chemical distributions in the rapidly accumulating, diatomaceous muds of the Guaymas Basin also are dominated by complex interactions between hydrothermal fluids and both inorganic and organic materials (Gieskes et al., 1982; Von Damm et al., 1985; Simoneit et al., 1990). High concentrations of sulfide and short-chain organic acids resulting from thermal degradation of sedimentary organic matter (Martens, 1990) occur both in pore waters and in fluids exiting

vent holes in sediments that support luxuriant mats of *Beggiatoa* bacteria. The generation of toxic and carcinogenic polycyclic aromatic hydrocarbons (PAHs) during seafloor petroleum formation (Kawka and Simoneit, 1990) at concentrations similar to levels found in typical crude oils or at contaminated industrial sites suggests that these vent sites may be interesting "natural laboratories" for the study of the effects of such compounds on both individual organisms and benthic ecosystems.

Sediment-smothered vents provide unique opportunities for the study of microbiological processes occurring at extremely high temperatures. Massive mats of *Beggiatoa* may exceed 3 cm in thickness on surface sediments and up to 30 cm on hydrothermal mounds (Jannasch et al., 1989). *Beggiatoa* are lithoautotrophic[*] primary producers (Nelson et al., 1989). Studies by Jørgensen et al. (1992) using sulfur 35 (^{35}S) as a radioactive tracer have revealed the presence of sulfate-reducing bacteria within the mats, with a temperature optimum between 103 and 106 °C and activity up to 110 °C. These observations extend the known upper temperature limit of bacterial sulfate reduction by 20 °C and have potential implications for high-temperature biotechnological applications.

The role of bacterial communities in vent environments has been studied by Jørgensen et al. (1990) and Romero et al. (1996), who documented the importance of diverse groups in the degradation of organic matter produced in the vent environment. Additional studies should be carried out related to the functional aspects of the bacteria in vent food webs. Knowledge of the ecology of the benthic fauna associated with the Guaymas hydrothermal vents is recent and still minimal. Most studies have focused on the taxonomy and description of new species of polychaete worms and crustaceans (Grassle, 1984, 1991; Grassle et al., 1985; Soto and Grassle, 1988). There are few published papers that focus on the megafauna (Soto et al., 1996; Escobar et al., 1996) and macrozooplankton at and near deep-sea hydrothermal vents, their strategies of dispersion in the water column, and the potential effect of vent plumes on their distribution patterns (Grassle, 1986; Berg and van Dover, 1987). Paleoceanographic studies conducted by Ayala-López and Molina-Cruz (1994) revealed the presence of living benthic foraminifera in the Guaymas Basin hydrothermal vents. Studies of sediment-smothered vents in the Gulf of California offer opportunities for significant new findings and provide a natural impetus for interdisciplinary and multinational oceanographic research. The vent sites are attractive because of their proximity to shore and their accessibility.

Examples of Significant Study Topics

Investigators from Mexico, the United States, Denmark, Germany, France, and other countries have been actively involved in studies of the Guaymas Basin

---

[*]Lithoautotrophic organisms are those that rely on minerals derived directly from rocks.

for more than two decades. However, because Mexico lacks the equipment and infrastructure needed to conduct these studies, very few Mexican scientists have had the opportunity to participate in the investigations of the Guaymas hydrothermal vents. Mexican participation generally has been limited to playing a modest role aboard foreign vessels and with foreign funds. This primarily foreign research has led to important discoveries in a number of areas and has indicated a need for additional investigation of many exciting new topics including the examples listed below. This is an area of research that is ripe for Mexican leadership. Scientific disciplines likely to be centrally involved include microbiology and benthic ecology, biogeochemistry, geology and geophysics, and biotechnology and toxicology.

Microbiology and Vent Ecology: Sediment-smothered vents in the Gulf of California offer opportunities for studies of unique communities of microorganisms and deep-sea fauna. Potential research topics include temperature and substrate regulation of metabolism and microbial degradation rates; chemical gradient controls on microbial processes; effects of thermal and chemical perturbations on community structure along gradients from the active vent environment to the abyssal plain; major biogeochemical pathways that support microbial food webs; comparison of animal-sediment interactions in hydrothermally altered versus abyssal sedimentary environments; colonization of vents; genetics of bacterial consortia and larger organisms; and biodiversity paradigms in the deep sea.

Biogeochemistry: Studies of the interactions of hydrothermal fluids with sediment organic matter in these unique environments can elucidate novel biogeochemical processes that may have been common on ancient Earth. Examples of promising research topics include degradation of organic matter by thermal versus microbial pathways; mechanisms of chemical transport (advection versus diffusion); role of mineral surface composition; interactions between organic and inorganic materials at elevated temperatures; and mineral formation and dissolution.

Geology and Geophysics: The geology and geophysics of vent zones and resulting heat flux variations are major factors controlling the biological and chemical cycling in vent zones. Potential studies related to geology and geophysics include formation of massive sulfide ore bodies; petroleum formation from recently produced organic matter; hydrothermal fluid migration through thick sediments; controls on temporal variability of venting processes; and comparison of seismic activity at sediment-smothered versus open-ocean vents.

Biotechnology and Toxicology: Sediment-smothered vents may harbor unique organisms that could have useful commercial properties or could help in the study of the effects of toxic materials on marine organisms. Important scientific activities include isolation of extreme thermophilic bacteria with potential for industrial applications, thermal generation of toxic and carcinogenic organic materials, and isolation of novel compounds.

Such studies in the Guaymas Basin could yield a number of social and economic benefits that might derive from new investigations of sediment-smothered vents and shallow water hot springs. Potential benefits include the following:

• development of a biotechnology industry based on novel characteristics of extreme thermophilic organisms from environments featuring extreme chemical gradients combined with high temperatures;
• use of Guaymas Basin-type environments as "natural laboratories" for studies of the effects on benthic communities of naturally produced toxic and carcinogenic compounds such as PAHs found in highly polluted sediments;
• better understanding of processes leading to the production and transport of petroleum and natural gas; and
• better understanding of hydrothermal fluid and groundwater migration processes along the land-ocean margin, origins of hydrothermal systems, and determinants of their chemical composition.

THE INTRA-AMERICAS SEA[*]

Introduction

The Intra-Americas Sea (IAS) is a coherent geographical unit bounded primarily by the islands of the Caribbean Sea and the continental land masses of the United States, Mexico, and Central and South America. Offshore oil and gas resources are economically important off the Gulf of Mexico coasts of the United States and Mexico, with exploration and production persistently moving into deeper water (Figure 2.3). Valuable fisheries include commercial fishing for shrimp and finfish in the Gulf of Mexico (Figure 2.3); subsistence and small-scale fishing in much of the Caribbean Sea, a variety of sportfishing activities, and a growing investment in marine aquaculture. Coastal tourism is increasingly important. The economic importance and, to a large degree, the nature and biological composition of the ecosystems of the IAS are functions of its unique physical attributes. Physical oceanographers and meteorologists have suspected for decades that regional climate, weather, and hydrological cycles are affected significantly by the IAS. Examples well known to the general public are tropical

---

[*]Although the Gulf of Mexico is the focus of this section, both Mexico and the United States have significant coastal oceans in the Caribbean Sea (or the Antillean Sea according to the popular Mexican usage). In addition, scientific evidence indicates essential physical and biological linkages between the Caribbean Sea and the Gulf of Mexico. Thus, the geographic scope of the Gulf of Mexico and adjacent waters of concern here includes the region that has begun to be referred to as the Intra-Americas Sea (IAS), a term that originated with an IOCARIBE working group of the Sub-Commission for the Caribbean and Adjacent Regions of the Intergovernmental Oceanographic Commission and encompasses the Caribbean Sea, the Gulf of Mexico, Straits of Florida, Antilles and Guyana Currents, and because of biogeographic considerations, even Bermuda. Consequently, the expression "Intra-Americas Sea" is conveniently used here to refer to this linked system.

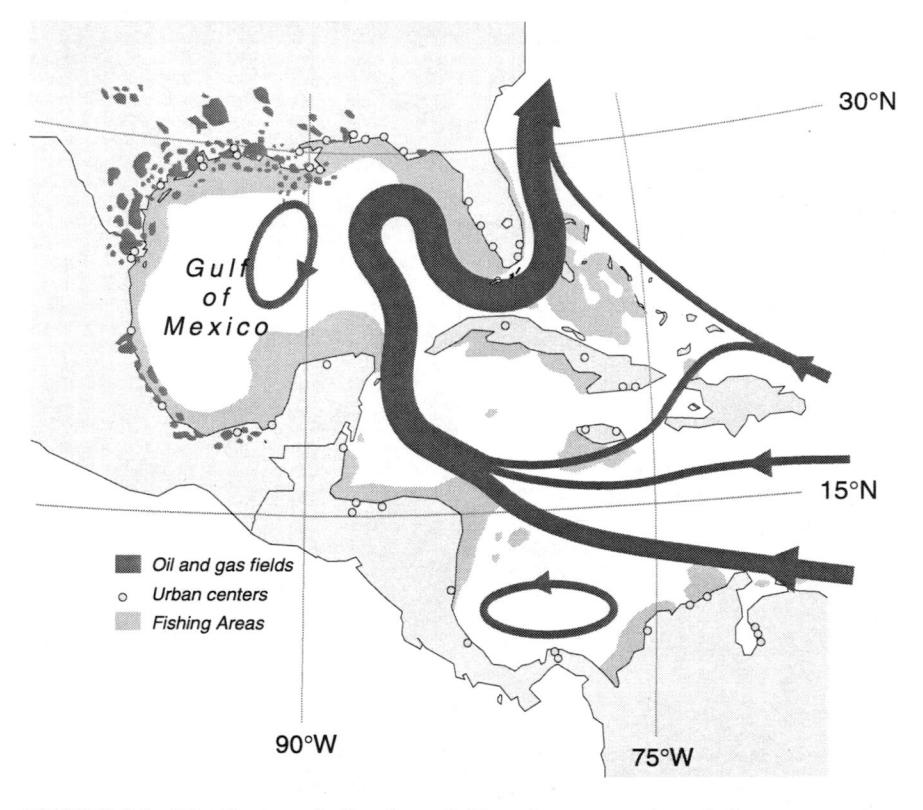

FIGURE 2.3   Distribution of oil and gas fields, urban centers (populations greater than 100,000), and fishing activities in the IAS region. Because of the semi-closed nature of the IAS basin and the circulation pattern observed, human activities in one part of the IAS can affect other areas. Actual currents are substantially more complex and vary on all time scales. Fishing areas (shaded on map) are the overlay of fisheries for conch, demersal fish, lobster, and shrimp. The circulation in the IAS links coastal regions and populations of commercially important species. SOURCE: Adapted from Maul (1993).

storms and hurricanes. Air-sea transfers of heat, moisture, and trace gases are also suspected to be affected by such events and processes but are less well understood.

The upper ocean waters of the IAS are uniquely warm, clear, and pristine, flowing from east to west into the Caribbean Sea from the tropical and subtropical Atlantic Ocean on its eastern boundary. This water transits the Caribbean Sea basins from east to west and exits the Caribbean Sea through the Yucatan Strait into the Gulf of Mexico. From there, water moves north through the eastern Gulf of Mexico as the Loop Current, which turns south along the west Florida shelf and subsequently exits into the Atlantic Ocean through the Straits of Florida between the coast of Cuba, Florida, and the Bahamas, east of the Florida Keys. The western Gulf of Mexico is impacted by warm-core eddies (rings) shed by the

Loop Current and by fresh water supplied by the Mississippi and Atchafalaya Rivers and smaller U.S. rivers, and by 25 Mexican rivers from nine hydrological drainage systems. No synoptic observations of IAS-wide circulation are available, although modeling studies (Figure 2.4) and temporally diffuse observations of areas within the IAS (Figure 2.5) provide insight into the flow through the region.

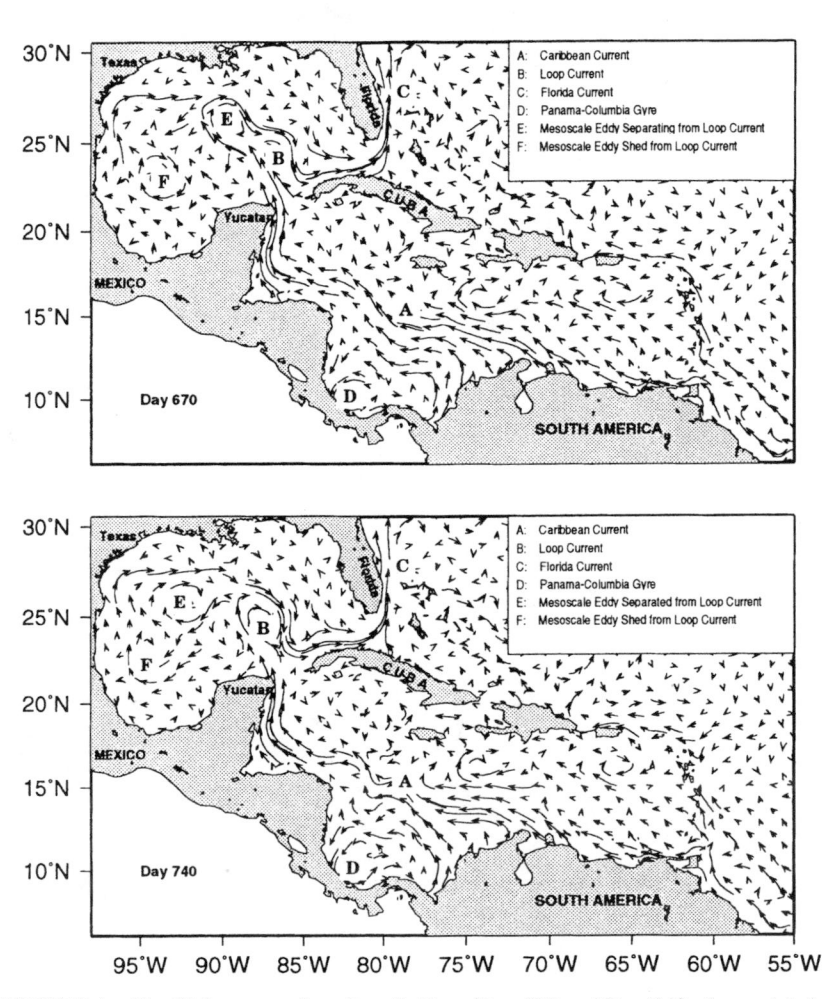

FIGURE 2.4   The IAS near-surface flow field on Day 670 and Day 740 of a model simulation. The Gulf Stream System (A, B, and C) flowing through the IAS is the predominant feature. In the Caribbean Sea, the Panama-Colombia Gyre (D) was a persistent and dominant feature, which varied from Day 670 to Day 740. In the Gulf of Mexico, the large anticyclone (E) was separating from the Loop Current on Day 670; it moved about 300 km west-southwest by Day 740, and interacted with another anticyclone (F) shed prior to Day 670. A conceptual schematic of the major features is shown in Figure 2.3. SOURCE: cf. Mooers and Maul (1998).

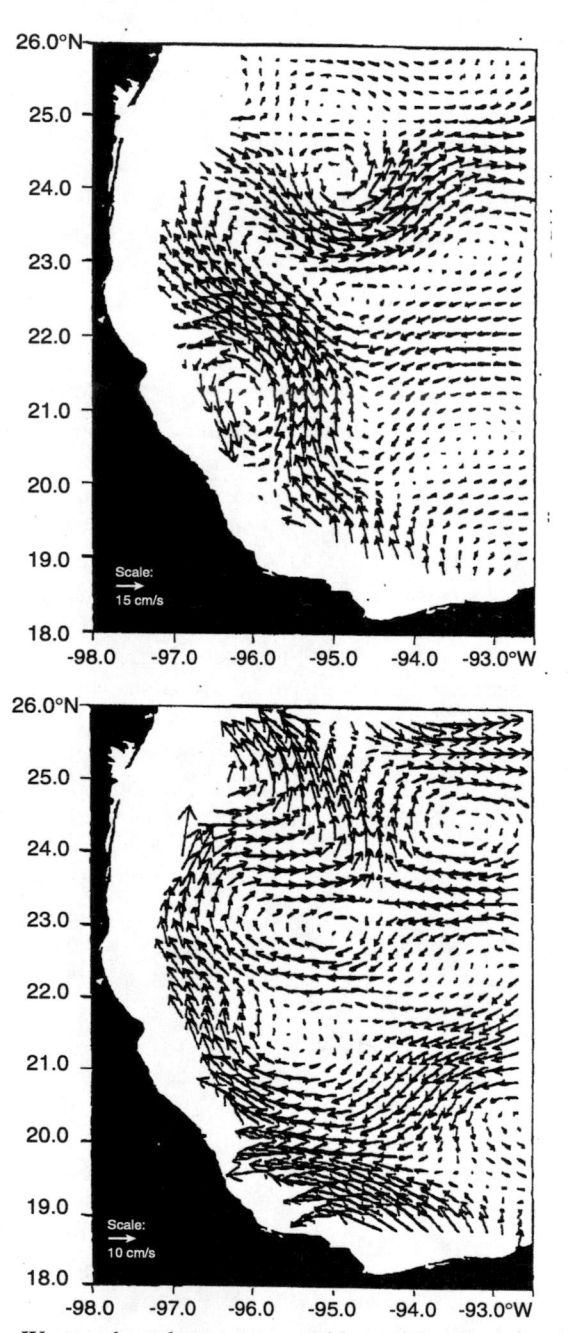

FIGURE 2.5   Western boundary currents and baroclinic circulation in the western surface Gulf of Mexico during (a) March 1985 and (b) July-August 1995, relative to 500
decibars (dbar).   SOURCE: Modified from Vidal, V.M.V. et al. (1994d).

This section assumes that the nature and variability of the living resources of the IAS depend on the coupling of physical and biological processes of the IAS. Thus, it is presumed that the natural variability of living resources can be better understood, predicted, and managed by documenting and verifying how currents transport larvae; how smaller-scale phenomena control primary production; and how temperatures and salinities, both low and high, affect physiological tolerances. The discussion below centers on the way in which variations in a large marine ecosystem can be understood on the basis of a better understanding of physical transport and mixing processes, which is especially relevant to the IAS because of its unique features.

A better understanding of the biophysical coupling of the IAS is also important because of potential threats to environmental quality, degradation of which would diminish the economic worth of the IAS and the habitability of coastal areas. Such threats, discussed below, include habitat loss from urban and industrial development, toxic pollutant release from industrial development and intensive shipping, and inadequate fisheries management.

Because of its location, the Gulf of Mexico is readily accessible to U.S. and Mexican scientists. Major research efforts, some of them carried out jointly, have been conducted by Mexico and the United States in the gulf during the past three decades. The IAS provides an excellent physical laboratory within which major oceanographic processes can be studied and extrapolated to other parts of the global ocean. The Gulf of Mexico portion of the IAS covers a surface area measuring 1.5×10^6 km^2 and encloses a water volume of 2.3×10^6 km^3. The central gulf, encompassed by the Sigsbee Deep, has an average depth of 3,000 m. Twenty-seven percent of the Mexican coastline borders the IAS. The Gulf of Mexico is a major producer of finfish (e.g., Gulf menhaden), shrimp, crabs, and oysters (NMFS, 1996). It contains 50% of U.S. and 70% of Mexico's coastal wetlands, providing critical wetland habitats for fish and shellfish spawning and feeding areas for migratory waterfowl. Approximately two-thirds of the continental areas of Mexico and the United States drain into the Gulf of Mexico. The coastal areas are fringed by barrier islands throughout and by coral reefs in southern areas (see NRC, 1996, for additional information).

There are several important potential topics for future binational ocean science in the IAS. These focus on the physics, geology, geochemistry, biology, and environmental quality of the coastal zone, continental shelf-slope, and abyssal plain ecosystems of the IAS (including oil, gas, and brine seeps). Such studies would be facilitated by the development of a regional observing system. Given the terms of the United Nations Convention on the Law of the Sea (UN, 1983), which entered into force in 1994, that require a nation to conduct certain studies in order to make full use of the provisions for extended continental shelves, it is important for both governments to undertake these studies promptly in the relevant Gulf of Mexico regions.

Physics of the Intra-Americas Sea

The physics of the IAS features a persistent general circulation overlaid with seasonal variations due to atmospheric forcing and river runoff, plus mesoscale variability associated with Loop Current intrusions into the Gulf of Mexico, shedding of rings by the Loop Current, mesoscale eddies entering the Caribbean Sea from the Atlantic Ocean, and other elements of mesoscale variability intrinsic to the Caribbean Sea and the Gulf of Mexico.

General Circulation of the IAS

General circulation of the IAS is dominated by the throughflow of the Gulf Stream system, which is derived from the equatorial and subtropical Atlantic Ocean areas and discharged to the subtropical Atlantic Ocean (Wüst, 1963, 1964; Gordon, 1965; Mooers and Maul, 1998). This throughflow is described largely as a series of named currents: the Caribbean, Yucatan, Loop, and Florida Currents; the Guayana Current, which flows (in part) to the IAS, and the Antilles Current, which bypasses the interior IAS, are also components (Gallegos, 1996). Secondary factors are interannual, seasonal, and episodic atmospheric forcing from storms and runoff from four major river systems: the Mississippi, Orinoco, Magdalena, and Amazon Rivers. A tertiary factor is tidal forcing that produces strong currents only on the inner shelf and in estuaries.

Exchanges of water between the continental shelf and the open ocean are present along the shelfbreak, probably at discrete points associated with topographic features (e.g., submarine canyons) and at discrete times associated with transient (wind-driven and eddy-driven) events. The character of these exchanges varies geographically, depending on the juxtaposition of the Gulf Stream system, shelfbreak topography, and synoptic meteorology. For example, (1) along the Antilles archipelago, the principal phenomena are associated with flow through island passages (i.e., across isobaths[*]); (2) in the Yucatan Strait and Straits of Florida, the principal phenomena are associated predominantly with flow along isobaths; (3) along the coast of Belize and the West Florida Shelf, the flow is also predominantly along isobaths; and (4) other regions are not directly dominated by the throughflow.

Where a strong current primarily parallels isobaths, cross-shelf exchanges are dominated by meanders of the mean flow and small mesoscale eddies (tens to a hundred kilometers in diameter) shed by the currents. Where there is no strong current paralleling isobaths, cross-shelf exchanges are generally dominated by interactions of large mesoscale eddies (a few hundred kilometers in diameter) with bottom topography, for example, along the northern, western, and southwestern edges of the Gulf of Mexico (Vidal et al., 1992, 1994b,c,d), and by wind-

---

[*]Isobaths are lines of constant depth.

driven coastal upwelling and downwelling. The southwestern Caribbean Sea has more localized seasonally modulated cyclonic (counter clockwise) circulations (Mooers and Maul, 1998). Conversely, the cyclonic circulation within the Bay of Campeche (southwestern Gulf of Mexico) is influenced strongly by colliding Loop Current rings. Circulation in virtually all of these regimes is modulated by coastal upwelling and downwelling cycles on seasonal (especially along the coasts of Venezuela, Colombia, Cuba, and Yucatán) and weather-cycle time scales (Gallegos and Czitrom, 1997).

In the Gulf of Mexico, it is well known that mesoscale variability is ubiquitous and intense, ranging from large (a few hundreds of kilometers in diameter) anticyclonic eddies (Kirwan et al., 1984a,b; Lewis and Kirwan, 1985) to small (a few tens of kilometers in diameter) cyclonic eddies (Vidal et al., 1988, 1990, 1994d); most are derived from the Loop Current (SAIC, 1988). Some cyclonic eddies may also be induced by stalled or slowly moving hurricanes. Recently, it has been determined that the Caribbean Sea is also rich in mesoscale variability (Mooers and Maul, 1998). There is growing evidence for the east-to-west propagation of topographic Rossby waves in the Gulf of Mexico (Hamilton, 1990).

A central question related to IAS circulation is the nature and importance of the interactions of the throughflow and mesoscale eddies with continental margin topography, especially their role in exchanges across the continental shelf through entrainment of shelf waters and detrainment of oceanic waters. In numerous cases, the boundary currents and large anticyclonic eddies interact with bottom topography to generate small cyclonic eddies, upwelling, and downwelling (Vidal et al., 1992, 1994a,b,c,d). Such features are extremely important in influencing coastal ecosystems because they affect the flux of fresh water, nutrients, heat, pollutants, sediment, and phytoplankton across the shelf into deeper waters. Conversely, the flux of oceanic water onto the continental shelf, driven by the collision of Loop Current rings, has been shown to be the precursor of intense vertical mixing and the formation of Gulf Common Water in the western Gulf of Mexico (Vidal et al., 1988, 1992, 1994b,c).

The superposition of mean throughflow, mesoscale variability, and the seasonal and transient responses to atmospheric forcing (including mixed layer-thermocline evolution as well as upwelling-downwelling cycles) yields a complex environment for the transport of nutrients, organisms, and pollutants. Thus, from a marine ecosystems perspective, an understanding of physical processes is critical to characterize the transport pathways and rates of materials in the IAS; equally critical is the determination of retention zones where physical transports are minimal.

A number of mesoscale, time-dependent circulation phenomena exist in the Gulf of Mexico and are important to successful modeling, forecasting biological interactions, and basic understanding of the dynamics of the system (see special issue of the *Journal of Geophysical Research*, 1992). Specific topics of interest include the following:

- spatial and temporal distributions of hydrographic features and currents in the Gulf of Mexico and the Yucatan and Florida Straits;
- factors that control the northward intrusion of the Loop Current;
- factors that control Loop Current ring shedding. Shedding is known to be aperiodic, with a broadband between 6 and 20 months and peaks between 10 and 14 months. Loop Current ring shedding does not have an annual cycle, although its associated transport does;
- ring movements and the distribution of potential vorticity due to the fluid's velocity shear and stratification within the gulf;
- ring-continental slope and ring-ring interactions;
- ring collisions with the continental margin and the formation of along-shelf currents;
- origin of the gulf's western boundary current (is it wind-driven or does it result from the decay of colliding Loop Current rings in the western gulf or both?);
- ring bifurcations and angular momentum conservation; the proliferation of cyclonic-anticyclonic pairs and their influence on mass-volume exchanges between the gulf's continental shelf and oceanic waters;
- water mass formation and mixing in the gulf, including the influence of wind-driven mixing versus ring-slope and ring-ring interactions; and
- vertical transport balance associated with the distribution of relative potential vorticity and its influence on the intermediate and deep mean circulation of the gulf.

Although these research issues are focused on processes occurring in the IAS, they are also relevant to understanding physical phenomena generic to the global ocean (e.g., eddy shedding, carbon dioxide [CO_2] removal and climate change, western boundary current generation in response to weather events, and sea-level rise). Indeed, the IAS represents a natural laboratory where numerous oceanic processes can be observed and modeled. Given the location of the IAS, the United States, Mexico, and other Latin American and Caribbean countries benefit from it; thus, they have the responsibility to conduct joint scientific studies to protect the IAS and use its resources wisely, through advancing the understanding of IAS oceanography. A brief discussion of some of the regional studies listed above follows.

The spatial and temporal distributions of major hydrographic features and currents in the IAS should be monitored on a continuous basis (Vidal et al., 1989). This knowledge is crucial to validate satellite altimetry measurements and to calibrate, validate, and verify numerical models of the gulf's circulation. Ultimately it is from such models, suitably calibrated and kept "on track" by regularly assimilated data, that regular updates and even forecasts of the time-dependent circulation of the gulf will be obtained. This step would constitute the precursor for a much needed ability to use regular observations of IAS conditions to improve the efficiency and safety of shipping, fishing, and oil and gas exploitation in the IAS.

Mexico and the United States have cooperated in the past in studies of physical features of the IAS (SAIC, 1988; Lewis, 1992). Recently (1992 to 1995), the Louisiana-Texas Shelf Circulation and Transport Processes (LATEX) program, sponsored by the U.S. Minerals Management Service, could have provided an excellent platform for binational cooperation. A program structured similarly, but sponsored jointly by Mexico and the United States and providing full coverage of the key components of circulation in the IAS, would yield valuable information required to manage the Gulf of Mexico and other portions of the IAS more effectively.

Factors That Control the Northward Intrusion of the Loop Current and Its Ring-Shedding Periodicity

The hydrodynamic character of the Gulf of Mexico, including its two connecting straits, is predominantly baroclinic,* which is particularly true within the Loop Current as well as within the gulf's ring-dominated upper (0 to 1,000 dbar†) layer (SAIC, 1988). Below 1,000 dbar the hydrodynamic character, although strongly influenced by ring translations and the propagation of topographically trapped Rossby waves (Hamilton, 1990), is overwhelmingly barotropic.‡ Both the upper and the lower layers in the gulf are strongly affected by fluctuations of the Loop Current, and there is evidence that the deep-water fluctuations become progressively more decoupled from upper layer currents as the topographically trapped Rossby waves and warm eddies propagate into the western gulf basin (Hamilton, 1990; Vidal et al., 1990, 1994b,d). Therefore, it becomes essential for proper understanding and modeling of the gulf's basin-wide hydrodynamics to investigate factors that control the Loop Current's northward penetration into the gulf, its variability, and its ring-shedding periodicity. This knowledge is crucial to define adequately the initial conditions for numerical models and to understand the gulf's basin-wide hydrodynamic response to the propagation of topographically trapped Rossby waves.

Ring Movements and Distribution of Potential Vorticity Within the Gulf; Ring-Slope and Ring-Ring Interactions; Ring Collisions and Formation of Along-Shelf Current Jets

Circulation in the Gulf of Mexico is dominated by anticyclonic rings shed from the Loop Current (Ichiye, 1962; Cochrane, 1972; Elliott, 1982; Lewis and

---

*A baroclinic fluid is one in which surfaces of constant pressure intersect surfaces of constant density, resulting in vertically sheared flows.

†One decibar (dbar) is a unit of pressure equal to 10^4 pascals, about equivalent to seawater pressure at 1 m depth.

‡A barotropic fluid is one in which surfaces of constant density (or temperature) are coincident with surfaces of constant pressure, resulting in vertically uniform flows.

Kirwan, 1985). Elliott (1982) used historic, quasi-synoptic data sets to establish the separation and movement of three anticyclonic rings into the western gulf and calculated westward translation speeds of 2.1 km per day, ring radii of 183 km, and ring lifetimes of about 1 year. A typical ring inputs approximately 7×10^5 joules (J) per square centimeter of heat and 17 g/cm^2 of salt into the western gulf (Elliott, 1982). The intensity of their anticyclonic circulations, with swirl velocities of 50 to 75 cm/s, indicates that Loop Current rings also transport a considerable amount of angular momentum into the western gulf (Kirwan et al., 1984a,b).

Measurements by Brooks (1984) of the currents over the continental shelf and slope in the northwestern gulf indicate that the influence of hurricane-induced currents (which depends on the attributes of individual hurricanes) on the hydrographic and current variability in the western gulf is considerably less than that contributed by a ring migrating northward along the western gulf boundary. Ongoing studies of the circulation of the western gulf have incorporated numerical modeling of Loop Current intrusions and eddy shedding (Hurlburt and Thompson, 1980, 1982; Dietrich and Lin, 1994); interactions of Loop Current anticyclones with bottom topography and the western gulf boundary (Smith and O'Brien, 1983; Smith, 1986; Shi and Nof, 1993, 1994); satellite infrared imagery and hydrography (Vukovich et al., 1979; Brooks and Legeckis, 1982; Vukovich and Crissman, 1986; Biggs and Muller-Karger, 1994); satellite positioning of surface drifters seeded within Loop Current rings (Kirwan et al., 1984a,b; Lewis and Kirwan, 1985; SAIC, 1988; Lewis et al., 1989); regional hydrography and baroclinic circulation studies (Nowlin, 1972; Molinari et al., 1978; Elliott, 1979, 1982; Merrell and Morrison, 1983; Merrell and Vázquez, 1983; Hofmann and Worley, 1986; Vidal et al., 1988, 1990, 1992, 1994a,b,c); and satellite altimetry measurements (Forristall et al., 1990; Leben et al., 1990; Biggs and Sanchez, 1997).

The studies listed above have described the tracks of anticyclonic rings within the eastern, central, and western gulf, including their hydrography, baroclinic circulations, ring-ring interactions, and ring interactions with topography. Despite the new information provided by these studies, much remains to be learned about the nature of anticyclonic Loop Current rings and their influence on the hydrography and circulation of the central and western gulf; for example:

- What is the hydrodynamic response of the gulf's water masses to ring-shelf collisions?
- How do these ring-shelf interactions affect the gulf's local, regional, and basin-wide circulations?
- To what extent are rings responsible for the conversion of 30 sverdrups (Sv, 1 Sv = 10^6 m^3/s) of Caribbean Subtropical Underwater to Gulf Common Water (Vidal et al., 1992, 1994b,c)?
- On their westward travel, do rings transfer angular momentum to the surrounding water, induce geostrophic turbulence, and generate cyclonic circulations and vortex pairs on their peripheries?

- Do rings coalesce?
- Do Loop Current rings dominate the surface and deep circulation of the central and western gulf and control its surface, intermediate, and deep-water mass exchanges and residence times?
- How do rings affect the vertical and horizontal distribution of hydrographic properties, micronutrients, and planktonic organisms?
- Does the coupled translation and vorticity of anticyclonic and cyclonic rings determine the location of topographic upwelling and downwelling regions in the gulf and constitute a natural pumping mechanism that controls the primary productivity and CO_2 exchange between the ocean and atmosphere and between surface and deep waters?
- When anticyclonic Loop Current rings collide with the western gulf boundary, do they generate western boundary currents and current jets parallel and normal to the shelf break, respectively?
- If these current jets exist, do they constitute a primary and efficient exchange mechanism between the western gulf's continental shelf and offshore waters?

Origin of the Gulf's Western Boundary Current: Is It Wind Driven or Does It Result from Decay of Colliding Loop Current Rings in the Western Gulf?

Sturges and Blaha (1976) and Blaha and Sturges (1981) have postulated that the curl of the wind stress should drive the mean circulation in the gulf and that the net result of this wind forcing should be a Gulf Stream-like western boundary current. A recent paper by Sturges (1993) examined the relative importance of the wind-stress curl and detached Loop Current rings as precursors of the gulf's western boundary current. Sturges' work focused on the annual cycle of the estimated flow as deduced from a compilation of ships' drift data. He concludes that given the loss of fluid from rings as they interact with the western boundary of the gulf, they tend to dissipate rapidly (characteristic decay time is about 70 days); hence rings do not contribute significantly to the formation of the western gulf anticyclonic current. Sturges also concludes that Elliott's (1979, 1982) reported ring lifetimes (1 year) are important within the gulf's interior but are not applicable once the rings interact with the shelf-slope boundary (Sturges, 1993). Furthermore, because the rings shed from the Loop Current have no significant annual periodicity, they make no significant contribution to the long-term annual signal (Sturges, 1993).

Contrary to Sturges' (1993) deductions, Elliott's (1979, 1982) fundamental work on anticyclonic rings and the energetics of the circulation of the gulf established the dominant role of Loop Current rings in the general circulation of the gulf, including the western gulf. Elliot's analyses of Loop Current rings versus wind energy sources indicate that although the energy contribution by wind stress and Loop Current rings is about the same, the wind-stress energy is a basin-wide

value, whereas the rings' available potential energy is concentrated into a smaller length scale similar to that of the north-south scale of the western boundary flow anticyclone. Thus, Elliott (1979) concluded that although the work done by the wind stress may generate part of the available potential energy of the western boundary flow anticyclone, the primary source of available potential energy must be the western-moving anticyclonic rings that separate from the Loop Current.

Vidal et al. (1988, 1989, 1990, 1992, 1994a,b,c,d) have reported field measurements and studies providing clear evidence that the principal decay process of anticyclonic rings in the western gulf is via mass-volume shedding associated with their collisions with the continental slope. These collisions give rise to a western boundary current and cyclonic-anticyclonic triads whose decay times are greater than 150 days (Vidal et al., 1989, 1994a,d). This result is in agreement with the observed residence time of colliding anticyclones in the western gulf, which exceeds 6 months (Lewis and Kirwan, 1985; SAIC, 1988).

From the previous discussion it is evident that controversy exists regarding the origin of the western boundary current in the Gulf of Mexico. Is it primarily wind-driven or ring-driven, or is it a combination of the two? Detailed measurements on the evolution of ring-slope interactions, as well as of long-term currents in the western gulf, are crucial to resolve this important question that has analogues in other oceanic regions of the world.

Biophysical Coupling

Studies of the dependence of biological and chemical phenomena on physical forcing are an important new area for scientific collaboration between Mexico and the United States. An understanding of the physical oceanography of the IAS is fundamental to understanding the biology of this region, because the physics of water movements strongly influence larval transport and primary productivity (Biggs et al., 1996).

Mesoscale circulation measurements and numerical simulations of IAS circulation illustrate the potential coupling of physical and biological processes over extensive space scales (Vidal et al., 1988, 1989, 1990, 1992, 1994a,b,c,d; Mooers and Maul, 1998). Water masses entering the southeast sector of the IAS control conditions throughout the region to a large degree. These water masses exert considerable influence on the entire downstream environment, affecting productivity, fisheries, and regional ecology. The east-to-west (and south-to-north) pattern of flow and its potential control of the entire IAS ecosystem pose a large set of important, interrelated questions. Primary productivity, seasonal pulses, the success of regional and local fisheries, and regional biodiversity in continental shelf (Soto and Escobar, 1995, Escobar and Soto, 1997; Escobar et al., 1997) and coral reef communities are all related to physical forcing processes along the path of IAS circulation.

Can fisheries productivity, recruitment, and landings be explained on the

basis of physics? Fisheries depend on production and survival of fish larvae to a size that can reproduce or be caught (called recruitment); recruitment can be affected by physical factors (Cushing, 1995). The relationship of IAS physical flow patterns to recruitment could be important to regional fisheries. The physical continuity among regions of the IAS suggests that the health of particular fisheries may also be coupled on large spatial and temporal scales. For example, Roberts (1997) has estimated the impact of surface currents on dispersal of marine larvae, with the implication that island nations must cooperate with each other to protect upcurrent reef areas that supply larvae to downcurrent reefs.

Collaborative efforts by physical oceanographers and biologists may provide new understanding of variations in fisheries recruitment throughout the IAS, based on determining the degree to which variations in physical processes affect larval transport and recruitment. Variations in species distributions in the IAS, both as larvae and as adults, could be studied using molecular approaches to identify subtle taxonomic differences, and the unidirectional flow and diversity gradients could provide an opportune situation in which to apply these new approaches to zoogeography and systematics.

The distribution of biogenic particles and concentrations of quasi-conservative chemicals can be used as "tracers" in the physical flow fields to refine the IAS physical model. Development of a composite biophysical model could be a long-term goal of a binational effort. Such a model could be initiated immediately using what is known, and validated and updated later through joint field work.

Fronts

Frontal regions are sites of intensified primary and secondary production and are the habitat for certain pelagic fish and their larvae. By providing physical and biological cues that can be sensed by migrating organisms, fronts can concentrate such organisms (Olson and Podesta, 1987). Satellite color and thermal images of the western Gulf of Mexico and the coast of Florida confirm that the major features of phytoplankton chlorophyll distribution are associated with boundary regions of major currents such as the Loop Current and the Florida Current. Assemblages of larval fish, copepods, and phytoplankton in the Gulf of Mexico seem unique to these frontal regions. Phytoplankton growth is supported in these systems by the upward flux of nutrients associated with areas of higher productivity in the Gulf of Mexico (Grimes and Finucane, 1991). In the region of the Loop Current the major source of energy for vertical mixing is believed to be supplied by the winds. The major source of energy for vertical mixing in the western gulf is believed to be supplied by ring-slope and ring-ring interactions (Vidal et al., 1990, 1992, and 1994b,c,d). Tuna larvae (*Thunnus thynnus*) are associated with the boundary of the Loop Current in surface waters having temperatures of 24 to 26 °C and large numbers of myctophid fish larvae, especially

Myctophum nitidulum (Richards et al., 1988). Catch per unit effort data for *T. thynnus* indicate that adult fish are also concentrated along the temperature front of the Loop Current. Fronts are not complete barriers to plankton, and there is a considerable advection of organisms such as fish larvae across the Mississippi River plume frontal boundary (Govoni, 1993).

Mississippi River Plume

Biological productivity in the northern gulf is significantly affected by the Mississippi River. Its freshwater discharge contains high concentrations of dissolved nutrients, which results in high primary production. The phytoplankton are ultimately grazed by zooplankton or decomposed by bacteria, fueling the annual development of a region of hypoxic water along the Louisiana coast (Rabalais et al., 1994). The Mississippi River plume and plume front are associated with high densities of nutrients, phytoplankton, zooplankton, larval fish, and predators (Govoni et al., 1989; Ortner et al., 1989; Cowan and Shaw, 1991; Dagg and Whitledge, 1991). Stratification caused by the inflowing low-salinity water is hypothesized to produce small-scale patches with high abundance of copepods (Dagg et al., 1988). In addition to the seasonal rainfall and subsequent river outflow, winter storms redistribute nutrients and phytoplankton, significantly affecting the productivity of higher trophic levels in the inner shelf waters of the northern Gulf of Mexico (Dagg, 1988). A number of important Mexican rivers drain into the Gulf of Mexico (e.g., the Grijalva-Usumacinta River), but their plumes have yet to be studied comprehensively.

Loop Current

The Loop Current and the rings it sheds impact continental shelf areas bordering the Gulf of Mexico (Vidal et al., 1992, 1994c,d). The Loop Current in its northernmost position affects shelf processes to the east of the Mississippi River Delta. Rings deriving from meanders of the Loop Current have marked differences in nutrient concentrations (Vidal et al., 1989, 1990, 1994b,d), primary production, and phytoplankton and zooplankton biomass from ambient shelf waters (Biggs, 1992). Anticyclonic rings derived from the Loop Current occasionally impact the Louisiana shelf west of the delta but usually drift to the western gulf where they collide with the continental shelf slope, resulting in an exchange of about 18×10^6 m^3 per ring of oceanic and shelf waters (Vidal et al., 1994b) and a large input of particulate organic carbon available to benthic organisms (Escobar and Soto, 1997). The Loop Current-Florida Current-Gulf Stream System is an important mechanism for transporting planktonic animals, petroleum products (Vleet et al., 1983), and toxic dinoflagellate blooms out of the gulf (Tester et al., 1991).

Cyclonic gyres formed by the Loop Current are significant components of the mechanism for the retention of larval fish in the waters surrounding the Florida Keys (Lee et al., 1992, 1994). The Loop Current flow can overshoot the entrance

to the Straits of Florida, causing the formation of a cool, cyclonic gyre recirculation between the Florida Current and the Dry Tortugas that persists for about 100 days. Cyclonic gyre formation provides enhanced food supply, as well as retention and shoreward transports of snapper and grouper larvae for successful recruitment in the western and lower Florida Keys.

Other reasons for studying the physical-biological coupling in the IAS include the following:

1. The hydrodynamics of the water column seems to have major effects on benthic organisms and on the distribution of their larvae (Soto, 1991; Soto and Escobar, 1995; Escobar and Soto, 1997).

2. The large spatial heterogeneity in carbon sources around the IAS offer exceptional possibilities for comparisons of pelagic-benthic coupling at different sites in the IAS (Escobar et al., 1997).

3. Improved biophysical models will yield more realistic predictions of ecosystem characteristics that will benefit countries bordering the IAS, including Mexico and the United States, and allow more effective management. Except for a model at the large marine ecosystem scale (Birkett and Rapport, 1996), no models have been generated for integrated management in the IAS.

Interdisciplinary research will be needed to study the following topics as a basis for new biophysical models:

- Effects of deep-sea circulation, including bottom boundary layers, on deep-sea organisms.
- Impact of circulation patterns on the distribution of larvae and the association of larvae with the distribution of marine organisms.
- Habitability in shelf, slope, and abyssal seafloor areas and their relation to hydrodynamics in the water column and the geology and geochemistry of sediments.
- Primary productivity in the water column and processes that allow it to contribute to benthic productivity.
- Anthropogenic effects on food chains and pathways, and the modes of temporal response by the benthic components.
- Integrated ecosystem approaches in studying and evaluating damage to ecosystems; quantification of biological processes and formulation of models.

Biology of the Intra-Americas Sea

For the most part, the waters of the IAS can be characterized as oligotrophic, having low nutrient concentrations and low standing stocks of phytoplankton. The low supply of inorganic nutrients vital to phytoplankton primary production is related to IAS boundary conditions. At the southern entrance to the Caribbean Sea, beginning about 10°N, the entering coastal flow contains fresh water from the Amazon and Orinoco Rivers. The Amazon's nutrients are mostly depleted

before its waters enter the IAS. The opposite is true for the Orinoco, whose unmixed discharge enters the Caribbean Sea through the Gulf of Paria (Vidal et al., 1986). Productivity in the IAS is thus limited to regional upwelling or to local river runoff. The latter can be intense, however, as in the case of the Orinoco River (Vidal et al., 1996) and the Mississippi River (el Sayed, 1972; Biggs and Sanchez, 1997).

A highly diverse series of coral reef ecosystems characterizes the entire IAS up to about 27°N, where they become limited by low (about 20 °C) temperatures. A southeast-to-northwest decline in the species richness of the major reef-building corals and associated finfish and invertebrates has been described (Stehli and Wells, 1971), proceeding from the Caribbean basins northwestward along the generalized path of the upper ocean currents. This gradient extends into the northern Gulf of Mexico, with the most species-poor coral banks being the offshore assemblages on salt diapirs or other topographic features along the Texas coast. The degree of biological diversity decreases from the source of the IAS to its ultimate fate at the northwest margin of the Gulf of Mexico, but needs further study. This biodiversity gradient may occur because larval transport is primarily unidirectional in the IAS from east to west and nutrients become depleted along this path, and because of habitat variability. Linking the biodiversity gradient of the marine ecosystems to physical transport processes at the spatial scale of the IAS is a formidable task, but one worth pursuing by the various nations bordering the IAS, especially the United States and Mexico.

The ecology of the benthic infauna in the IAS is not well known. On the broad shelves of the Caribbean Sea the sediments are predominately carbonate sands containing highly diverse invertebrate assemblages of relatively low biomass. The species composition of a "Caribbean Fauna" is bounded on the north by a series of faunal boundaries such as the northern boundary of reef-forming corals in the Gulf of Mexico. Benthic primary production of attached algae such as *Lithothamnion* and microalgae is relatively high because of high light transmission, but its relative importance compared to water column productivity is unknown. Coral reef communities are very productive, but net export of production to surrounding shelf environments may be modest at best.

Mariculture is becoming increasingly important in countries bordering the IAS. In most cases, mariculture is carried out by constructing ponds adjacent to an estuary or to the open ocean. The IAS serves as a source of water, nutrients, and perhaps larvae. If and when the water in the ponds become excessively contaminated with waste products, it is exchanged with adjacent water masses. This could cause deleterious effects to the natural environment outside the ponds.

There are a variety of mesoscale features that have significant impacts on gulf ecosystems, creating distributions that vary significantly over space and time. The Gulf of Mexico is the site of some of the most economically valuable fisheries in the world. The remarkable diversity of mesoscale features that are established by the combined presence of the Loop Current and the Mississippi River

outflow, plus that of 25 Mexican rivers from nine hydrologic basins may make this a uniquely productive habitat for marine species. The significance of the throughflow and mesoscale variability for the functioning and robustness of the basin-scale ecosystem—including recruitment sources, sinks, and variability; genetic flow; and biodiversity—has yet to be determined.

The carrying capacity of an ecosystem may be determined by the availability of food, space, or some other limiting factor in the system (as described by Odum, 1971). Human intervention in the IAS may reduce its carrying capacity for commercial fish stocks. Anthropogenic effects on carrying capacity can be illustrated by a species whose territorial range shrinks because it cannot tolerate low dissolved oxygen concentrations, low salinity, high sediment concentrations, and/or warm water caused by inputs from rivers. Populations of shrimp, fish, and other animals can be forced into a smaller geographical area by hypoxia, increasing the density of the populations until their needs exceed some other resource that is often related to food supply, food quality, environmental quality, or in the case of sessile benthic organisms, benthic habitat. After this range contraction occurs, the number of organisms decreases, approaching or oscillating around a new, lower carrying capacity.

Understanding large-scale and long-term IAS processes requires ample measurements over a large geographic area for a long time. Efforts should continue at two levels:

1. *Process Studies*: Specific processes should be elucidated through studies of cause-and-effect linkages using intensive experiments, for example, relating food supply to carrying capacity.

2. *Monitoring*: Long-term monitoring should be designed for observing variability among a suite of correlated variables. Such monitoring is necessary to discover linkages among biological components of ecosystems and between the ecosystem and the environment. For example, little is known about deep-sea communities, so they have not been integrated into a whole-ecosystem view. Funding for long-term monitoring is difficult to sustain and examples of long-term, regular monitoring are rare in the United States and virtually non-existent in Mexico. Such monitoring is crucial for documenting trends in environmental conditions and for understanding processes that vary on interannual and decadal time scales.

The National Autonomous University of Mexico's (Universidad Nacional Autónoma de México, UNAM) Institute for Ocean Science and Limnology (Instituto de Ciencias del Mar y Limnología [ICMyL]) and Texas A&M University's (TAMU's) Department of Oceanography have established a collaboration comparing the benthic food chains of the continental shelves of the northern and the southern Gulf of Mexico. This study has utilized the research vessels *Gyre* (TAMU) and *Justo Sierra* (UNAM). A basic theme of the research is to gain better understanding of carbon cycling in relation to continental shelf shrimp

and finfish fisheries. Although rather simplified models can now be constructed based on the information collected by this group (Soto and Escobar, 1995; Rowe et al., 1997), much remains to be learned about how physics and primary production limit or control these important fisheries. Regional studies such as those described here differ to some degree from a broader, large-scale IAS study of biophysical coupling because the economically important target species depend on more localized estuaries as nursery grounds. A natural extension of this research would be to make it more interdisciplinary and to involve a larger number of investigators. Necessary expertise in the areas of phytoplankton ecology, benthic ecology, and physical oceanography is available at many U.S. and Mexican institutions throughout the region. The mesoscale features of meanders, rings, and fronts associated with the Loop Current, together with seasonally varying inflow of the Mississippi River and 25 Mexican rivers, shape much of the biological oceanography of this region (Vidal and Vidal, 1997).

Sedimentary Dynamics and Environmental Impacts on the Coastal and Oceanic Zones of the Gulf of Mexico

Land-ocean interactions affecting the marine sedimentary environment in the western Gulf of Mexico are complex and vary among regions of the coastal ocean. These variations are due to differences in (1) river discharges of sediments and contaminants from both Mexico and the United States; (2) collision of Loop Current anticyclonic rings against the continental slope and shelf; (3) longshore currents and waves; and (4) human activities such as sewage discharge, dam building, coastal urban development, tourism, oil and gas exploration and extraction, and fisheries. These factors have contributed to short- and long-term changes in the marine sedimentary environment (Aguayo and Estavillo, 1985; Aguayo, 1988; Aguayo and Gutiérrez-Estrada, 1993; Gutiérrez-Estrada and Aguayo, 1993).

The Gulf of Mexico can serve as a natural laboratory, offering the opportunity to understand the dynamics of several marine geological environments, from tidal flat to abyssal plain, subject to distinctive climate conditions along the margin of the gulf. The observable geology results from the continuous subsidence of the continental margin and sea-level changes due to variations in climate and continental ice sheets; both factors control sedimentary cycles and the suite of resulting sedimentary structures (Aguayo and Marín, 1987; Aguayo and Carranza-Edwards, 1991). However, to understand regional and local sedimentary environments in detail and to develop predictive models, systematic, fundamental research is necessary to describe and quantify (1) river discharges of sediments to the coastal zone; (2) riverine input versus coastal erosion and redistribution; and (3) role of the collision of Loop Current anticyclonic rings against the continental slope-shelf in sediment transport, dispersion, and deposit. The following are some of the questions that arise:

• How does geography (climate, physiography, and hydrology) control sediment load, flow regime, and water quality?

• How are sedimentary settings affected by erosional, depositional, and nondepositional processes?

• How do tectonic settings (local or regional) affect the dynamics of the sedimentary environments (subsidence, emergence, or stationary)?

Oil- and Gas-Associated Seeps in the Southern Gulf of Mexico

The southern Gulf of Mexico has the same geologic history as the northern gulf; it is underlain by thick salt deposits that extrude through bottom sediments as mountainous structures called diapirs. These structures often have oil and gas deposits associated with them, as demonstrated by the extensive oil and gas resources now being developed offshore in both Mexico and the United States.

Unique communities of organisms utilizing energy sources associated with the oil or gas deposits and brine pools have been observed over a broad range of depths in the northern Gulf of Mexico. These communities have a large biomass and a composition resembling in form—and to some degree in function—those surrounding hydrothermal vents. Such communities have not been observed in the southern Gulf of Mexico, but it is logical that they should occur there also. This is supported by records of oil slicks on the water surface in Campeche Bank and the discontinuities in bathymetric profiles that suggest the existence of gas seepage.

An obvious new area of collaboration among biologists, geochemists, geologists, and geophysicists would be to look for and describe the distribution of the oil and gas seep communities, if they exist, in the southern Gulf of Mexico. The study of hydrocarbons as alternate carbon sources to slope communities is an interesting question that needs to be answered. This would assist the Mexican Petroleum Corporation (Petroleos Mexicanos [PEMEX]) in finding potential oil and gas deposits, as it has assisted oil and gas exploration in the offshore waters of the United States. Such information would also aid the study of the physiological ecology of deep-sea organisms.

Marine Environmental Quality

Binational research and monitoring could contribute to reducing the effects of marine pollution in the IAS, including pollution from nutrients, toxic materials, oil, and debris from land and marine sources. The northern Gulf of Mexico has been studied extensively with respect to its chemical constituents. For 10 years, the Status and Trends Program of the National Oceanic and Atmospheric Administration (NOAA) has monitored pollutant levels in oysters (*Crassostrea virginica*) and sediments (Long and Morgan, 1990; Sericano et al., 1995). More recently, the U.S. Environmental Protection Agency (EPA) started the Environ-

mental Monitoring and Assessment Program (EMAP) (Summers et al., 1992), a more ambitious effort that is attempting to develop and validate indicators of environmental health including, but not limited to, pollutant levels. One of the environmental indicators proposed by EMAP is the "Benthic Index" (Engle et al., 1994), which discriminates between healthy and degraded conditions. A similar level of study does not exist on the Mexican side of the gulf, and there is not much basic information regarding levels and trends of pollutants on an IAS-wide scale.

International monitoring efforts exist in the IAS on a wider scale, mainly under the auspices of the Sub-Commission for the Caribbean and Adjacent Regions (IOCARIBE) of the Intergovernmental Oceanographic Commission (IOC) of the United Nations Educational, Scientific and Cultural Organization (UNESCO). IOCARIBE's Pollution Monitoring Programme in the Caribbean (CARIPOL) was a productive program (Atwood et al., 1987a). A database with thousands of records of floating and stranded tar and of dissolved or dispersed hydrocarbons has been compiled and is now archived at NOAA (Atwood et al., 1987b). One important conclusion is that approximately 50% of the oil in the IAS comes from the Atlantic Ocean. Regretfully, this program was terminated. A new program, Caribbean Environmental Program-Pollution (CEP-POL), is administered jointly by IOCARIBE and the United Nations Environmental Programme (UNEP).

Another international effort was the first phase of the International Mussel Watch, which was designed to assess the levels of organochlorine compounds in bivalves (Sericano et al., 1995). Samples of bivalves were collected from 76 locations along the coastlines of the Americas, excluding the United States and Canada, and the results were compared with those of NOAA's Status and Trends program. The idea behind this project was that the use of organochlorine pesticides, primarily for antimalaria campaigns, was more widespread in the southern portion of the continent and that pollution by organochlorine compounds would be more serious in the southern Gulf of Mexico. However, one of the major findings was that "contamination is significantly higher along the northern coast of the Gulf of Mexico" (Sericano et al., 1995).

The search for reliable indicators of environmental health has focused on the use of "biomarkers," that is, "a biological response that can be specified in terms of a molecular or cellular event, measured with precision and confidently yielding information on either the degree of exposure to a chemical and/or its effect upon the organism or both" (GESAMP, 1995). Various environmental indicators have been proposed, including some for tropical coastal ecosystems, such as the frequency of mutations in red mangroves, *Rhizophora mangle* (Klekowsky et al., 1994); histopathological lesions in oysters, *Crassostrea virginica* (Gold et al., 1995); and oxygenases associated with cytochrome P-450 and metallothioneins (GESAMP, 1995). The variability between sexes and changes associated with

gonadal development or spawning are generally unknown, complicating the use of such biomarkers.

In contrast to the Sericano et al. (1995) study, some published results indicate that the levels of pollutants along the southern coast of the Gulf of Mexico are of the same magnitude or even higher than those in the northern gulf, for example in the Coatzacoalcos River (Gallegos, 1986; Botello et al., 1996), Laguna de Terminos (Gold-Bouchot et al., 1995; Botello et al., 1996), and Tampico (Sericano et al., 1995). This is particularly true for petroleum hydrocarbons (Gold et al., 1995a,b; Botello et al., 1996).

The Gulf of Mexico is an ideal place for binational pollution studies, including fates and effects of pollutants and transport mechanisms. Many of the same species live in the estuaries and bays throughout the region, but there are enough differences in climate, the presence of other species, overall diversity, and other factors to allow for the generalization and validation of existing environmental indicators. The existence of binational monitoring programs is highly desirable and would contribute to scientific goals. Joint research on biomarkers and validation of environmental indicators in tropical marine ecosystems, which are more diverse and more stable climatically, is also highly desirable. This kind of information would be very valuable for coastal zone management.

Oil, Hazardous Materials, and Marine Debris

Oil production, refining, and transport occur in the IAS at high levels, and the petroleum industry is a major contributor to the economies of many countries bordering the IAS (Botello et al., 1996). To place the environmental importance of the petroleum industry in perspective, the Yucatan Strait (between Cuba and Mexico) is considered to be one of the three straits in the world most likely to have a tanker accident, and the IAS is considered the second most likely region in the world to have such an accident (Reinberg, 1984). A study conducted for the U.S. Coast Guard (Reinberg, 1984) concluded that the Gulf of Mexico and the Caribbean have the most intricate pattern of tanker traffic and declined to designate any part of these bodies of water as low-risk areas (Botello et al., 1996; Figure 2.6). Pollution by oil has been identified by the IOC (1992) as one of the major potential environmental problems in the IAS. It can particularly affect the small island states that depend on tourism as their main economic activity, yet do not themselves gain a direct benefit from petroleum production (IOC, 1992).

Marine debris is becoming a major concern in the IAS because the economies of many countries in the region depend on tourism. A committee co-sponsored by several state Sea Grant programs in the United States and by IOCARIBE organizes biannual workshops with participation from many countries in the IAS. The CEP-POL program has as one of its components a marine debris monitoring program, under whose auspices a pilot study was conducted in Puerto Rico, Colombia, and Mexico and is being expanded to include additional countries.

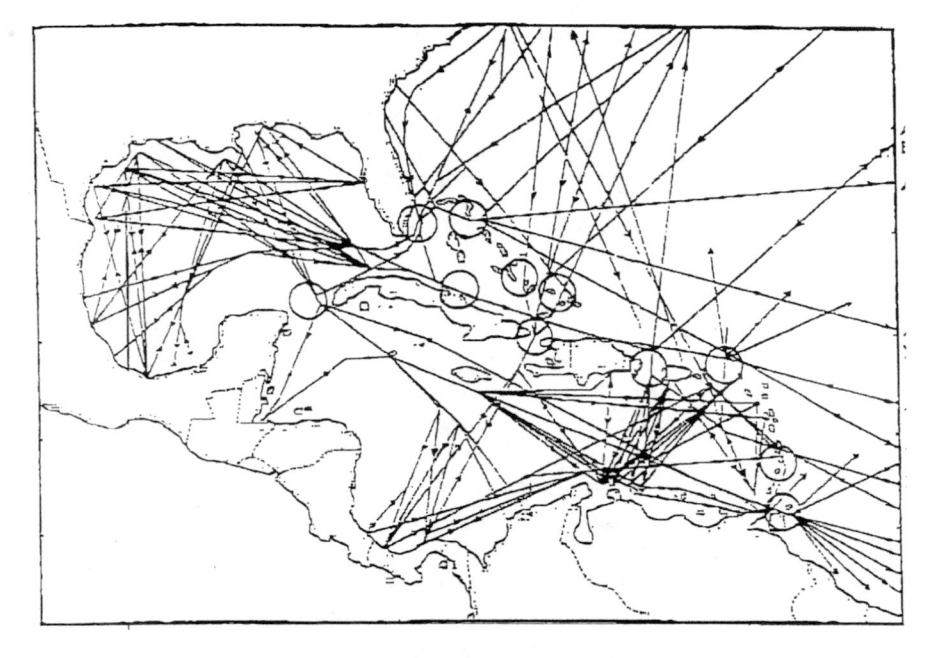

FIGURE 2.6   Principal oil tanker routes in the IAS.   SOURCE: Adapted from Botello (1996).

Land-Based Sources of Pollution

Land-based sources account for approximately 80% of all pollutants entering the ocean (UNEP, 1995), including contaminants such as persistent organic pollutants (pesticides and petroleum hydrocarbons), sewage, and trace metals. A United Nations protocol recently has been adopted to control and diminish the quantity of pollutants entering the ocean from sources on land (UNEP, 1995). Reduction of land-based sources of pollution is extremely difficult to accomplish because of the widely dispersed sources related to virtually all sectors of the land-based national economies (Botello et al., 1996).

There is very little information about present levels and trends of persistent pollutants in the IAS region. The status of oil pollution has been reviewed by IOCARIBE (IOC, 1992; Botello et al., 1996). CEP-POL has promoted a number of pilot studies of point sources of pollution, including concentrations of organochlorine pesticides and hydrocarbons. What is lacking are systematic observations that will, if sustained over time, lead to valid conclusions about IAS-wide levels and trends. Because inputs to the ocean are diffuse and the dispersal is so dependent on time-variable ocean circulation, only long-term, systematic measurements can reveal significant trends and large-scale patterns of pollutant levels. There is a need to evaluate the sources, fates, and effects of persistent pollut-

ants throughout the region and to link these observations with circulation models, so as to enable the predictions that are crucial for coastal zone management and planning.

MARINE NATURAL PRODUCTS

A good basis exists for collaboration between Mexico and the United States in the area of marine natural products chemistry. Both countries have strong academic programs in chemistry, pharmacology, marine biology, and marine ecology, which are the primary disciplines required for this multidisciplinary field. Differences between the two countries result primarily from the way science is practiced and funded. In the United States, research programs tend to be goal-oriented whereas in Mexico research programs are discipline oriented. For example, U.S. funding agencies such as the National Cancer Institute and the National Sea Grant College Program have provided financial support to foster interdisciplinary goal-oriented research programs in the United States that reward chemists and pharmacologists for collaborating to discover new pharmaceuticals. These programs are not without their problems, but when properly managed they can be very effective in fostering both basic and applied research in marine natural products chemistry, pharmacology, and marine biology.

One of the more surprising results of drug discovery programs has been the degree to which they have stimulated advances in marine science disciplines. Examples include basic studies of symbiosis and the role of symbiotic microorganisms in the biosynthesis of pharmacologically active compounds, actions of bioactive compounds to protect the producing organism from predation (chemical ecology), basic studies in marine ecology that must precede a major harvesting program, aquaculture research, and studies in marine biodiversity. Mexican researchers and funding agencies might wish to examine the feasibility of interdisciplinary research programs related to marine natural products chemistry, learning from the successes and mistakes experienced by U.S. programs. The strength of both Mexico and the United States in the area of biotechnology offers the potential for substantial collaborative efforts on this topic. Pharmaceutical companies often play a considerable role in drug discovery and commercialization. With this in mind, any academic drug discovery program, particularly a program based on international cooperation, should clearly address the legal issues of patent rights and the sharing of potential financial rewards before the program starts. Few academic discoveries have led to pharmaceuticals, however, largely because pharmaceutical companies prefer to develop their own discoveries. Academic groups should place good research above commercial application while acknowledging that the latter might result from the former. For collaboration in marine biotechnology and drug development to work, it is important that use of natural products derived from U.S. and Mexican organisms receive equitable patent protection and distribution of royalties.

Conservation of Marine Biological Diversity[*]

The conservation of biological diversity has become both a scientific and a political goal of the 1990s. Whereas this concept seems well defined when applied to tropical rain forests, its application to marine environments is poorly understood. It is absolutely certain that we have described only a small percentage of the marine organisms in the intertidal zone and that our knowledge of deep- and midwater organisms is even more sparse. Because we do not know what exists, we cannot know what to conserve.

Current efforts in Mexico in the area of marine biological diversity include the definition of priority areas along the coast and open-ocean environments, based on criteria of the highest diversity. Large databases are being created primarily with the major taxa represented in formal collections of museums and research institutions. Criteria proposed by Sullivan (1997) are also being applied. Documents that have recognized the status of marine biological diversity by regions and habitats were published by Salazar-Vallejo and González (1993). At this moment, the National System of Protected Areas (Sistema Nacional de Areas Protegidas [SINAP]) recognizes 59 protected areas along all coasts of Mexico, representing different levels of protection (e.g., Biosphere Reserves, national parks, refuges, protected areas, and reserves) in habitats such as dunes, beaches, reefs, coastal lagoons, mangroves, marshes, and islands. A major effort is still needed to consider the real value of habitats integrated in Large Marine Ecosystems. A joint effort is required to unify the efforts started in the United States with the existing efforts in Mexico.

Many people believe that the rain forests provide a habitat for many species that may contain important pharmaceutical agents and that destruction of the rain forests will deprive science of the opportunity to discover these agents. Yet the invertebrates found on tropical and subtropical reefs are known to be a far more productive source of pharmacologically active compounds, according to statistics accumulated by the National Cancer Institute (data from J.H. Cardellina and P.T. Murphy, quoted in Garson, 1994). Research on marine biodiversity, with an eventual goal of conservation, is an area of U.S.-Mexico cooperation that would receive both political and popular support. However, such research has its detractors because commercial fishing and destruction of marine habitats for urban and industrial development are among the principal factors contributing to the reduction of marine biodiversity.

Research on marine biodiversity requires significant financial support for taxonomic studies on both sides of the border. It requires collaboration between marine biologists, marine ecologists, and biological oceanographers, which is strangely lacking in some areas because of the competition among these disciplines for scarce resources. Ultimately, it will require the involvement of scientists from other fields to evaluate the potential value of newly described organ-

---

[*]See also NRC (1995).

isms as resources for drug discovery and biotechnology. The conservation of biodiversity will require cooperation among nations that share common ocean areas to ensure that actions by one nation do not cause detrimental effects in the shared area. An open border for such scientific research, subject to strict reporting requirements, should be a primary goal of a U.S.-Mexico binational marine science collaboration.

Marine Biotechnology[*]

Marine biotechnology, which may be defined as the search for commercial uses of marine biology, biochemistry, and biophysics, is a fledgling field of study having substantial potential. At the simplest level, there is a sense that organisms living in a saline medium, often at high pressures or temperatures, contain biochemical agents that may be of use to industry in marine biotechnology. Neither the United States nor Mexico can match Japan's investment in this field (Rinehart et al., 1981; Faulkner, 1983), and there is evidence that the European Union is accelerating its investment in marine biotechnology. A research collaboration between the United States and Mexico could yield considerable benefits for both countries, because the United States is experiencing a boom in biotechnology while some of the most promising locations in which to perform marine biotechnology field research are in Mexico.

The microbial and invertebrate biodiversity found in the Gulf of California makes it a prime target for "bioprospecting." From 1970 to 1985, studies of the chemistry of a rather limited selection of marine algae and invertebrates from the Gulf of California resulted in the discovery of several antimicrobial, antineoplastic, and anti-inflammatory agents (Rinehart et al. 1981; Faulkner, 1983). A reinvestigation of these sources using modern mechanism-based bioassays may lead to the discovery of new biomedical agents.

The opportunity to sample marine microorganisms, including extreme thermophilic bacteria from the geothermal vent systems and extreme halophiles from salt ponds, can significantly expand the biomedical potential of Gulf of California organisms. The fledgling marine biotechnology industry has shown considerable interest in extreme thermophilic marine bacteria because they produce enzymes that are stable and efficient at high temperatures and pressures and are therefore attractive for use in industrial processes. The hydrothermal vent systems in the Guaymas Basin are known to be an excellent source of extreme thermophiles (Vidal, 1980; Jørgensen et al., 1992), but there are also many shallow-water seeps, salt ponds, mangrove swamps, and other unique marine microenvironments that could provide a diversity of microorganisms useful to the biotechnology industry.

It is almost impossible to predict the future directions of marine biotechnology research or the benefits that could accrue. It is safe to say, however, that

---

[*]See also NRC (1994a).

marine biotechnology is lagging behind the leading edge of biotechnology but that this situation will improve as the field becomes better organized. For example, an initial meeting of California researchers interested in marine biotechnology resulted in an unexpectedly broad array of research topics being presented. Both the organizers and the participants were surprised at the diversity of existing research. A similar U.S.-Mexico conference on marine biotechnology could be used to initiate binational collaborations in this field.

REGIONAL CLIMATE CHANGE

Of the several modules of IOC's proposed global ocean observing system (GOOS) (see Chapter 3), perhaps the most mature is the climate module for reasons of technical readiness and scientific urgency. Fundamental understanding of climate change must ultimately be global, but efforts to document changes and to make climate change and impact predictions of practical use to society must be done region by region. If global warming occurs, no individual nation will be affected primarily by the global average temperature rise; rather, nations will be affected by the temperature rise and associated effects in their region.

It is certain that atmospheric CO_2 concentration has risen during the industrial age, and that global temperatures have risen about 0.5 °C in the past century. The relative importance of natural variation versus human activity in forcing the temperature change is subject to ongoing study. Model predictions of global warming are beset by uncertainty, particularly if one tries to predict regional patterns of change instead of global averages (Speranza et al., 1995, p. 425).

The ocean plays a major role in the climate system. It is an enormous thermal flywheel because of its huge heat capacity relative to that of the atmosphere, and it is a key reservoir of carbon. Exchange of CO_2 gas across the sea surface depends on physical processes, some of which are poorly known for the full range of complex conditions (from calms to hurricanes) to which the surface is subject. In ocean surface waters, biological processes take up CO_2 (e.g., photosynthesis by phytoplankton and carbonate removal by corals), and carbon falls to the seafloor and is sequestered in sediments. These biological processes or "pumps" may both affect and be affected by the changing state of the atmospheric climate and carbon systems. The effectiveness of the ocean in removing CO_2 directly affects forecasts of atmospheric buildup; similarly, if the climate changes in the future and forces a different ocean circulation, the distribution and effectiveness of these biological processes may change.

Joint U.S.-Mexican contributions to solutions of these questions in the form of (1) careful, high-quality, long-term measurements of key carbon and climate system variables in the region of common interest and (2) scientific efforts designed to interpret such measurements and place them in global context can be important parts of the worldwide effort to understand climate change.

The area of joint U.S.-Mexican interest spans extensive tropical and sub-tropical regions, where it is naturally easier to detect trends in long time series of some ocean variables because of the reduced synoptic-scale and seasonal noise relative to the situation at high latitudes. This advantage should be used in the selection of sites and variables to be studied.

3

Actions to Improve Cooperation and Influence Ocean Science Policymaking

Several ocean science research topics that present first-order intellectual challenges also have important implications for social and economic development in both Mexico and the United States, as indicated by the examples provided in Chapter 2. Both nations need to obtain and share information and understanding about their adjacent ocean areas to improve environmental management and protection and to fuel economic growth in a sustainable manner. A number of actions are fundamental for improving communication, enhancing collaborations, and creating partnerships between ocean scientists in Mexico and the United States. These actions transcend the potential joint projects discussed in Chapter 2. The committee envisions that actions related to (1) human resource and capacity building, (2) scientific infrastructure, (3) large international ocean science programs, (4) regional and global ocean observing systems, (5) scientific events and publications, and (6) funding for binational activities will improve collaborations between U.S. and Mexican ocean scientists and enhance the effectiveness of joint projects such as those noted in Chapter 2 or others that may be developed in the future. The actions highlighted below are designed both to enhance a healthy ocean science community for Mexico's own needs and to make it possible for Mexican and U.S. scientists to participate together in solving shared marine environmental problems.

HUMAN RESOURCES AND CAPACITY BUILDING

The number and distribution of ocean scientists differ significantly between Mexico and the United States. Most fundamentally, although the exact number of ocean scientists in Mexico is not well known, the Mexican community is much smaller than the U.S. community. In 1995 there were a total of 204 full-time

professors working in the five major universities with ocean science curricula (Aldana, 1997). A total of 57 marine biologists of all disciplines (e.g., biological oceanographers, physiologists, ecologists, fisheries and aquaculture experts, icthyologists, botanists, malacologists, microbiologists), out of a total of 796 biologists, belonged to the National System of Researchers (Sistema Nacional de Investigadores [SNI]) in 1990 (Aldana, 1997). Marine biologists represent the largest group of marine scientists in the SNI. The remaining marine scientists (physical oceanographers, marine geologists and geophysicists, and chemical oceanographers), it is safe to say, total at the most a similar amount. In the AMC (Academia Mexicana de Ciencias), the number of ocean science academicians equals approximately 20 out of a total of 884 regular members reported in 1996 (Aldana, 1997). In Mexico, the academic ocean science community is distributed among approximately 20 university departments, schools, and research institutions (Ayala-Castañares and Escobar, 1996). The number of Mexican ocean scientists employed in academic institutions is much larger than the number employed by federal agencies. The U.S. ocean science community is divided among 15 major institutions and more than 100 smaller university departments, institutes, and colleges. There are approximately three times as many Ph.D.-level ocean scientists employed in academia as in federal agencies in the United States, with a total of approximately 2,200 in 1990 (NRC, 1992). Thus, the ratio of U.S. to Mexican ocean scientists is approximately 20:1, whereas the ratio of the two nations' populations is 3:1.

One of the most important ways to increase collaboration between ocean scientists in the United States and Mexico would be to enhance the ability of individuals to work together through appropriate education and training. Various approaches should be used to build the human resource capacity for ocean sciences in Mexico that are focused on (1) strengthening the education of graduate students and postdoctoral fellows and (2) providing for continuing education of university and government scientists in the marine sciences. Because of financial limitations in both countries, the JWG believes that the scientific and technical talent of each must be used most efficiently to improve the quality and capability of scientists, technicians, and students already in the field. In some areas of marine science, it will be necessary to increase the production of new Ph.D.s in Mexico, including students trained in Mexico and abroad, without sacrificing quality of education. Many Mexican ocean science graduates end up in government and full-time teaching positions. Although this has its own benefits for the nation, Mexico may not be able to afford the loss of such a high percentage of its scientists from active research. The United States is in a somewhat different situation. New ocean science Ph.D.s tend to seek employment in the research sector, like their elders, but the end of the Cold War and the tightening of federal research budgets have begun to place new and tighter constraints on the research openings for new Ph.D.s, leading many of them to seek work in less traditional (in the United States) non-research sectors.

Ocean sciences require the formation of viable research groups that include individuals possessing a range of expertise: ocean scientists, laboratory and ocean-going technicians, specialists in computer programming, data analysts, electronic technicians, instrumentation specialists, engineers, and others. It is unreasonable to expect individual scientists to possess all the skills needed to conduct sophisticated ocean science activities. This is a particular problem in Mexico, where scientists often do not have access to individuals with complementary skills to form research groups capable of carrying out state-of-the-art research programs. Any educational and training initiatives should acknowledge the need for balanced research groups by devoting an appropriate balance of resources to each category of skilled professionals.

Cooperation between ocean scientists in the United States and Mexico would be enhanced by intensive language training for scientists, students, and technicians who desire to work in the neighboring country. The language barrier significantly hinders binational cooperation. The need for Spanish language skills among U.S. scientists is especially acute, an outgrowth of widespread neglect of foreign language education in U.S. primary and secondary schools. Overcoming this barrier will require an extraordinary commitment on the part of ocean scientists and the provision of new mechanisms for intensive language training.

Graduate and Postdoctoral Education

The 10 largest U.S. institutions awarded approximately 126 Ph.D. degrees in ocean sciences in 1990 (NRC, 1992). This number was substantially greater than the number of job openings in U.S. universities and the federal government expected annually in ocean sciences. The National Research Council (NRC) survey did not include job possibilities in related disciplines such as environmental science, geology, or biology, or employment in state agencies, industry, and nonprofit organizations. A conclusion that can be drawn from these results is that Ph.D. career counseling should include preparation to interact with a broad range of university departments and to be employed in "nontraditional" careers. It was believed at the time of the 1992 NRC assessment that the supply of Ph.D.-level ocean scientists was sufficient in the United States, with large variation among disciplines. Only 16 Mexican universities have graduate curricula in ocean sciences, and 14 of these are in marine biology, ecology, fisheries, and biological oceanography (Aldana, 1997). Only two institutions, UABC and CICESE, awarded Ph.D. degrees in 1994, four each, for a total of 8 (Aldana, 1997). In comparison, 124 Ms.Sc. degrees were awarded by five universities in 1994 (Aldana, 1997). Thus, U.S. universities awarded at least 16 times more Ph.D. degrees per year in ocean sciences than Mexican universities. As in the United States, the number of job openings in oceanography is less than adequate for the number of graduated students. Both countries require a larger marine science establishment to address adequately all the important basic and applied research

challenges and opportunities posed by their marine environments and to provide all the scientific inputs necessary to solve educational, economic, and social questions related to the ocean. Until additional research funding and associated facilities can be provided to respond more fully to marine environmental problems, capacity-building activities should focus on improving the quality and efficiency of educational institutions. The need to build up the size of the research establishment is especially acute in Mexico.

Fewer U.S. students work in Mexico than the reverse, for a variety of reasons. New research collaborations should make it easier and more appealing for U.S. students to conduct research with Mexican scientists, thus creating research partnerships in the early stages of a scientist's career. Mechanisms to simplify the transferability of student grades and credentials among the North American Free Trade Agreement (NAFTA) countries, lowering bureaucratic hurdles, not standards, should expedite research collaborations such as those mentioned above.

Another mechanism that has been effective in the past for building collaboration among students is to conduct binational field study programs for graduate and undergraduate students. An interesting model is the Russian-American Environmental Science and Training Partnership, in which students and faculty from U.S. and Russian institutions worked together from a floating laboratory in 1995 and 1996 to conduct studies on the biology, chemistry, and physics of rivers in the Angara River watershed of Russia. Field observations and laboratory work were supplemented with instruction in the pertinent sciences and language lessons (*ASLO Bulletin,* 1996). The most important impetus to such student exchanges is, and will remain, the network of professional connections and collaborations between active individual researchers and research groups on both sides of the border. Enhance these connections, and the pressure for student exchanges will rise as a natural consequence. Binational field programs should be planned for conduct in the United States and Mexico.

Continuing Education of University and Government Scientists and Binational Exchanges

New mechanisms should be developed for promoting two-way exchanges of U.S. and Mexican marine scientists. In many cases, incremental funding to meet the cost-of-living differential between the United States and Mexico and to support travel would suffice. One potential avenue could be the U.S.-Mexico Foundation for Science. It has focused primarily on sponsoring short-term exchanges and joint research projects of the type required by a binational ocean sciences program. The U.S. National Science Foundation (NSF) and the Mexican National Council on Science and Technology (CONACyT) are additional (limited) sources of joint funding, particularly for travel and workshops.

Other opportunities for scientific exchanges exist, such as programs of the Agency for International Development, the Fulbright Fellowship program, and

programs set up by individual universities and institutions such as National Autonomous University of Mexico (Universidad Nacional Autónoma de Mexico [UNAM]), the National Polytechnic Institute (Instituto Politécnico Nacional [IPN]), IIO-UABC, and CICESE. Funding from these sources is not specific to ocean sciences, however, and is inadequate to support the number of exchanges needed for significant enhancement of the ocean sciences in Mexico. New funding targeted specifically at ocean science exchanges is needed. Such funding could be available from U.S. and Mexican agencies and foundations that support ocean sciences and are responsible for marine environmental issues. The U.S.-Mexico Foundation for Science is a potential vehicle to handle the logistical aspects of both research and exchange grants. The foundation has accepted funds from the U.S. Department of State for environmental projects and from the Research Corporation specifically for fellowships in chemistry, physics, and mathematics. Some charitable foundations include within their scope of activity the promotion of sustainable development in Latin America or promotion of understanding of the sciences. Some types of binational marine research could fit within these parameters.

Binational adjunct or visiting professorships are another viable option to promote exchanges. More attention should also be devoted to exchanges of government scientists to promote information transfer and build partnerships between government agencies with similar responsibilities in the two nations (e.g., the National Marine Fisheries Service and the National Institute of Fisheries (Instituto Nacional de la Pesca [INP]).

SCIENTIFIC INFRASTRUCTURE

The infrastructure for science includes human resources (discussed in the previous section), fiscal resources, and physical resources. *Oceanography in the Next Decade: Building New Partnerships* (NRC, 1992) documented the status of the U.S. infrastructure in ocean sciences as it existed in 1990. Such infrastructure is much less developed in Mexico. This implies that improvements can be made by both (1) improving the Mexican ocean science infrastructure and (2) developing mechanisms for collaborative use of the U.S. infrastructure, particularly while the Mexican capability is being developed. In countries with limited science funding (true for both nations), it is important to first design long-term science plans and subsequently to develop the infrastructure needed, rather than developing extensive facilities and institutions that use all the science money without resulting in an infrastructure suitable for the most important science. Physical infrastructure requires a minimum level of operating and maintenance costs even when it is not being used, so that too much infrastructure can create a drain on the funds needed for conducting science. Thus, under conditions of limited science funds it is important to identify long-term science needs and to develop an infrastructure that meets the needs identified while retaining enough flexibility to respond to unexpected challenges and opportunities.

Fiscal Resources

The total expenditure for ocean sciences is much lower in Mexico than in the United States. The Secretariat of Public Education (Secretaría de Educación Pública [SEP])-CONACyT is the primary government source of funding for basic ocean science activities. Mission agencies are a smaller source of funding for ocean science activities in Mexico than in the United States, and there are fewer agencies in Mexico to fund the diversity of potential projects. Some research support is also provided through universities and institutes such as UNAM and IPN. Little research funding is provided to academic scientists by industry, which is also true in the United States. It is difficult to compare the ocean science expenditures for the United States and Mexico in a meaningful way because the United States has a coastline twice as long as Mexico's, 3 times the population, and 10 times greater gross domestic product. However, it is enlightening to observe the absolute levels of expenditures of NSF's Division of Ocean Sciences (OCE) and CONACyT's expenditures for ocean science activities. In fiscal year 1995, OCE had a total budget of $192.8 million, including research support ($102.6 million), facilities support ($50.4 million), and the U.S. portion of the Ocean Drilling Program (ODP; $39.8 million). Funding provided by CONACyT for ocean sciences amounted to $852,000 in fiscal year 1995. It is clear from these figures that Mexican ocean science budgets pose a severe constraint to Mexican ocean research and reduce the ability of Mexican scientists to participate equally in collaborative research with U.S. and other foreign colleagues.

Science funding is much scarcer in Mexico because of the strict economic policies that have been enacted and the major devaluations of the peso that have occurred since 1982; funds that were previously devoted to science have been diverted to other uses. From 1992 to 1997, Mexico spent only 0.36% of its GNP on science and technology research. The impact on all sciences, including ocean sciences, has been substantial. Currently, there are only 5 scientists per 10,000 workers in the labor force. Since 1982 there has been a gradual, but severe, deterioration in the value of salaries of Mexican scientists. Basic salaries in universities and research institutions have declined to relatively low levels. Universities and other institutions have developed financial incentives to supplement salaries to reduce the flow of talented scientists to industry, other fields, or other countries. Likewise, the Mexican government established SNI as an emergency salary enhancement tool in 1984. SNI provides supplemental salary support that now contributes a significant portion of the salaries of its 5,879 members (as much as 50% of the salaries of some scientists) and has evolved from a temporary measure to a more or less permanent feature of Mexican science (CONACyT, 1994). This program has improved the financial situation of some Mexican scientists, but not all scientists are part of the system. The reward structure of SNI may encourage short-term studies and the publication of fragmentary findings (Ayala-Castañares and Escobar, 1996).

Physical Resources

Physical resources needed to conduct ocean sciences include computers, databases, and communication linkages; laboratory facilities and equipment; and research vessels. In the United States, a combination of federal, state, and university funding for direct facility development at universities, coupled with access to major facilities at some government laboratories, has provided facilities and equipment to the research community. Mexico has a similar array of sources to fund the purchase and operation of physical resources, but the balance of sponsors is different in the two nations and the support from mission agencies, as well as the total support, is smaller. The lack of a basic ocean research policy and the discontinuity of adequate funding for ship time and equipment seriously hinder ocean sciences in Mexico. From 1982 to 1990, ship time funded through UNAM, CONACyT, and the Mexican Petroleum Corporation (Petroleos Mexicanos [PEMEX]) constituted an excellent financial mechanism that promoted significant growth and to some degree, international recognition of Mexican oceanographic research. This funding structure was not renewed after 1990, and the lack of funding has seriously hindered Mexican ocean research. Regular mechanisms for funding ship time (like the 1982-1990 trilateral agreement among UNAM, PEMEX, and CONACyT) should be reestablished in Mexico in order to regain the momentum that ocean sciences attained during the decade from 1980 to 1990. It is crucial in any augmentation of ship time funding in Mexico that requests for ship time be associated with projects that have successfully passed peer review. This goal could be accomplished by using a system such as that used by NSF in the United States. In the NSF system, any research project must pass peer review before any ship time is devoted to the project.

Better provision of and access to physical infrastructure, to allow its use when scientists of the United States and Mexico are not using such facilities, would permit far better use of the existing capabilities of Mexican ocean scientists. One means to provide necessary physical resources in the short term would be to develop mechanisms to share facilities. This would benefit both U.S. and Mexican facilities that are presently underutilized. As with the utilization of U.S. educational capacity noted above, shared use of U.S. facilities could be an effective bridge to the long-term goal of increased capitalization of Mexican facilities.

Computers and Databases

Advances in communication technology, networking, and distributed data access and storage are revolutionizing scientific interactions internationally. Ocean-relevant databases exist in both nations but in many cases have not been developed with binational compatibility in mind. The United States supports several data centers that contain significant ocean-related data. These include the National Oceanic Data Center (NODC)/World Data Center A for Oceanography

and the Carbon Dioxide Information Analysis Center. Data from these sources, as well as from major scientific programs (e.g., the World Ocean Circulation Experiment [WOCE], the Joint Global Ocean Flux Study [JGOFS], the Ridge Inter-Disciplinary Global Experiment [RIDGE], and Global Ocean Ecosystems Dynamics [GLOBEC] program) are now available via the Internet and in some cases on CD-ROM.

To promote binational cooperation and to make data collected in joint and unilateral programs comparable, intercalibration exercises, data standardization, and database compatibility are needed. Most large ocean science programs have conducted such activities internationally and could serve as models for Mexico-U.S. data sharing and intercalibrations. It is also critical that researchers have easy access to the data and data products (e.g., maps) contained within databases. Such access encourages scientific analysis and scrutiny of data, revealing their utility and limitations. Technical and sampling flaws can be exposed, remedies can be set in motion, and future data collection efforts can be made more effective.

Several large databases in Mexico could be combined or cross-linked, for example, data holdings of individual universities, research institutes, scientists (Vidal et al., 1988, 1990, 1994b), and industry (e.g., PEMEX, Comision Federal de Electridad [CFE]). Important databases relevant to marine science and management are held in Mexico by UNAM, IPN, CICESE, UABC, CINVESTAV, INP, the National Institute of Statistics, Geography, and Informatics (Instituto Nacional de Estadística, Geografía e Informática [INEGI]); the National Institute of Ecology (Instituto Nacional de Ecología [INE]), the Secretariat of Agriculture (Secretaría de Agricultura), and the National Institute of Fisheries (Instituto Nacional de la Pesca [INP]). However, there is no equivalent to NODC in Mexico; thus, oceanographic data are not aggregated and archived. Solution of this problem should be a priority. Databases should be compiled and coordinated within Mexico by INEGI, which should help conform the databases to a common standard, make them widely available with appropriate peer review and quality control, and promote the education and training of individuals in database management. Many institutions in Mexico have created their own computing centers, including supercomputers (UNAM and IPN), providing a foundation for data sharing and communication.

Communication Linkages

Research networks with several nodes could provide focal points for regional ocean sciences that extend beyond the capabilities of the Internet. Such networks should include dedicated World Wide Web sites, as well as more sophisticated communication linkages that would enhance and encourage ocean science interactions and the sharing of human and physical resources. Teleconferencing facilities and high-capacity data transmission lines are important aspects of the network concept. The Internet could, however, be used to promote the rapid

sharing of data as well as products such as the abstracts of theses and dissertations or other hard-to-access documents outside the mainstream journal literature.

The linkage of ocean science laboratories in each region through such communication networks would be helpful for both U.S. and Mexican scientists and could be accomplished at a relatively small incremental cost to universities and states, some of which already have very capable network links designed for purposes other than ocean sciences.

Given the widely distributed locations of Mexican and U.S. ocean science laboratories likely to be involved, improving communication channels among them is an important goal. "Electronic continuity" could be established by creating regional networks of communication nodes for transmitting information (e.g., maps, data) via the Internet and communicating in real time via T1 fiber optic, compressed videolinks. To such a primary network of nodes could be linked other public and private education facilities such as elementary and high schools, junior and community colleges, state universities, and teacher education programs. Such a communication network should also include government agencies charged with managing fisheries, oil and gas exploration and development, and coastal zones. These networks could broaden public awareness and appreciation of the ocean sciences and their value to society. All relevant institutions within a region could be linked to the networks, but only a relatively small number of nodes should be established because of the expense of sophisticated internode communication technology and associated administration. Establishing an efficient network will require a thorough assessment by network specialists to determine what components are now available and what components should be added, as well as the optimal number of nodes and connected sites in each region. These initiatives could be promoted and financed through the NAFTA-associated Commission for Environmental Cooperation or other binational funding sources, such as the U.S.-Mexico Foundation for Science.

A reasonable short-term goal for creating a specific regional network of this kind for the Intra-Americas Sea (IAS) would include Louisiana State University, University of Miami, Texas A&M University (TAMU), University of Texas, the National Polytechnic Institute, the National Autonomous University of Mexico, and the Center for Research and Advanced Studies (CINVESTAV) at Merida, adding other interested institutions in the longer term. Most of these institutions support large departments dedicated to marine science graduate education and research, field stations, or smaller remote campuses spread around the periphery of the IAS, and/or open-ocean research vessels, all of which could be linked via a communication network. The existing systems of communication between these nodes could serve as a foundation for an enhanced network. The creation of a network in the IAS would benefit all institutions in the region by promoting collaborative studies of the integrated IAS ecosystem. Currently, a large number of countries in the IAS are linked by video. Such a network has been listed as a possible area for collaboration between the International Institute for Climate

Change (IRI) and the Inter-American Institute for Global Change Research (IAI, 1996).* In the Pacific region, an ocean science communication network might have nodes at the University of California, University of Arizona and Arizona State University, the Interdisciplinary Center for Marine Science (Centro Inter-disciplinario de Ciencias Marinas) of the National Polytechnic Institute (CICIMAR-IPN), CICESE, UABC, and other institutions.

Laboratory Facilities and Equipment

In Mexico, many universities and field stations are not equipped properly for computing and other scientific activities and thus are not well suited for conducting state-of-the-art research attractive to potential research partners. As mentioned previously, sources of funding for equipment are scarce. Justification should be developed for a basic set of measurements and instruments for laboratories and field stations, and equipment funding should be made available through national programs so that overseas postdoctoral fellows can work with comparable equipment when they return to Mexico. It is difficult for Mexican scientists to purchase and update their equipment as often as is desirable because of the lack of funding and import tariffs that stall the purchases of research equipment and inflate the cost of research projects, thus hindering their funding and the ultimate outcome of Mexican research. In addition, there is no insurance available for lost or damaged equipment. Laboratory equipment, to be viable, must be maintained and calibrated properly. The continuing education of capable technicians to serve within research groups is critically important to the effective utilization and care of sophisticated equipment.

Research Vessels

Research vessels are the backbone of the physical infrastructure for ocean sciences. They are a major and expensive resource that could and should be shared by scientists of the two nations. The use of research vessels by U.S. and Mexican scientists for collaborative research will be improved substantially if all vessels are equipped with a minimum set of necessary sensors and equipment such as those available on most vessels of the University-National Oceanographic Laboratory System (UNOLS). Mexican ship operators should have an opportunity to continue interacting with the UNOLS Research Vessel Operators Committee, to help U.S. and Mexican ship operators develop compatible equipment and operating procedures.

Exchanges of seagoing technicians between the two nations would be helpful for training purposes. The United States has developed a system of information sharing for marine technicians through the UNOLS Research Vessel Opera-

---

*Inter-American Institute for Global Change Research (IAI) 1996, Newsletter, IAI, Issue 11, (April).

tors Committee. UNOLS should consider inviting technicians from Mexican ship-operating institutions to participate in its committees, meetings, and technician training courses. There are only three research vessels presently supported by Mexican academic institutions (R/V *El Puma,* R/V *Justo Sierra,* and R/V *Francisco de Ulloa*), so the training need (in terms of number of technicians) for these vessels would not be substantial at this time. The need for marine technicians on other vessels—involved in environmental, resource, and naval operations—should be evaluated. The number of research vessels in Mexico does not reflect the amount of high-quality and significant national and binational research that could be carried out effectively on Mexican ships; rather, the number of vessels is limited by lack of funds for the construction of new vessels and for the operation and technical support of existing and new vessels. Cooperative agreements for research vessel use between U.S. and Mexican institutions could provide a framework for joint use of these facilities and for binational funding of ship time by NSF and CONACyT. Lack of appropriate funding for maintenance of the Mexican research vessels *El Puma* and *Justo Sierra,* as well as the unavailability of these ships to the majority of the Mexican oceanographic community because of inadequate ship-time funding sources, has stalled the progress that Mexican ocean research attained during the 1980s. Creation of a funding program in Mexico dedicated to this specific purpose should be given a very high priority.

MEXICAN-U.S. COOPERATION IN LARGE INTERNATIONAL OCEAN SCIENCE PROGRAMS

Cooperation between Mexican and U.S. scientists is primarily in the form of individual contacts; exceptions include the California Cooperative Oceanic Fisheries Investigation (CalCOFI), MEXUS-Pacifico, and MEXUS-Golfo fisheries programs. Joint participation in these programs has resulted because of intense interest in fisheries by scientists from both countries.

Mexico is not a national participant in three of the major international programs of recent years: JGOFS, WOCE, or ODP. The recent ODP Leg 165 was conducted in the Gulf of Mexico and Caribbean Sea, but no Mexican scientists were involved. There was, however, a Mexican observer on ODP Leg 167, which focused on the seafloor off the Californias and Oregon. Although it is recognized that the process of research vessel clearance must be conducted in official channels between the U.S. Department of State and the Mexican Ministry of Foreign Affairs (Secretaría de Relaciones Exteriores [SRE]), and that this may result in official observer requirements, it is also true that such research projects can be enhanced by the early identification and inclusion of genuine scientific collaborators from both countries. Collaborative research in projects important to both nations would fulfill both the requirements and intent of the Law of the Sea provisions on ocean science (U.N., 1983).

Mexico is a corresponding member of the International Ridge Inter-Disciplinary Global Experiment (InterRIDGE). Individual Mexican scientists have been involved in international GLOBEC, particularly in the Small Pelagics and Climate Change program. Mexico is a member of the Scientific Committee on Oceanic Research (SCOR), and a Mexican scientist is presently co-chairing the SCOR Working Group on Worldwide Large-Scale Fluctuations of Sardine and Anchovy Populations. The United States is a full member of each of the programs mentioned above, and U.S. scientists should encourage timely and adequate participation of Mexican scientists in new programs as they develop. Adequate Mexican ocean science funding and support is a prerequisite to achieve this goal. Both U.S. and Mexican scientists participate in the Land-Ocean Interactions in the Coastal Zone (LOICZ) program as members of the program's scientific steering committee.

Although Mexico does not presently have sufficient resources to be a full financial partner in the complete suite of major programs, it could provide greater support for individual scientists to participate, which would help build Mexican collaboration internationally as well as with the United States. The Joint Working Group on Ocean Sciences (JWG) encourages Mexican agencies and institutions focused on ocean sciences to foster more extensive participation in major international ocean science programs that are of greatest interest to members of the Mexican ocean science community, as a means to contribute their unique knowledge and to increase international cooperation and recognition.

REGIONAL AND GLOBAL OCEAN OBSERVING SYSTEMS*

Ocean sciences depend on observations. Sustained, large-scale, long-term observations are indispensable to address scientific questions in all ocean science disciplines. For these reasons and for the sustained health of ocean sciences, it is important that coastal nations, including the United States and Mexico, establish regional ocean observing systems tailored to both regional and global needs. The discussion here focuses on regional systems that could be shared by the United States and Mexico to respond to regional scientific and management needs and that could be essential elements of a global ocean observing system.

The primary goal of an ocean observing system is the systematic, long-term collection and distribution of oceanic and atmospheric observations to make possible more accurate weather and climate prediction, efficient fisheries management, maintenance of marine ecosystems and biodiversity of the ocean, intelligent and efficient use of nonrenewable ocean resources, and accurate predictions of the impact of human activities on the environment.

An ocean observing system can and should provide information useful for both basic and applied research, including data necessary for the continued devel-

---

*See also NRC (1994b; 1997).

opment of accurate regional and global ocean forecasting capabilities. The benefits of such systems can greatly outweigh their costs. For example, the annual operating cost of an *in situ* observing system needed to make useful forecasts of the El Niño-Southern Oscillation (ENSO) phenomenon has been estimated to be $12.3 million (NOAA and IOC, 1996). The estimated value of improved ENSO forecasts to U.S. agriculture ranges from $96 million to $145 million annually in the absence of subsidy programs (Adams et al., 1995). It is reasonable to conclude that the benefits to other economic sectors and to other Western Hemisphere countries (including Mexico) would add substantially to this value, with virtually no addition to the cost.

An ocean observing system would consist of a set of *in situ* (e.g., ships, moorings, drifting floats, surface buoys) and satellite-based instruments that would regularly monitor the state of the ocean and its ecosystems over time. Its data and dissemination network would provide observations and the results of modeling exercises and scientific analyses to users and data archives (NRC, 1992, 1997). The asymmetries in development of ocean observing system components by the United States and Mexico reflect the relatively advanced capacity of the United States and the incipient capacity of Mexico to conduct the required regular observations. The United States is well advanced in this field, whereas Mexico is only in the preliminary planning stages. Nevertheless, the opportunity exists for a cooperative effort by both countries to work toward the emplacement and operation of binational regional ocean observing systems. This will require the creation of new partnerships between Mexican and U.S. ocean scientists, federal agencies, industries, and other potential users, extending financial relationships to include sharing of intellect, experience, data, instruments, facilities, and labor.

Regional ocean observing systems shared by Mexico and the United States in their common Pacific Ocean and Gulf of Mexico areas could help provide answers to pressing regional problems in fisheries, pollution, biodiversity, and ocean circulation important to both nations. At the same time, such systems could be important components of a global ocean observing system (GOOS).

The Intergovernmental Oceanographic Commission (IOC) is leading the international GOOS development effort in cooperation with the World Meteorological Organization, the International Council for Science, and the United Nations Environment Programme. The structure of GOOS has been defined by the IOC to consist of five modules, including (1) climate monitoring, assessment, and prediction; (2) monitoring and assessment of marine living resources; (3) coastal zone management and development; (4) assessment and prediction of the health of the oceans; and (5) marine meteorological and oceanographic services (IOC, 1993).

U.S. agencies are determining how the United States should meet system requirements identified by international planning groups, and Mexican agencies should do the same. The U.S. GOOS program will initially emphasize those observations needed for prediction of ENSO events, the consequent rainfall and

temperature patterns, and observations needed to detect global change due to greenhouse warming, such as absolute sea level and average ocean temperatures.

An essential characteristic of a regional-to-global ocean observing system (ROOS-to-GOOS) evolution is the wise collaborative design of systems and sampling schemes for studying important local and regional problems on appropriate scales, that are amenable to later expansion and inclusion in the larger framework of a GOOS. It is also important not to conceive of ROOS and GOOS as research-only systems. Although they may be designed and implemented by researchers and may be invaluable to research work (e.g., some of the problems posed in Chapter 2), it is unlikely that the central feature of importance—long-term sampling—can be sustained by governments without supportive users and well-understood applications outside the purely research realm: applications to fisheries, oil and gas production, shipping, environmental monitoring, tourism, and other uses.

SCIENCE EVENTS AND PUBLICATIONS

Participation in scientific meetings is an important means of sharing data and information and building collaborations. A North American oceanography meeting held every three or four years could be an important mechanism to build bi- and trinational research partnerships. Special sessions of the American Geophysical Union (AGU), the Oceanography Society, and the American Society for Limnology and Oceanography (ASLO) could fulfill a similar purpose. Joint meetings of analogous organizations, such as the Mexican Geophysical Union with AGU, would also foster binational cooperation, for example, using the AGU Chapman Conference format. An important aspect of cooperative science would be the development of courses and symposia open to the public to enhance public awareness of binational needs and opportunities in ocean sciences.

In the realm of science publications there are two troublesome issues. First, the *Science Citation Index* (SCI) includes approximately 3,300 journals of the 70,000 that are published worldwide (Gibbs, 1995). Only 50 journals from the developing world were included in SCI in 1993. It is important to enhance Mexican oceanography journals so that they are readily available worldwide and in Mexican universities and laboratories and also are included in the major citation services. However, the economic crises in Mexico have made it difficult for Mexican journals to meet the financial requirements for inclusion in SCI (Gibbs, 1995).

Second, when non-English speaking scientists from countries such as Mexico attempt to publish in the major international journals that are included in SCI, there is a widespread sense that reviewing and editing are biased against them through some combination of ignorance, prejudice, and difficulties in handling papers written in less-than-perfect English (Gibbs, 1995). "Although developing countries encompass 24.1 percent of the world's scientists and 5.3 percent of its

research spending, most leading journals publish far smaller proportions of articles by authors from these regions" (Gibbs, 1995). Some professional societies have already taken steps to address this problem. For example, AGU has compiled a list of scientists who are native speakers of English and have agreed to assist by editing the manuscripts of their colleagues who are not native speakers. Likewise, ASLO is presently seeking volunteers from among its membership to review papers written by non-English speakers and provide editorial advice before the papers are submitted for review. Apart from organizational approaches, there is a need for individual reviewers and editors personally to apply appropriate measures to help authors whose native language is not English, being careful to distinguish poor science, which should not be published in any language, from good science hampered by poor English, which deserves some degree of collegial assistance and constructive criticism from the English speakers associated with or providing reviews for English language journals.

Although the majority of scientific writing is done in English, all scientists should have the liberty to choose the language in which to write their scientific contributions. Scientists who have difficulty writing English, but still wish to see their papers published in English-language journals, should seek professional editorial help to guarantee that their scientific contributions are properly written prior to the submission of their works to the editorial board of an English-language scientific journal. All scientists should have the freedom to choose the language and journal to which they submit their papers (within the language guidelines of the selected journal). This freedom does not constitute an excuse for scientists fluent only in English to minimize or ignore scientific contributions published in other languages.

There has been an effort within the Mexican scientific community to review the quality of journals associated with Mexican institutions so that lower-quality journals can be eliminated or restructured. Strategies to solve the publication problem in Mexico should be designed to provide greater incentives and publishing opportunities to Mexican ocean scientists in Spanish and to disseminate research conducted in Mexico by translating its journals into languages such as English, French, and Japanese, and distributing them worldwide. Many approaches are possible. For example, the United Nations has sponsored commercial indexes of journals from the developing world (Gibbs, 1995). Sponsors of ocean science activities could pay for special issues of leading international ocean science journals focusing on binational research results. New electronic journals (Boyce and Dalterio, 1996) might be another venue for joint publications, albeit not necessarily a cheaper one. Some Mexican journals are published in English and Spanish and have binational editorial boards (e.g., *Ciencias Marinas, CICIMAR,* and *Geofísica Internacional*). Such journals are a natural venue for publication of binational research results. Because library budgets for new journals are limited, the expansion, merger, or restructuring of existing journals might be more economically feasible than the creation of entirely new bilingual, bina-

tional journals. However, this matter should be analyzed carefully. Finally, binational research collaborations of the kind advocated in Chapter 2 will lead naturally to new opportunities and options for collaborators to publish in English, Spanish, or both as suits their purposes. All ocean scientists need and deserve opportunities to publish their research findings in internationally recognized, peer-reviewed journals that are available to other scientists in their country as well as foreign scientists.

POTENTIAL FUNDING SOURCES FOR BINATIONAL ACTIVITIES

Funding for ocean science activities in the United States and Mexico is insufficient to support the activities of scientists already working in the field and is inadequate for a binational response to important scientific and ocean-related environmental problems. This lack of funding constitutes a major obstacle to sustained progress of ocean sciences in both countries and the promotion of interactions. Scientists of both nations must work together to remove this obstacle and to work more efficiently in the face of it. Continuous financial support for binational activities will be necessary to improve relationships between U.S. and Mexican ocean scientists and to take advantage of opportunities of the type identified in this report.

Ocean sciences are inherently multidisciplinary and thus provide the basis for addressing many scientific and societal problems related to complex ocean environments. This strength of ocean sciences should be emphasized to federal, industrial, and private sponsors of research and to the public in order to motivate greater support of the field. Ocean scientists have traditionally justified government funding based on national defense or fisheries needs. Scientists in both countries must communicate an expanded vision of the benefits of understanding the ocean beyond these two topics to issues such as environmental quality, public health, biodiversity, climate change, and other important concerns. Because many types of ocean science discoveries have commercial applications, industry should be encouraged to contribute support for certain types of research.

In the United States, NSF and the Office of Naval Research have been the principal agencies responsible for funding basic ocean science activities, whereas in Mexico, CONACyT has filled this role. With a few notable exceptions, mission agencies in both countries have failed to fund much basic ocean science and have concentrated primarily on sponsoring applied short-term research within their competence, interest, and missions. This is a serious situation because the health of applied research and the policies of mission agencies depend on the advancement of fundamental knowledge. The NRC made a recommendation that " . . . federal agencies with marine-related missions [should] find mechanisms to guarantee the continuing vitality of the underlying basic science on which they depend" (NRC, 1992). The JWG reiterates this recommendation as it applies to both U.S. and Mexican agencies.

There is no agency analogous to the U.S. National Oceanic and Atmospheric Administration (NOAA) in Mexico, whose primary responsibility is to provide mission-oriented oceanic and atmospheric science services. INP is the only Mexican institution currently conducting some mission-oriented ocean research and it should continue to do so, but its efforts are at a relatively small scale and are insufficient to meet information needs.

There is some international research funding available from the Global Environment Facility (a $2 billion fund administered by the World Bank), the International Atomic Energy Agency, and the Organization of American States, although such funding is seldom applied to oceanic issues. Experiences from other regions of the world could be used as models for cooperative funding of joint activities between the United States and Mexico. A particularly effective example is the European Science Foundation (ESF), which was formed specifically to improve scientific cooperation among European nations. It undertakes only activities that can best be handled by multiple nations and specifically favors collaborations of scientists from the wealthier and poorer members of the European Community.

Funding for the ESF amounted to 68 million French francs in 1996 (equivalent to U.S. $13 million and 103 million pesos as of December 31, 1996) and was provided by 55 members from 20 nations. The Marine Science and Technology (MAST) Programme of the European Community has a similar role. MAST III is funded at a level of ECU 243 million (equivalent to $304 million and 2,430 million pesos as of December 31, 1996) for 1994 to 1998. Steps to promote binational research were taken prior to 1995 by the U.S.-Mexico Foundation for Science before it was forced by fiscal constraints to retrench to the funding of scientific exchanges. Given the necessary funding, this foundation could again become a mechanism for the administration and wise selection of explicitly binational research projects.

4

Findings and Recommendations

The Joint Working Group (JWG) believes that increased cooperation between U.S. and Mexican ocean scientists could yield many benefits to the environmental quality, economic prosperity, and quality of science in both nations. In previous chapters, the JWG has discussed both potential science activities and other important actions that would promote binational research. These discussions provide the basis for the findings and recommendations outlined below. The JWG believes that the recommended actions should be implemented expeditiously. In most cases, federal agencies of the two nations should work together to implement them. Other recommendations are more applicable to ocean scientists, universities and marine science institutions, scientific societies, and the national academies of science. It is crucial that the recommendations listed below are implemented in ways that lead to genuine collaborative programs and interactions in ocean sciences, not merely in the creation of new levels of bureaucracy.

BINATIONAL AND MULTINATIONAL RESEARCH

Finding: There are strong scientific reasons and compelling societal concerns to justify multidisciplinary, long-term, regional-scale studies of ocean processes occurring on both the Gulf of Mexico and the Pacific coasts, as shown by the examples provided in Chapter 2.

There has been an increasing trend toward cooperation between Mexican and U.S. ocean scientists in the past half century. The JWG believes, however, that many significant opportunities have been missed and that cooperative ocean science activities could be expanded manifold, to the benefit of both nations. In

Chapter 2, the JWG describes a set of potential cooperative activities based in the Pacific Ocean, the Gulf of California, and the Intra-Americas Sea.

In the Pacific Ocean, there are important research questions related to the cause of regional variations in fish abundance, and the role of oceanic physical processes and their effects on top predators such as marine mammals and seabirds. There is evidence that the physical-biological regime of the California Current System varies between alternate conditions, possibly in response to global climate variations. Also in relation to climate, both the California Borderland and the Gulf of California provide the opportunity to study past conditions through analysis of laminated sediments whose deposition is affected by climate.

Although the Gulf of California is located entirely within the borders of Mexico, the United States has a large effect on this gulf because of the reduction of the quantity and quality of the water entering the head of the gulf through the Colorado River, as well as the major impact of U.S. tourists on the region. In addition, the open Pacific coast and the Gulf of California are physically connected and share many features of biology and geology. A number of research topics specific to the Gulf of California are both scientifically interesting and important to society, for example, the transport of materials across the Gulf of California continental shelf, the tectonics and geology of the gulf, and the unusual sediment-covered hydrothermal vents that exist in this region.

The Gulf of Mexico is bordered by the United States and Mexico. Because of the semienclosed nature of this basin, the activities of the two nations can have significant and long-lasting effects on the marine environment. The Gulf of Mexico-Caribbean Sea region is a logical location for a regional ocean observing system, coordinated communication networks for research and public education, and large-scale binational research programs. The Loop Current-Florida Current System links the Yucatán Peninsula with South Florida. Research is needed to understand the connections between the physical processes in this ocean area (circulation, Loop Current and ring dynamics, and water mass exchange) and fisheries, continental weather, and natural hazards. Scientific activities related to oil and gas exploration and development, the impacts of oil and other pollutants on marine organisms and humans, and the ecology of hydrocarbon and saline seeps are also important. Finally, habitat destruction and changes in biological diversity that result from human activities are important societal issues throughout the region. Management and mitigation of such human impacts can best be accomplished through policy based on accurate and complete scientific information. Unfortunately, much of the information about marine systems necessary for policy development is not yet available.

Our combined ocean areas are rich in marine life, especially invertebrate species. Studies worldwide have demonstrated that marine invertebrates produce a wide range of biochemicals that may be useful to humans. The field of marine natural products chemistry has been developed to search for such useful compounds, understand their natural functions, and predict their commercial poten-

tial. There is great potential for collaboration between the United States and Mexico in exploring for and developing marine natural products.

Cooperative, regional-scale studies would foster and facilitate numerous smaller-scale binational research efforts and educational programs. These activities would enhance ocean sciences in both countries, would promote the applied research necessary to solve societal problems (e.g., marine environmental quality, sustainable fisheries, impacts from offshore oil production), and would set the stage for an era of improved ocean information services in both nations.

The 20 members of the JWG represent only a fraction of the ocean scientists of the two nations that would be interested in a formal program of binational research. A broader group of ocean scientists from both nations should be involved in selecting topics and providing detailed advice to extend the potential research topics provided in this report. The scientific communities can be involved through workshops focused on individual topics or on specific regions and designed to promote planning of specific projects. Federal agencies that support ocean sciences in the two nations should support larger, more inclusive workshops of scientists from Mexico and the United States, using this report as a foundation, that broaden the proposed science and provide an opportunity for detailed planning related to projects such as those described in Chapter 2. Such workshops could be held in conjunction with a meeting of one of the major international scientific societies, such as the American Geophysical Union (AGU), the Mexican Geophysical Union, the Oceanography Society, the American Society of Limnology and Oceanography (ASLO), or the Estuarine Research Federation. Planning for workshops should begin as soon as possible, pending identification of appropriate forums and adequate funding for such efforts. Cooperation could also be promoted in the longer term by arranging a session of binational science at every meeting of a society or at intersociety meetings such as the Ocean Sciences meeting convened by AGU and ASLO biennially.

Agencies that fund basic and mission-oriented science activities and ocean-related industries should be encouraged to become involved with traditional sponsors of fundamental ocean sciences in supporting ocean research activities. The JWG recommends that the agencies that fund ocean sciences in the United States and Mexico consider the research projects described in this report as a basis for new joint research initiatives. Relevant agencies in the United States include the National Science Foundation (NSF), National Oceanic and Atmospheric Administration (NOAA), Office of Naval Research, National Aeronautics and Space Administration, Department of Energy, Environmental Protection Agency, and Minerals Management Service. Relevant agencies in Mexico include the National Science and Technology Council (Consejo Nacional de Ciencia y Tecnología [CONACyT]); Mexican Petroleum Institute (Instituto Mexicano del Petroleo [IMP]); Mexican Petroleum Corporation (Petróleos Mexicanos [PEMEX]); Secretariat of the Environment, Natural Resources, and Fisheries (Secretaría de Medio Ambiente, Recursos Naturales y Pesca [SEMARNAP]);

and the Secretariat of Public Education (Secretaría de Educación Pública [SEP]). It is important that government agencies in the two nations coordinate their programs to conduct and fund marine research. Agency involvement will result in increased cooperation between Mexican and U.S. agencies, which is important for future collaboration between scientists of the two nations and could lead to increased media and public attention to marine environmental issues. A database should be established in Mexico, probably at the National Institute for Statistics, Geography, and Computer Sciences (Instituto Nacional de Estadística, Geografía e Informática [INEGI]), and should be linked to relevant U.S. databases, such as those at the National Oceanographic Data Center and the Carbon Dioxide Information Analysis Center. Rules should be drafted for the prompt submission of data from joint programs to these data centers and the prompt sharing of data among investigators.

The fundamental need is for enhanced ocean science funding through existing national structures (e.g., NSF, CONACyT, and other agencies). However, support of selected explicit binational efforts in ocean sciences, using limited resources, can have a positive effect in highlighting awareness of the importance of these problems in both the national scientific communities and the government agencies, which in turn can facilitate stronger support of the basic national structures. The binational interactions engendered by the inter-academy creation and support of the JWG itself stand as an example of this indirect effect.

Binational project planning is complicated by communication barriers, cultural differences, and other factors. It is important to address these issues, as well as more typical ones such as data sharing and authorship of publications, as part of the planning processes for new binational research. Projects envisioned by the JWG are true collaborations and must avoid conflicts related to data sharing and authorship of publications. Thus, any collaborative projects between Mexican and U.S. investigators should develop (in advance) clear, explicit, and mutually agreeable plans for data sharing, authorship, time to completion, and time for data or sample sharing, among participating scientists.

The JWG offers a variety of suggestions in the following pages to enhance collaboration between the United States and Mexico in ocean sciences and to improve the resources available to such collaboration. The recommendations of this report could be implemented most effectively if government agencies worked together with the academic marine science community and universities to develop cooperative programs that would facilitate such functions as sharing of human and physical resources and joint planning exercises.

Bilateral agreements between U.S. and Mexican institutions could accomplish a great deal if (1) a clear exchange policy exists between the institutions and (2) funding is available for student and faculty support in the host country. In the past 15 years, state and federal agencies in Mexico have made a concerted effort to institute local Ph.D. programs that could be greatly improved by interchanges of personnel and equipment between participating institutions.

Recommendation: The two federal governments should expeditiously initiate planning of joint ocean science activities. The National Oceanic and Atmospheric Administration and National Science Foundation should work together to develop a coherent program of resource inducements to secure Mexican commitments to greater binational ocean science research.

Ongoing Programs

Finding: Several important research areas with high scientific significance and clear socioeconomic importance are already pursued binationally and merit continued or enhanced support. The California Cooperative Oceanic Fisheries Investigations program and the MEXUS-Pacifico and MEXUS-Golfo fisheries programs are examples.

The United States and Mexico are involved separately and together in an array of ocean science activities, as described earlier, although at present, the financial support directed to binational science activities is relatively minor. For example, NSF has a U.S.-Mexico grant program and NOAA funds some binational fisheries activities (e.g., the MEXUS programs). Although many mutually important environmental issues could best be addressed binationally (e.g., fisheries, pollution, biodiversity, natural hazards), relatively few financial resources have been devoted to funding binational marine science. The governments of the two nations should recognize the importance of these activities by devoting new funds or reprogramming existing funds to binational ocean science activities.

Recommendation: U.S. and Mexican agencies should encourage and foster support for existing marine research programs that address binational issues.

Multinational Funding

Finding: Experience elsewhere (e.g., the European Science Foundation and the European Community) has demonstrated the great catalytic value of a multinational fund devoted to multinational research projects selected competitively.

The regional nature of many environmental problems and natural processes and the benefits of regional scientific cooperation are so obvious that numerous organizations have been developed over the past century to promote regional scientific activities. For example, the International Council for the Exploration of the Sea (ICES) was formed in 1902 to promote the exchange of information and ideas related to the sea and its resources and to encourage cooperation among scientists of member nations, primarily bordering the North Atlantic Ocean. Likewise, the North Atlantic Treaty Organization (NATO) funds Advanced Research Workshops and other activities to promote science among individuals from NATO nations. The North Pacific Marine Science Organization (PICES) was

formed by convention in 1992 as a cooperative venture among six nations bordering the North Pacific Ocean. It is modeled after ICES.

The European Commission has committed significant financial resources to
fund research of multinational European interest and significance, especially in
member nations' collective exclusive economic zones (EEZs). For example, the
Marine Science and Technology Programme funds basic marine sciences, strategic marine research, and marine technology development to understand marine
processes in shared European waters and to "improve coordination and develop
European cooperation" (http://europa.eu.int/en/comm/dg12/marine, 6/21/97).
Marine research is only one facet of the European Commission's Directorate for
Science, Research, and Development.

Western Hemisphere examples of regional cooperation include the Inter-
American Institute for Global Change Research and the Canada-United States-
Mexico Commission for Environmental Cooperation (CEC, associated with
NAFTA). No organizations exist to promote regional approaches to addressing
marine environmental issues, although the CEC has made some progress on ma-
rine topics within its larger mandate.

The Department of State and NSF in the United States and the Ministry of
Foreign Affairs (Secretaria de Relaciones Exteriores [SRE]) and CONACyT in
Mexico should investigate setting up a cooperative program for ocean science
and related topics. As this program becomes successful, Canada and other nations of the Western Hemisphere could be added.

Recommendation: The United States and Mexico, particularly NSF and
CONACyT, should investigate the possibility of establishing an entity similar to
the Science, Research, and Development Directorate of the European Commission and the Marine Board of the European Science Foundation to foster cooperative research on questions of mutual concern.

Mechanisms for Binational Projects

Finding: The U.S.-Mexico Foundation for Science has demonstrated the ability
to administer programs that enhance cooperative science activities between the
two nations. Its funding has been spread among all science topics that are of
interest to the two nations, but this foundation also accepts and distributes funding for discipline-specific activities.

There are few existing sources of funding for exchange of ocean scientists
between the United States and Mexico. The U.S.-Mexico Foundation for Science
was formed by the National Academy of Sciences (NAS) and the Academia
Mexicana de Ciencias (AMC) to encourage collaborative binational science activities. The foundation has demonstrated the usefulness of joint science activities through the funding of approximately 50 peer-reviewed binational research
projects within a broad spectrum of science topics. The foundation provides a

good basis for future bilateral science activities. It has a proven record in conducting exchanges and could be a useful vehicle for specific exchanges of ocean scientists if U.S. and Mexican agencies and foundations are willing to contribute the financial support necessary to develop new and more substantial exchange programs. In addition, exchange programs could be established by specific agencies or combinations of agencies through the foundation to meet their specific missions. Additional resources devoted to the foundation (or a similar entity) by both governments and by other nonprofit foundations and industry in both countries, particularly for marine science-specific activities, would increase the opportunities for ocean scientists from the United States and Mexico to conduct joint research projects such as those described in Chapter 2.

Recommendation: U.S. and Mexican agencies and foundations should continue to provide support for the U.S.-Mexico Foundation for Science, or similar bodies, for collaborative ocean sciences, enlisting the help of ocean scientists from both nations to select binational research projects.

Trilateral Scientific Activities

Finding: The Environmental Side Agreement, entered along with the North American Free Trade Agreement (NAFTA) calls for Mexico, the United States, and Canada to cooperate on a variety of environmental concerns, including research and systematic observations.

NAFTA is not primarily an environmental treaty, but in recognition of the potential effects of enhanced trade on the environment, it includes an agreement that discusses environmental cooperation. The Commission for Environmental Cooperation, based in Canada, serves as the coordinator for NAFTA environmental activities. Marine environmental issues shared among Mexico, the United States, and Canada (e.g., fisheries and marine mammals) could be addressed profitably through this organization. The CEC also promotes bilateral activities among the three nations. A notable marine example is CEC's project on *Conserving the Marine Resources of the Southern California Bight.* This is a regional pilot project intended to implement the United Nations Environmental Programme's Global Program of Action for the Protection of the Marine Environment from Land-Based Activities. A workshop was held on this project in Tijuana, Baja California, Mexico, in September 1996. A similar project, but concentrated on conserving the marine resources of the Northwestern Bight of the Gulf of Mexico, may be a good starting point to encourage binational cooperation in ocean sciences in this region. The project could be a continuation or an extension of the U.S. Minerals Management Service's LATEX (Louisiana-Texas Shelf Circulation and Transport Process) program of the 1980s. Such a program should include the western Gulf of Mexico and the Bay of Campeche.

The JWG believes there is merit in developing a U.S.-Mexico-Canada body

for funding and/or coordinating ocean sciences in addition to any binational activities between Mexico and the United States. Such a body could be associated with the trilateral CEC and include cooperative trinational projects comparing processes at different latitudes.

The National Research Council (NRC) has conducted several binational projects with Mexico or Canada, but few trilateral projects have been conducted. Interactions among the Royal Society of Canada, the Academia Mexicana de Ciencias, and National Academy of Sciences-National Research Council could provide an important basis for regional scientific exchanges and joint research.

Recommendation: The environmental cooperation encouraged by the NAFTA side agreement establishes a potentially useful institutional mechanism for obtaining funds and committing them to certain kinds of marine research and this mechanism should be used to supply more ample funds than are now available for marine research. The national academies or research councils of the three nations should develop collaborative activities related to ocean sciences.

EXCHANGES AND AWARENESS

Finding: The marine science community in each nation is only imperfectly aware of the status of scientific activities and accomplishments in the other nation, or of collaborative research opportunities across the border. Progress in understanding our shared ocean areas could be accelerated in both countries by raising the levels of awareness and information exchange among the scientists, agencies, and ocean science leaders of the two nations.

The lack of awareness of ocean science activities by colleagues across the U.S.-Mexico border stems from a number of sources but results primarily because there is not enough binational collaboration of ocean scientists and not enough communication of research results through presentations at scientific meetings and in publications that are accessible to scientists in both nations. Increasing communication would undoubtedly increase opportunities for collaboration. The development of new programs for scientific exchanges, both short and long term, is crucial. Particular attention should be given to promoting binational sabbatical assignments and adjunct professorships, as well as extended binational training of graduate students and technicians. Such exchanges have the additional advantage of building scientific capacity. For purposes of enhanced communication, it is important that these exchanges be two-way programs, because scientists in each country need to gain more knowledge and experience about the research and scientific infrastructure in the other country. For example, Mexican scientists should be invited to lecture (with proper compensation) at U.S. ocean science institutions, and likewise U.S. scientists should be invited to lecture at Mexican ocean science institutions.

Collaborative projects in the Pacific Ocean and Gulf of Mexico could be

enhanced by coordinating the efforts of regional laboratories. The National Association of Marine Laboratories in the United States could provide the foundation for binational interactions among marine laboratories. Coordination could also be promoted if electronic continuity is achieved throughout each region by establishing regional networks for the transmission of information via the Internet (for information, maps, data), and developing the capability to communicate via videolinks between centers for research and education. Such a network could be expanded by linking other public and private educational facilities to it, for example, elementary and high schools, junior colleges, and teacher education programs. A further extension of such communication networks might include government regulatory bodies charged with managing fisheries, oil and gas exploration and development, and coastal zone areas.

In addition to joint planning, reports published by the governments, private foundations, national academies of science and engineering, and national research councils of the two nations should be shared. Discussions at JWG meetings indicated that many reports could be of use to scientists if they are aware of them and have access to them. Improved access to the World Wide Web is one means to accomplish such transfer because it increases the availability of reports, abstracts, and citations and can be searched easily. For example, the NRC publishes all reports on-line and also provides an on-line listing of available reports and ordering information (http://www.nap.edu/readingroom/). Likewise, NOAA, the National Technical Information Service, NSF, and other U.S. federal agencies provide information about their programs, reports, and ordering reports on the World Wide Web.

Recommendation: Governments, agencies, and nongovernmental ocean science organizations in the United States and Mexico should begin to encourage and support a wide variety of mechanisms for scholarly exchanges, as the most cost-efficient means of increasing the cross-border flow of information and awareness. Exchanges may include students, faculty members, technicians, and government officials; regular academy-to-academy consultations on ocean science issues; information dissemination and sharing; and scientific symposia focused on binational ocean sciences.

Publication Issues

Finding: The impact of research results is decreased if they are not published in peer-reviewed journals that are available internationally. In some cases, even when scientific information is published in such journals, its authors do not receive the maximum credit and proper recognition for their work because the journal is not included in accepted citation services.

The JWG discussed the problem of access of Mexican scientists to scientific journals and problems associated with Mexican journals that are not included in

the most popular science citation and abstract services such as *Science Citation Index*. This issue was highlighted in a more general sense by *Scientific American* (Gibbs, 1995). Solution of this complex problem will require the use of several different approaches. First, the quality and significance of research results must be great enough to merit publication, and writing quality must be improved in some cases. New collaborations (such as those described in this report) may yield more significant science and boost the writing quality in both nations. English-speaking editors and reviewers should seek to reduce the extra difficulties of authors whose first language is not English, while upholding journal standards related to scientific content and significance. Leading ocean science societies and journals in the United States should continue to enlist help from the U.S. ocean science community in improving the composition of significant articles written by scientists whose first language is not English.

Second, some scientific information could be disseminated more efficiently by using new media such as electronic journals and CD-ROMs. Third, progress must be made in including existing and new journals in citation services, perhaps using strategies similar to those of the UN-sponsored citation services (Gibbs, 1995). A related issue is the access by Mexican and U.S. scientists to printed ocean science journals. With the burgeoning number of journals and increasing subscription costs, it is increasingly difficult for libraries to subscribe to a full range of journals. Mexican and U.S. ocean science leaders should discuss the possibility and need for establishing a bilingual journal or enhancing an existing journal of this type.

Recommendation: Ocean scientists should make every effort to publish in peer-reviewed journals. The NRC and AMC, as well as individual ocean scientists in their roles on journal editorial boards and as reviewers, should act to ensure fair and equitable treatment for publication of papers by Mexican authors in leading marine science journals, many of which are published in English in the United States.

Mexican Ocean Agency

Finding: There is no government agency in Mexico charged with regular, long-term ocean observation. As a result, it is difficult or impossible to mount research programs that require such observations and difficult to arrive at clear policies for ocean issues.

In the United States, the National Oceanic and Atmospheric Administration is the focal point for research, monitoring, and operations related to the ocean and atmosphere. NOAA was formed during the Nixon Administration by combining a variety of existing government entities to respond to the 1969 recommendations of the Stratton Commission. NOAA considers its mission "to describe and predict changes in the Earth's environment, and conserve and manage wisely the

Nation's coastal and marine resources to ensure sustainable economic opportunities" (http://www.noaa.gov).

NOAA has collected and archived oceanic and atmospheric data for 25 years, continuing much longer records begun by predecessor agencies (e.g., the National Weather Service and the Coast and Geodetic Survey). This agency has also sponsored significant research in climate, marine ecosystems, fisheries, pollution, coastal policy, and other areas that have been crucial for the advance of marine science in the United States and its translation into policy. NOAA supports fisheries and environmental research laboratories that conduct such research and also provides funding to external scientists through its Office of Global Programs, Coastal Ocean Program Office, National Undersea Research Program, and National Sea Grant College Program. Much of the coastal science, policy development, and management achieved in the United States has been implemented through NOAA, and it has had an indisputably important role in this area (NRC, 1994c,d). Research is only a small portion of NOAA's total budget; much of its budget is devoted to operational aspects of NOAA's mission. For example, the National Oceanic Data Center serves as a World Data Center and is the repository for much of the oceanographic data collected in the United States. Mexico does not presently have a similar facility, and much oceanographic data remain solely in the possession of the investigators who collected the data.

Because there is no government agency analogous to NOAA in Mexico, it is difficult to coordinate national ocean activities and to conduct government-to-government cooperative activities. The United States and Mexico have, however, established useful cooperation in specific topic areas in which there are analogous offices or departments within agencies. Examples include fisheries programs such as MEXUS-Pacifico and MEXUS-Golfo, in which a component of NOAA, the National Marine Fisheries Service, is cooperating with the Mexican National Fisheries Institute (Instituto Nacional de la Pesca [INP]).

Recommendation: The Mexican federal government should investigate the need for an entity of the government responsible for marine affairs, including ocean sciences and technology, either as a new agency or placed within an existing agency.

Ocean Component of the Academia Mexicana de Ciencias (AMC) or Fundación Nacional de Investigación (FNI)

Finding: Regular communication and interaction between Mexican and U.S. ocean science communities would be enhanced by the existence of a Mexican counterpart to the U.S. National Research Council's Ocean Studies Board.

The NAS has issued advice related to marine science and technology since the U.S. Civil War, issuing early reports on ironclad warships and ship compasses, and evaluating Matthew F. Maury's observations of ocean circulation (NAS, 1863). The NRC was formed in 1916 as the operating arm of the National

Academy of Sciences to assist the NAS in its mission of providing advice on matters of science and technology to the U.S. federal government. The NRC has created a number of different entities with responsibilities for ocean sciences, policy, and engineering since 1916. Most recently (in 1985), NRC formed the Ocean Studies Board (OSB), whose responsibilities include

- promoting the advancement of scientific understanding of the ocean by overseeing the health and stimulating the progress of ocean sciences;
- encouraging the wise use of the ocean and its resources through the application of scientific knowledge;
- leading in the formulation of national and international marine policy and clarifying scientific issues that affect this policy; and
- promoting international cooperation in oceanographic research and improving scientific and technical assistance to developing countries.

It is notable that cooperation with the AMC in forming the AMC-NRC Joint Working Group on Ocean Sciences (JWG) is one way in which the OSB has fulfilled the fourth point of its charge.

In the course of its existence, the OSB has provided advice to the government, ocean scientists, industry, and environmental organizations on the topics of coastal research priorities, fisheries research and management, marine biodiversity, interactions between coastal science and policy, marine mammals and underwater sound, chemical sensors, Arctic Ocean research priorities and facilities, major ocean science programs, global ocean observing systems, and warfare applications of ocean sciences. It also evaluated the status of ocean sciences in the United States in 1992 and has reviewed the research programs of several U.S. federal agencies. The OSB and its predecessor (the Board on Ocean Science and Policy) played a major role in initiating the Joint Global Ocean Flux Study, the World Ocean Circulation Experiment, and the Ridge Inter-Disciplinary Global Experiment. Other NRC boards have also contributed to marine-related science, engineering, and policy in the United States, including the Board on Atmospheric Sciences and Climate, the Board on Environmental Studies and Toxicology, and the Marine Board.

The Mexican AMC did not have an analogue to the U.S. NRC until 1995, when the National Foundation for Research (Fundación Nacional de Investigación [FNI]) was formed. It is not yet certain how the FNI will organize itself and whether it will develop specific disciplinary components (e.g., focused on ocean sciences). Such a decision will undoubtedly be based on the total budget available, the funding structure of the FNI, and the national significance of ocean sciences in relation to other topics.

Recommendation: Mexico's AMC (or FNI) should investigate the need for a counterpart to the OSB to facilitate regular communication on marine issues of binational interest.

SCIENTIFIC CAPACITY

Finding: There is a need to enhance the human capability of the marine science community, both Ph.D. level and support staff, especially in Mexico, in order to respond successfully to the binational research challenges and opportunities that exist. Although this may ultimately require growth in numbers of personnel, the realistic near-term route to this end, given budget limitations, is to expand the abilities and scope for action of the existing community by improving the funding and physical infrastructure, and streamlining bureaucracy.

Mexico supports a significant base of talented ocean scientists. The United States is significantly better equipped than Mexico in terms of laboratory equipment and ships. To optimize Mexico's collaborations with U.S. ocean scientists and the ability of Mexican scientists to respond to national challenges, a two-step approach can be used. Initially, there should be sharing of U.S. physical and human resources to help Mexico utilize its human capacity and existing facilities more efficiently. In the longer term, it is important for Mexico to increase its infrastructure for ocean sciences including the education of a new generation of ocean scientists. Enrollment is declining in most Mexican marine science graduate programs. Recognizing its budget limitations, it might be necessary for the Mexican government, with input from the scientific community, to pick a few key ocean science areas on which to focus.

Recommendation: Mexican and U.S. agencies and foundations should provide increased support for cross-national programs designed to provide pertinent training, as well as field and laboratory experience for graduate and postdoctoral students and technical staff in the neighboring country.

INDUSTRY'S ROLE

Finding: Industries in the United States and Mexico that pose risks to the marine environment or extract resources from it (e.g., oil, gas, electrical power generation, fishing, marine transportation, tourism, waste disposal) share with the ocean science community a responsibility for developing an understanding that will allow long-term stewardship of the marine environment and resources.

Marine industries could receive a significant return on investments in basic ocean sciences in areas such as the Gulf of Mexico, Gulf of California, and Pacific Ocean. An improved knowledge base would facilitate the efficient and environmentally sound management of commercial operations and allow multiple uses of coastal and ocean areas. The binational ocean science community could work with industry by undertaking applied research in direct support of the objectives of marine industries. To engage industry in marine science activities, it would be helpful to develop a binational forum in which scientists and industry representatives could discuss their mutual interests and develop plans for joint activities.

Recommendation: U.S. and Mexican governments and professional societies should work with leaders of marine industries and organizations such as the Marine Technology Society in the United States and Petroleos Mexicanos to promote joint activities related to marine research.

OBSERVATIONAL INFRASTRUCTURE

Observations and Instruments

Finding: Oceanography is an observational science that has made significant advances in understanding as a result of advances in instrumentation and techniques for observing the ocean.

Ocean scientists depend on a variety of observations of oceanic properties and processes collected *in situ* from ships, moorings, and drifting floats, as well as observations collected from satellites, aircraft, and acoustic arrays. New observations are made possible by new observing equipment and techniques. Developments such as satellite sea surface height and ocean color revolutionized our knowledge of ocean currents, seafloor topography, and the regular timing and large extent of oceanic phytoplankton blooms. The development and use of ship-based magnetometers, deep-sea drilling, and differential global positioning systems allowed ocean scientists to develop and establish the plate tectonics paradigm. Similarly, the development and refinement of mass spectrometers have allowed the entire field of isotopic geochemistry and paleoceanography to develop.

It is imperative that significant funding be provided to continue support for instrument and facility development (Wunsch, 1989; NRC, 1993). In addition, facilities and equipment that already exist could be used more productively if shared between U.S. and Mexican institutions. There does not seem to be a formal mechanism for such sharing at present, but strategies could be developed through the U.S. University-National Oceanographic Laboratory System (UNOLS) and/or the National Association of Marine Laboratories.

Recommendation: Agencies that fund basic and mission-oriented research in both nations should sustain an appropriate level of support for development of new techniques to observe the ocean. Well-coordinated sharing of major facilities (e.g., better use of the "idle time" of expensive instruments or ships; provision or loan of instrumentation from one country for use in field research in the other) would enhance the effectiveness of such instruments and facilities after they are developed.

Ships

Finding: Research vessels constitute an essential component of ocean sciences. For their effective use, funding for (1) construction and renewal of ships; (2) ship

operations, maintenance, and technical support; and (3) research projects that use the ships must be balanced. Demand for ship time in Mexico is limited by a lack of funding for ship-based research.

In 1992, UNOLS coordinated the operations of 26 ships, and U.S. federal agencies operated an additional 39 ships (NRC, 1992). There has been some turnover in both fleets and a net reduction in the federal fleet, but this is still a huge resource that must be maintained and used efficiently. Future surpluses or deficits of ship time will depend on new ships that enter the UNOLS fleet, retirement of ships from the UNOLS fleet, and government ship turnover (e.g., potential reduction or elimination of the NOAA fleet). Mexico has three academic ships devoted to oceanography. Mexican oceanography received a tremendous productivity boost when the research vessels *El Puma* and *Justo Sierra* started operating in 1981 and 1982, respectively. Both nations are facing limitations in funding for ship operations and for science projects to use the ships. Greater opportunities for Mexican scientists, technicians, and ship operators to interact with UNOLS and its committees could be mutually beneficial. It is important that the Mexican government fund its own research vessels to participate in joint operations with U.S. ships in both Mexican and U.S. waters.

Recommendation: Agencies in both nations should seek to sustain an appropriate balance of expenditures related to ship construction and use. Balanced funding of research and associated ship time for existing Mexican ships must be pursued.

Observing Systems

Finding: Regional large-scale, long-term observations are needed to understand and predict key oceanic processes. Both nations, particularly the United States, have incipient activities related to a global ocean observing system.

An ocean observing system can and should provide information useful both for basic and applied research and for near-real-time marine operations, including information necessary for the continued development of accurate regional and global ocean forecasting capabilities. The benefits of such systems can greatly outweigh their costs. Regional ocean observing systems (ROOSs) shared by Mexico and the United States in their common Pacific Ocean and Gulf of Mexico areas could help find answers to pressing regional problems in marine operations (offshore oil and gas, transportation, and search and rescue), fisheries, pollution, biodiversity, and ocean circulation, that face both nations. At the same time, such ROOSs could be important components of a global ocean observing system (GOOS).

Recommendation: Mexican and U.S. agencies should cooperate in establishing coordinated observing systems that will enhance and sustain regionally important ocean monitoring efforts and also serve as integral parts of a global system.

Finally, attention should be devoted to developing a legal framework and ethics code for the conduct of joint oceanographic research between Mexico and the United States. The laws and regulations of both countries and the United Nations Convention on the Law of the Sea provide a legal framework for binational ocean sciences, and should be fully respected by scientists of both countries. There is a perception among some scientists in Mexico that U.S. scientists have not adequately involved Mexican scientists in research conducted in Mexican waters and have not shared data and publication rights. Such behavior would counteract all the positive efforts mentioned elsewhere in this report and should be avoided at all costs. An important means to meet expectations of joint research is to reach specific agreements about duties, responsibilities, joint or separate authorship of publications, credit, patent rights, and timetables prior to conduct of the research. Mutually agreed-upon means to streamline the legal requirements surrounding research activity could, in some cases, lead to more productive research efforts. Both governments, particularly the Department of State in the United States and the Ministry of Foreign Affairs (Secretaria de Relaciones Exteriores) in Mexico, should respond to the advice of their respective scientific communities by identifying and establishing such streamlined procedures. It would be appropriate for the AMC and NRC to reexamine progress in cooperation among U.S. and Mexican ocean scientists at some time in the future to determine if the recommendations of this report have been implemented.

References

Adams, R.M., K.J. Bryant, B.A. McCarl, D.M. Legler, J. O'Brian, A. Solow, and R. Weiher. 1995. Value of improved long-range weather information. *Contemporary Economic Policy* 13:10-19.

Aguayo, C.J.E. 1988. Procesos sedimentarios y diagenéticos recientes y su importancia como factores de interpretación de sus análogos antiguos. *Bol. Soc. Geol. Mex.* XLIX (1-2):19-44.

Aguayo, C.J.E., and A. Carranza-Edwards. 1991. Tectónica Marina. *Atlas Nal. Mex. UNAM, Hoja: Geología Marina,* No. IV-9-5. Esc. 1: 4,000,000.

Aguayo, C.J.E., and C. Estavillo. 1985. Ambientes sedimentarios recientes en Laguna Madre, NE de México. *Bol. Soc. Geol. Mex.* XLV (1-2):1-37.

Aguayo, C.J.E., and M. Gutiérrez-Estrada. 1993. Dinámica costera por acción antropogénica en el sistema fluvial-deltáico Grijalva-Usumacinta, SE de México. *Bull. Inst. de Geol. du Bassin d'aquitaine (Special Publication).*

Aguayo, C.J.E., and S. Marín. 1987. Origen y evolución de los rásgos morfotectónicos post-cretácicos de México. *Bol. Soc. Geol. Mex.* XLVIII(2):1-37.

Aldana, A.A. 1997. La educación de las ciencias marinas en México. *Ciencia* 48(3):14-22.

Alvarez, L.G., and R. Ramírez M. 1996. Resuspensíon de sedimentos en una región del Alto Golfo de California. *GEOS* 16(4):181.

Alvarez-Borrego, S., B.P. Flores-Báez, and L.A. Galindo-Bect. 1975. Hidrología del Alto Golfo de Californias II. Condiciones durante invierno, primavera y verano. *Ciencias Marinas* 2:21-36.

Alvarez-Borrego, S., and L.A. Galindo-Bect. 1974. Hidrología del Alto Golfo de Californias-I. Condiciones durante otoño. *Ciencias Marinas* 1(1):46-64.

Alvarez-Borrego, S., L.A. Galindo-Bect, and B.P. Báez. 1973. Hidrología. Pp. 248 in Estudio químico sobre la contaminación por insecticidas en la desembocadura del Río Colorado. Tomo II. Reporte Final a la Dirección de Acuicultura de la Secretaría de Recursos Hidráulicos. Universidad Autónoma de Baja California.

Anderson, D.W., J.E. Mendoza, and J.O. Kieth. 1976. Seabirds in the Gulf of California: A vulnerable, international resource. *Nat. Resour. J.* 16:483-505.

Argote, M.L., M.F. Lavin, and A. Amador. 1997. Barotropic residual circulation in the Gulf of California due to the M_2 tide and wind stress. Atmósfera (in press).

Atwood, D.K., F.J. Burton, J.E. Corredor, G.R. Harvey, A.J. Mata-Jimenez, A. Vazquez-Botello, and B.A. Wade. 1987a. Results of the CARIPOL Petroleum Pollution Monitoring Project in the wider Caribbean. *Mar. Poll. Bull.* 18(10):540-548.

Atwood, D.K., H.H. Cummings, W.J. Nodal, and R. Caballero Culbertson. 1987b. The CARIPOL Petroleum Pollution Monitoring Project and the CARIPOL Petroleum Pollution Database. *Caribbean Journal of Science* 23:1-4.

Ayala-Castañares, A., and E. Escobar. 1996. Pp. 79-118 in *Improving Interactions Between Coastal Science and Policy: Proceedings of the Gulf of Mexico Symposium*. National Academy Press, Washington, D.C.

Ayala-Castañares, A., W. Wooster, and A. Yañez-Arancibia (eds.). 1989. *Oceanography 1988. Joint Oceanographic Assembly Mexico 88*. Universidad Nacional Autónoma de México, Consejo Nacional de Ciencia y Tecnología, Mexico City, D.F.

Ayala-López, A., and A. Molina-Cruz. 1994. Micropalaeontology of the hydrothermal region in the Guaymas Basin, Mexico. *Journal of Micropalaeontology* 13:133-146.

Bakun, A. 1990. Global climate change and intensification of coastal ocean upwelling. *Science* 247:198-201.

Bakun, A. 1996. *Patterns in the Ocean: Ocean Processes and Marine Population Dynamics*. California Sea Grant College System, La Jolla, Calif.

Bakun, A., and C.S. Nelson. 1991. The seasonal cycle of wind-stress curl in subtropical eastern boundary current regions. *Journal of Physical Oceanography* 21:1815-1834.

Barlow, J., T. Gerrodette, and G. Silber. 1997. First estimates of vaquita abundance. *Marine Mammal Science* 13:44-58.

Batteen, M.L. 1997. Wind-forced modeling studies of currents, meanders, and eddies in the California Current system. *Journal of Geophysical Research* 102 (CI):985-1010.

Baumgartner, T.R., A. Soutar, and V. Ferreira-Bartina. 1992. Reconstruction of the history of Pacific sardine and northern anchovy populations over the past two millennia from sediments of the Santa Barbara Basin, California. *CalCOFI Rep.* 33:24-40.

Behl, R.J., and J.P. Kennett. 1996. Brief interstadial events in the Santa Barbara Basin, NE Pacific during the past 60 kyr. *Nature* 379:243-246.

Berg, C.J., and C.L. van Dover. 1987. Benthopelagic macrozooplankton communities at and near deep-sea hydrothermal vents in the eastern Pacific Ocean and the Gulf of California. *Deep-Sea Res.* 34:379-401.

Biggs, D.C. 1992. Nutrients, plankton, and productivity in a warm-core ring in the western Gulf of Mexico. *Journal of Geophysical Research* 97C:2143-2154.

Biggs, D.C., and F.E. Müller-Karger. 1994. Ship and satellite observations of chlorophyll stocks in interacting cyclone-anticyclone eddy pairs in the western Gulf of Mexico. *Journal of Geophysical Research* 99C:7371-7384.

Biggs, D.C., and L.L. Sanchez. 1997. Nutrient-enhanced primary productivity of the Texas-Louisiana continental shelf. *Journal of Marine Systems* 11:237-247.

Biggs, D.C., G.S. Fargion, P. Hamilton, and R.R. Leben. 1996. Cleavage of a Gulf of Mexico Loop Current eddy by a deep water cyclone. *Journal of Geophysical Research—Oceans* 101:20629-20641.

Birkett, S., and D.J. Rapport. 1996. Comparing the health of two large marine ecosystems: The Gulf of Mexico and the Baltic Sea. *Ecosystem Health* 2:127-144.

Blaha, J., and W. Sturges. 1981. Evidence for wind-forced circulation in the Gulf of Mexico. *Journal of Marine Research* 9:711-734.

Bohannon, R.G., E.L. Geist, and C. Sorlien. 1993. Miocene extensional tectonism of the California Continental Borderland between San Clemente and the Patton Escarpment (abstract). 68th Pacific Section, AAPG, SEG, SEPM, AEG Meeting, Long Beach, Calif.

Botello, A.V. 1996. *Características, composición y propiedades fisicoquímicas del petróleo.* Pp. 203-210 in A.V. Botello, J.L. Rojas-Galavíz, J. Benítez, and D. Zárate-Lomelí (eds.). *Golfo de México, Contaminación e Impacto Ambiental: Diagnóstico y Tendencias.* Universidad Autónoma de Campeche, EPOMEX Serie Científica 5.

Botello, A.V., G. Ponce V., and S.A. Macko. 1996. Niveles de concentración de hidrocarburos en el Golfo de México. Pp. 225-253 in A.V. Botello, J.L. Rojas-Galavíz, J. Benítez, and D. Zárate-Lomelí (eds.). *Golfo de México, Contaminación e Impacto Ambiental: Diagnóstico y Tendencias.* Universidad Autónoma de Campeche, EPOMEX Serie Científica 5.

Botello, A.V., G. Ponce, A. Toledo, G. Dmaz, and S. Villanueva. 1992. Ecología de recursos costeros y contaminación en el Golfo de México. *Ciencia y Desarrollo* 17(102):28-48.

Botello, A.V., J.L. Rojas-Galavíz, J. Benítez, and D. Zárate-Lomelí (eds.). 1996. *Golfo de México, Contaminación e Impacto Ambiental: Diagnóstico y Tendencias.* Universidad Autónoma de Campeche, EPOMEX Serie Científica 5.

Boyce, P.B., and H. Dalterio. 1996. Electronic publishing of scientific journals. *Physics Today* (January):42-47.

Boyd, I. 1993. Recent advances in marine mammal science. *Symposium Zoological Society of London* 66:293-313.

Breese, D., and B.R. Tershy. 1993. Relative abundance of cetacea in the Canal De Ballenas, Gulf of California. *Marine Mammal Science* 9:319-324.

Broenko, W.W., A.J. Lewitus, and R.E. Reaves. 1983. Oceanographic results from the Vertex 3 particle interceptor trap experiment off central Mexico. October-December, 1982. Moss Landing Marine Laboratories Technical Publication 83-1, Moss Landing, Calif.

Brooks, D.A. 1984. Current and hydrographic variability in the northwestern Gulf of Mexico. *Journal of Geophysical Research* 89C:8022-8032.

Brooks, D.A., and R.V. Legeckis. 1982. A ship and satellite view of hydrographic features in the western Gulf of Mexico. *Journal of Geophysical Research* 87C:4195-4206.

Burger, J., and M. Gochfeld. 1994. Predation and effects of humans on island-nesting seabirds. Pp. 39-67 in D.N. Nettleship, J. Burger, and M. Gochfeld (eds.), *Seabirds on Islands.* Birdlife Conservation Series No. 1. Birdlife International, Cambridge.

Carbajal, N., A. Souza, and R. Durazo. 1997. A numerical study of the ex-ROFI of the Colorado River. *J. Mar. Systems* 12:17-33.

Chávez, F.P. 1996. Forcing and biological impact of onset of the 1992 El Niño in central California. *Geophysical Research Letters* 23:265-268.

Cochrane, J.D. 1972. Separation of an anticyclone and subsequent developments in the Loop Current (1969). Pp. 91-106 in L.R A. Capurro and J.L. Reid (eds.), *Contribu-*

tions on the Physical Oceanography of the Gulf of Mexico, Vol. 2. Gulf Publishing Co., Houston, Tex.

CONACyT. 1994. The 1994 Indicators of Scientific and Technological Activities in Mexico, Mexico City, D.F.

Costa, D.P. 1993. The secret life of marine mammals: New tools for the study of their biology and ecology. *Oceanography* 6:120-128.

Cowan, J.H., Jr., and R.F. Shaw. 1991. Ichthyoplankton off West Louisiana in winter 1981-1982 and its relationship with zooplankton biomass. *Contributions in Marine Science* 32:103-121.

Crouch, J.K., and J. Suppe. 1993. Late Cenozoic tectonic evolution of the Los Angeles basin and inner California Borderland. *Geological Soc. of Amer. Bull.* 105:1415-1434.

Cupul-Magaña, A. 1994. Flujos de sedimento en suspensión y de nutrientes en la cuenca estuarina del Río Colorado. M.Sc. Thesis, Universidad Autónoma de Baja California, Ensenada, B.C.

Cushing, D. 1995. *Population Production and Regulation in the Sea: A Fisheries Perspective.* Cambridge University Press, Cambridge, England.

Dagg, M.J. 1988. Physical and biological responses to the passage of a winter storm in the coastal and inner shelf waters of the northern Gulf of Mexico. *Continental Shelf Research* 8:167-178.

Dagg, M.J., P.B. Ortner, and F. Al-Yamani. 1988. Winter-time distribution and abundance of copepod nauplii in the northern Gulf of Mexico. *Fishery Bulletin* 86:319-330.

Dagg, M.J., and T.E. Whitledge. 1991. Concentrations of copepod nauplii associated with the nutrient-rich plume of the Mississippi River. *Continental Shelf Research* 11:1409-1423.

Dañobeitia, D. Cordoba, L.A. Delgado-Argote, F. Michaud, R. Bartolomé, M. Farran, R. Carbonell, F. Nuñez-Cornu, and the CORTES-P96 Working Group. 1997. Expedition gathers new data on crust beneath Mexican west coast. *EOS, Trans. Amer. Geophys. Union* 78(49):565, 572.

Davis, R.W., and G.S. Fargion. 1996. Distribution and abundance of cetaceans in the north-central and western Gulf of Mexico, Final Report. Vol II. Technical Report. OCS study MMS 96-0027. U.S. Department of the Interior Minerals Management Service, New Orleans, La.

Devol, A.H., and J.P. Christensen. 1993. Benthic fluxes and nitrogen cycling in sediments of the continental margin of the eastern North Pacific. *J. Mar. Res.* 51:435-372.

Dietrich, D.E., and C.A. Lin. 1994. Numerical studies of eddy shedding in the Gulf of Mexico. *Journal of Geophysical Research* 99C4:7599-7615.

Einsele, G., J.M. Gieskes, J. Curray, D.M. Moore, E. Aguayo, M.P. Aubry, D. Fornari, J. Guerrero, M. Kastner, K. Kelts, M. Lyle, Y. Matoba, A. Molina-Cruz, J. Niemitz, J. Pueda, A. Sanders, H. Schrader, B. Simoneit, and V. Vaquier. 1980. Intrusion of basaltic sills into highly porous sediments and resulting hydrothermal activity. *Nature* 283:441-445.

Elliott, B.A. 1979. Anticyclonic rings and the energetics of the circulation of the Gulf of Mexico. Ph.D. dissertation, Texas A&M University, College Station.

Elliott, B.A. 1982. Anticyclonic rings in the Gulf of Mexico. *Journal of Physical Oceanography* 12:1292-1309.

el Sayed, S.Z. 1972. Primary productivity and standing crop of phytoplankton. Pp. 8-13 in V.C. Bushnell (ed.), *Chemistry, Primary Productivity and Benthic Algae of the Gulf of Mexico*. American Geographical Society, New York.

Engle, V.D., J.K. Summers, and G.R. Gaston. 1994. A benthic index of environmental condition of Gulf of Mexico estuaries. *Estuaries* 17:372-384.

Enfield, D.B. 1996. Relationships of inter-American rainfall to tropical Atlantic and Pacific SST variability. *Geophysical Research Letters* 23:3505-3508.

Enfield, D.B., and E.J. Alfaro. 1998. The dependence of Caribbean rainfall on the interaction of the tropical Atlantic and Pacific oceans. *J. Climate* (submitted).

Escobar, E., A. Briseno, and L. Gutierrez. 1996. Food sources of a hydrothermal vent anemone in the Guaymas Basin. *Bridge* 10:45-50.

Escobar, E., M. Lopez Garcia, L.A. Soto, and M. Signoret. 1997. Density and biomass of the meiofauna of the upper continental slope in two regions of the Gulf of Mexico. *Ciencias Marinas* 23(4):463-489.

Escobar, E., and L.A. Soto. 1997. Continental shelf biomass in the western Gulf of Mexico. *Cont. Shelf Res.* 17(6):585-604.

Estes, J.A., N.S. Smith, and J.F. Palmisano. 1978. Sea otter predation and community organization in the Western Aleutian Islands, Alaska. *Ecology* 59:822-833.

Farfán, C., and S. Alvarez-Borrego. 1992. Biomasa del zooplancton del Alto Golfo de California. *Ciencias Marinas* 18:17-36.

Faulkner, D.J. 1983. Biologically-active metabolites from Gulf of California marine invertebrates. *Rev. Latinoamer. Quin.* 14:61-67.

Forristall, G.Z., K.J. Schaudt, and J. Calman. 1990. Verification of Geosat altimetry for operational use in the Gulf of Mexico. *Journal of Geophysical Research* 95C:2985-2989.

Fraser, W.R., R.L. Pitman, and D.G. Ainley. 1989. Seabird and fur seal responses to vertically migrating winter krill swarms in Antarctica. *Polar Bio.* 10:37-41.

Gallegos, M. 1986. *Petróleo y Manglar*. Centro de Ecodesarrollo, Serie medio Ambiente en Coatzacoalcos, México.

Gallegos, A. 1996. Descriptive physical oceanography of the Caribbean Sea. Pp. 36-55 in G.A. Maul (ed.), *Small Island: Marine Science and Sustainable Development*, Vol. 51. American Geophysical Union, Washington, D.C.

Gallegos, A., and S. Czitrom. 1997. Aspectos de la Oceanografía Física Regional del Mar Caribe. Pp. 1401-1414 in M. Lavín (compilator), *Oceanografía Física en México*, Monograph 3, Unión Geofísica Mexicana, México, D.F.

García de Ballesteros, M.G., and M. Larroque. 1974. Elementos sobre turbidez en el alto Golfo de California. *Ciencias Marinas* 1(2):1-30.

Garson, M.J. 1994. The biosynthesis of sponge secondary metabolites: Why it is important. Pp. 427-428 in Braekman, J.-C., Van Kempen, T.M.G., Van Soest, R.M.W. (eds.), *Sponges in Time and Space: Biology, Chemistry, Paleontology*. A.A. Balkema, Rotterdam.

GESAMP. 1995. *Biological Indicators and Their Use in the Measurement of the Marine Environment*. GESAMP Reports and Studies, No. 55.

Gibbs, W.W. 1995. Lost science in the Third World. *Scientific American* (August):92-99.

Gieskes, J.M., M. Kastner, G. Einsele, K. Kelts, and J. Niemitz. 1982. Hydrothermal activity in the Guaymas Basin, Gulf of California: A synthesis. Pp. 1159-1167 in J.R. Curray et al., (ed.), *Initial Reports of the Deep Sea Drilling Project*, Vol. 64. U.S. Government Printing Office, Washington, D.C.

Global Ocean Ecosystems Dynamics (GLOBEC). 1994. *Eastern Boundary Current Program: A Science Plan for the California Current.* Berkeley, Calif.

Godínez, V. 1997. Condiciones Estuarinas en el Alto Golfo de California. MSc Thesis, CICESE.

Gold, G., R. Simb, O. Zapata, and J. Gémez. 1995a. Histopathological effects of petroleum hydrocarbons and heavy metals on the American Oyster (*Crassostrea virginica*) from Tabasco, Mexico. *Marine Pollution Bulletin* 31(4-12):439-445.

Gold, G., O. Zapata, E. Noreña, M. Herrera, and V. Ceja. 1995b. Oil pollution in the southern Gulf of Mexico. P. 13 in *The Gulf of Mexico, A Large Marine Ecosystem.* (Abstract).

Gold-Bouchot, G., E. Barroso-Norea, and O. Zapata-Púrez. 1995. Hydrocarbon concentrations in the American Oyster (*Crassostrea virginica*) in Laguna de Terminos, Campeche, Mexico. *Bulletin of Environmental Contamination and Toxicology* 53(2):222-227.

Gordon, A.L. 1965. Quantitative study of the dynamics of the Caribbean Sea. Ph.D. Dissertation, Columbia University.

Govoni, J.J. 1993. Flux of larval fishes across frontal boundaries: Examples from the Mississippi River plume front and the western Gulf Stream front in winter. Part 1. Larval fish assemblages and ocean boundaries. *Bulletin of Marine Science* 53:538-566.

Govoni, J.J., D.E. Hoss, and D.R. Colby. 1989. The spatial distribution of larval fishes about the Mississippi River plume. *Limnology and Oceanography* 34:178-187.

Grassle, J.F. 1984. Animals in the soft sediments near the hydrothermal vents. *Oceanus* 27:63-66.

Grassle, J.F. 1986. The ecology of deep-sea hydrothermal vent communities. *Advances in Marine Biology* 23:301-362.

Grassle, J.F. 1991. Deep-sea benthic biodiversity. *Bioscience* 41:464-469.

Grassle, J.F., L.S. Brown-Leger, L. Morse-Poteous, R. Petrecca, and I. Williams. 1985. Deep-sea fauna in the vicinity of hydrothermal vents. *Bull. Biol. Soc. Wash.* 6:443-452.

Greene, C., and P. H. Wiebe. 1990. Bioacoustical oceanography: New tools for zooplankton and micronekton research in the 1990s. *Oceanography* 3:12-17.

Greene, H.G., and M.P. Kennedy. 1987. Geology of the California continental margin: Explanation of the continental margin geologic map series. Bulletin 207. California Division of Mines and Geology.

Grimes, C.B., and J.H. Finucane. 1991. Spatial distribution and abundance of larval and juvenile fish, chlorophyll and macrozooplankton around the Mississippi River discharge plume, and the role of the plume in fish recruitment. *Marine Ecology Progress Series* 75:109-119.

Gutiérrez-Estrada, M., and J.E. Aguayo C. 1993. Morphology and surface sediments, Continental shelf off Tabasco and Campeche, Mexico. *Bull. Inst. de Geol. du Bassin d'aquitaine (Special Publication).*

Hamilton, P. 1990. Deep currents in the Gulf of Mexico. *Journal of Physical Oceanography* 20:1087-1104.

Hendrickson, J.R. 1973. *Study of the Marine Environment of the Northern Gulf of California.* University of Arizona Biological Science Department Final Report, Tucson. NTIS Report N74-16008.

Hernandez-Ayón, J.M., M.S. Galindo-Bect, B.P. Flores-Baez, and S. Alvarez-Borrego. 1993. Nutrient concentrations are high in turbid waters of the Colorado River Delta. *Estuarine, Coastal, and Shelf Science* 37:593-602.

Hoelzel, A.R. 1993. Genetic identity of stocks and influences of gene flow. *Symposium Zoological Society of London* 66:15-29.

Hofmann, E.E., and S. Worley. 1986. An investigation of the circulation of the Gulf of Mexico. *Journal of Geophysical Research* 91C:14221-14236.

Holmgren-Urba, D., and T.R. Baumgartner. 1993. A 250-year history of pelagic fish abundances from the anaerobic sediments of the central Gulf of California. *CalCOFI Rep.* 34:60-65.

Hui, C.A. 1979. Undersea topography and distributions of dolphins of the genus *Delphinus* in the Southern California Bight. *Journal of Mammalogy* 60:521-527.

Hui, C.A. 1985. Undersea topography and the comparative distributions of two pelagic cetaceans. *Fisheries Bulletin* 83:472-475.

Huntley, M.E., M.D.G. Lopez, and D.M. Karl. 1991. Top predators in the Southern Ocean: A major leak in the biological carbon pump. *Science* 253:64-66.

Hurlburt, E.H., and J.D. Thompson. 1980. A numerical study of Loop Current intrusions and eddy shedding. *Journal of Physical Oceanography* 10:1611-1651.

Hurlburt, E.H., and J.D. Thompson. 1982. The dynamics of the Loop Current and shed eddies in a numerical model of the Gulf of Mexico. Pp. 243-297 in J.C.J. Nihoul (ed.), *Hydrodynamics of Semi-enclosed Seas.* Elsevier Science, New York.

Huyer, A. 1983. Coastal upwelling in the California Current System. *Prog. Oceanogr.* 12:259-284.

Huyer, A. 1990. Shelf circulation. Pp. 423-466 in B. Le Melaute and D.M. Hanes (eds.), *The Sea* Vol. A: *Ocean Engineering.* John Wiley & Sons, New York.

Ichiye, T. 1962. Circulation and water mass distribution in the Gulf of Mexico. *Geofis. Int.* 2:47-76.

Inter-American Institute for Global Change Research (IAI). 1996. Newsletter. Issue 11, (April).

Intergovernmental Oceanographic Commission (IOC). 1992. *States of Pollution by Oil and Marine Debris in the Wider Caribbean Region.* IOC Technical Series No. 39. Paris.

Intergovernmental Oceanographic Commission (IOC). 1993. *Global Ocean Observing System (GOOS): The Approach to GOOS.* Action Paper (Annex 2) of the Seventeenth Session of the IOC Assembly. Paris.

Jannasch, H.W., D.C. Nelson, and C.O. Wirsen. 1989. Massive natural occurrence of unusually large bacteria (*Beggiatoa* sp.) at a hydrothermal deep-sea vent site. *Nature* 342:834-836.

Jørgensen, B.B., M.F. Isaksen, and H.W. Jannasch. 1992. Bacterial sulfate reduction above 100 °C in deep-sea hydrothermal vent sediments. *Science* 258:1756-1757.

Jørgensen, B.B., L.X. Zawacki, and H.W. Jannasch. 1990. Thermophilic bacterial sulfate reduction in deep-sea sediments at the Guaymas Basin hydrothermal vent site (Gulf of California). *Deep-Sea Research* 37:695-710.

Journal of Geophysical Research. 1991. *Coastal Transition Zone.* 96(C8).

Journal of Geophysical Research. 1992. *Physics of the Gulf of Mexico.* 97(C2).

Kawka, O.E., and B.R.T. Simoneit. 1990. Polycyclic aromatic hydrocarbons in hydrothermal petroleums from the Guaymas Basin Spreading Center. *Applied Geochemistry* 5:17-27.

Kennett, J.P., and B.L. Ingram. 1995. A 20,000-year record of ocean circulation and climate change from the Santa Barbara Basin. *Nature* 377:510-514.

Kenney, R.D., H.E. Winn, and M.C. Macaulay. 1995. Cetaceans in the Great South Channel, 1979-1989: Right whale (*Eubalaena glacialis*). *Continental Shelf Research* 15:385-414.

Kirwan, A.D., Jr., W.J. Merrell, Jr., J.K. Lewis, and R.E. Whitaker. 1984a. Lagrangian observations of an anticyclonic ring in the western Gulf of Mexico. *Journal of Geophysical Research* 89C:3417-3424.

Kirwan, A.D., Jr., W.J. Merrell, Jr., J.K. Lewis, R.E. Whitaker, and R. Legeckis. 1984b. A model for the analysis of drifter data with an application to a warm core ring in the Gulf of Mexico. *Journal of Geophysical Research* 89C:3425-3438.

Klekowsky, E.J., J.E. Corredor, J.M. Morell, and C.A. del Castillo. 1994. Petroleum pollution and mutation in mangroves. *Mar. Poll. Bull.* 28(3):166-169.

Krause, D.C. 1965. Tectonics, bathymetry and geomagnetism of the southern continental borderland west of Baja California, Mexico. *Bulletin Geological Society of America* 76:617.

Leben, R.R., G.H. Born, J.D. Thompson, and C.A. Fox. 1990. Mean sea surface variability of the Gulf of Mexico using Geosat altimetry data. *Journal of Geophysical Research* 95C:3025-3032.

Lee, T.N., M.E. Clarke, E. Williams, A.F. Szmant, and T. Berger. 1994. Evolution of the Tortugas Gyre and its influence on recruitment in the Florida Keys. *Bulletin of Marine Science* 54:621-646.

Lee, T.N., C. Rooth, E. Williams, M. McGowan, A.F. Szment, and M.E. Clarke. 1992. Influence of Florida Current, gyres and wind-driven circulation on transport of larvae and recruitment in the Floridà Keys coral reefs. *Continental Shelf Research* 12:971-1002.

Legg, M.R. 1991. Developments in understanding the tectonic evolution of the California Continental Borderland. Pp. 291-312 in R.H. Osborne (ed.), *From Shoreline to Abyss: Contributions in Marine Geology in Honor of Francis Parker Shepard,* Volume 46. Society for Sedimentary Geology, Tulsa, Okla.

Lepley, L.K. 1973. ERTS imagery anaylsis. Pp. 70-103 in *Study of the Marine Environment of the Northern Gulf of California.* Arid Land Studies. Prepared for the Goddard Space Flight Center, Greenbelt, Maryland. University of Arizona, Tucson.

Lewis, J.K. 1992. The physics of the Gulf of Mexico. *Journal of Geophysical Research* 97C2:2141-2142.

Lewis, J.K., and A.D. Kirwan. 1985. Some observations of ring topography and ring-ring interactions in the Gulf of Mexico. *Journal of Geophysical Research* 90C:9017-9028.

Lewis, J.K., A.D. Kirwan, and G.Z. Forristall. 1989. Evolution of a warm core ring in the Gulf of Mexico: Lagrangian observations. *Journal of Geophysical Research* 94C:8163-8178.

Lluch-Belda, D., R.A. Schwartzlose, R. Serra, R. Parrish, T. Kawasaki, D. Hedgecock, and R.J.M. Crawford. 1992. Sardine and anchovy regime fluctuations of abundance in four regions of the world oceans: A workshop report. *Fisheries Oceanography* 1:339-347.

Long, E., and L. Morgan. 1990. The potential for biological effects of sediment-sorbed contaminants tested in the National Status and Trends program. NOAA Technical Memo, NOS/OMA 52. U.S. Department of Commerce, National Oceanic and Atmospheric Administration, Seattle, Wash.

Lonsdale, P., and K. Becker. 1985. Hydrothermal plumes, hot spots, and conductive heat flow in the southern trough of Guaymas Basin. *Earth Planet. Sci. Lett.* 73:211-225.

Lyle, M., I. Koizumi, C. Richter, et al. 1997. Initial Reports. Volume 167 (Parts 1 and 2). ColX (Ocean Drilling Program), College Station, Texas.

Lynn, R.J., F.B. Schwing, and T.L. Hayward. 1995. The effect of the 1991-1993 ENSO on the California Current System. *CalCOFI Rep.* 36:57-71.

Macaulay, M.C., K.F. Wishner, and K.L. Daly. 1995. Acoustic scattering from zooplankton and micronekton in relation to a whale feeding site near Georges Bank and Cape Cod. *Continental Shelf Research* 15:509-537.

Marinone, S.G. 1997. Tidal residual currents in the Gulf of California: Is the M_2 tidal constituent sufficient to induce them? *J. Geophys. Res.* 102(4):8611-8623.

Martens, C.S. 1990. Generation of short chain organic acid anions in hydrothermally altered sediments of the Guaymas Basin, Gulf of California. *Applied Geo. Chem* 5:71-76.

Maul, G.A. (ed.). 1993. *Climate Change in the Intra-Americas Sea*. Edward Arnold Publishers, London.

Merrell, W.J., Jr., and J. Morrison. 1983. On the circulation of the western Gulf of Mexico with observation from April 1978. *Journal of Geophysical Research* 86C5:4181-4185.

Merrell, W.J., Jr., and A. Vásquez. 1983. Observations of changing mesoscale circulation patterns in the western Gulf of Mexico. *Journal of Geophysical Research* 88C12:7721-7723.

Molinari, R.L., J.F. Festa, and D.W. Behringer. 1978. The circulation in the Gulf of Mexico derived from estimated dynamic height fields. *Journal of Physical Oceanography* 8:987-996.

Mooers, C.N.K., and G.A. Maul. 1998. Intra-Americas Sea circulation. Pp. 183-208 in A.R. Robinson and K.H. Brink (eds.), *The Sea: Global Coastal Ocean: Processes and Methods*. John Wiley & Sons, New York.

Mullin, K., W. Hoggard, C. Roden, R. Lohoefener, C. Rogers, and B. Taggart. 1991. Cetaceans of the upper continental slope in the north central Gulf of Mexico. OCS Study MMS 91-0027. U.S. Department of the Interior, Minerals Management Service, Gulf of Mexico OCS Regional Office, New Orleans, La.

National Academy of Sciences (NAS). 1863. *Report of the National Academy of Sciences*. Washington, D.C.

National Marine Fisheries Service (NMFS). 1996. *Our Living Oceans: Report on the Status of U.S. Living Marine Resources—1995.* U.S. Department of Commerce, NOAA Tech. Memo NMFS-FISPO-19. Silver Spring, Maryland.

National Oceanic and Atmospheric Administration (NOAA). 1990. *Fifty Years of Population Change Along the Nation's Coasts, 1960-2010.* Rockville, Maryland.

National Oceanographic and Atmospheric Administration (NOAA) and Intergovernmental Oceanographic Commission (IOC). 1996. NOAA-IOC Workshop on Socio-Economic Benefits of the Global Ocean Observing System: Assessing Benefits and Costs of the Climate and Coastal Modules. Silver Spring, Maryland.

National Research Council (NRC). 1992. *Oceanography in the Next Decade: Building New Partnerships.* National Academy Press, Washington, D.C.

National Research Council (NRC). 1993. *Applications of Analytical Chemistry to Oceanic Carbon Cycle Studies.* National Academy Press, Washington, D.C.

National Research Council (NRC). 1994a. *Molecular Biology in Marine Science: Scientific Questions, Technological Approaches, and Practical Implications.* National Academy Press, Washington, D.C.

National Research Council (NRC). 1994b. *Review of U.S. Planning for the Global Ocean Observing System.* National Academy Press, Washington, D.C.

National Research Council (NRC). 1994c. *A Review of the Accomplishments and Plans of the NOAA Coastal Ocean Program.* National Academy Press, Washington, D.C.

National Research Council (NRC). 1994d. *A Review of the NOAA National Sea Grant College Program.* National Academy Press, Washington, D.C.

National Research Council (NRC). 1995. *Understanding Marine Biodiversity.* National Academy Press, Washington, D.C.

National Research Council (NRC). 1996. *Improving Interactions Between Coastal Science and Policy: Proceedings of the Gulf of Mexico Symposium.* National Academy Press, Washington, D.C.

National Research Council (NRC). 1997. *The Global Ocean Observing System (GOOS): Users, Benefits, and Priorities.* National Academy Press, Washington, D.C.

Nelson, D.C., C.O. Wirsen, and H.W. Jannasch. 1989. Characterization of large, autotrophic *Beggiatoa* spp. abundant at hydrothermal vents of the Guaymas Basin. *Applied Env. Microbiology* 55:2909-2917.

Neshyba S., C.N.K. Mooers, R.L. Smith, and R.T. Barber (eds.). 1989. Poleward Flows Along Eastern Ocean Boundaries. *Coastal and Estuarine Studies No. 34,* Springer-Verlag, New York.

Nicholson, C., C.C. Sorlien, T. Atwater, J.C. Crowell, and B.P. Luyendyk. 1994. Why did the western Peninsula Ranges rotate? *Geology* 22:491-495.

Nowlin, W.D., Jr. 1972. Winter circulation patterns and property distributions. Pp. 3-51 in L.R.A. Capurro and J.L. Reid (eds.), *Contributions on the Physical Oceanography of the Gulf of Mexico.* Gulf Publishing Co., Houston, Tex.

Odum, E.P. 1971. *Fundamentals of Ecology,* Third Edition. Saunders, Philadelphia.

Olson, D.P., and G.P. Podesta. 1987. Oceanic fronts as pathways in the sea. Pp. 1-14 in W.F. Herrnkind and A.B Thistle (eds.), *Signposts in the Sea: Proceedings of a Multidisciplinary Workshop on Marine Animal Orientation and Migration.* Florida State University, Tallahassee.

Ortner, P.B., L.C. Hill, S.R. Cummings. 1989. Zooplankton community structure and copepod species composition in the northern Gulf of Mexico. *Continental Shelf Research* 9:387-402.

Parrish, R.H., A. Bakun, D.M. Husby, and C.S. Nelson. 1983. Comparative climatology of selected environmental processes in relation to eastern boundary current pelagic fish reproduction. *FAO Fish. Rep.* 291(3):731-778.

Peter, J.M., P. Peltonen, S.D. Scott, B.R.T. Simoneit, and O.E. Kawka. 1991. [14]C ages of hydrothermal petroleum and carbonate in Guaymas Basin, Gulf of California: Implications for oil generation, expulsion, and migration. *Geology* 19:253-256.

Phillips, B.F., A.F. Pearce, R. Litchfield, and S.A. Guzman Del Proo. 1994. Spiny lobster catches and the ocean environment. Pp. 250-261 in B.F. Phillips, J.S. Cobb, and J. Kittaka (eds.), *Spiny Lobster Management*. Fishing News Books, London.

Polovina, J.J., G.T. Mitchum, and G.T. Evans. 1995. Decadal and basin-scale variation in mixed-layer depth and the impact on biological production in the central and north Pacific, 1960-88. *Deep-Sea Research Part I—Oceanographic Research Papers* 42:1701-1716.

Rabalais, N.N. 1996. Environmental impacts of oil production. Pp. 143-150 in *Improving Interactions Between Coastal Science and Policy: Proceedings of the Gulf of Mexico Symposium*. National Academy Press, Washington, D.C.

Rabalais, N.N., R.E. Turner, and W.J. Wiseman, Jr. 1994. Hypoxic conditions in bottom waters on the Louisiana-Texas shelf. Pp. 50-54 in M.J. Dowgiallo (ed.), *Coastal Oceanographic Effects of 1993 Mississippi River Flooding*. Special NOAA Report. NOAA Coastal Ocean Program/National Weather Service, Silver Spring, Maryland.

Reilly, S.B. 1990. Seasonal changes in the distribution and habitat differences among dolphins in the eastern tropical Pacific. *Marine Ecology Progress Series* 66:1-11.

Reinberg, L., Jr. 1984. *Waterborne Trade of Petroleum and Petroleum Products in the Wider Caribbean Region*. Final Report NOCGW-1084. U.S. Department of Transportation and U.S. Coast Guard, Washington, D.C.

Richards, W.J., T. Leming, M.F. McGowan, J.T. Lamkin, and S. Kelley-Fraga. 1988. Distribution of fish larvae in relation to hydrographic features of the Loop Current boundary in the Gulf of Mexico. *Rapp. P.-V. Reun. Ciem* 191:169-176.

Rinehart, K.L., Jr., P.D. Shaw, L.S. Shield, J.B. Gloer, G.C. Harbour, M.E.S. Koker, D. Samain, R.E. Schwartz, A.A. Tymiak, D.L. Weller, G.T. Carter, M.H.G. Munro, R.G. Hughes, Jr., H.E. Renis, E.B. Swyneneberg, D.A. Stringfellow, J.J. Vavra, J.H. Coats, G.E. Zurenko, S.L. Kuentzel, L.H. Li, G.J. Bakus, R.C. Bruska, L.L. Craft, D.N. Young, and J.L. Connor. 1981. Marine natural products as sources of antiviral, antimicrobial, and antineoplastic agents. *Pure & Appl. Chem.* 53:795-817.

Roberts, C.M. 1997. Connectivity and management of Caribbean coral reefs. *Science* 278:1454-1457.

Roemmich, D., and J. McGowan. 1995a. Climatic warming and the decline of zooplankton in the California Current. *Science* 267:1324-1326.

Roemmich, D., and J. McGowan. 1995b. Sampling zooplankton: Correction. *Science* 268:352-353.

Romero, J., L.A. Soto, E. Escobar, and H.W. Jannasch. 1996. A note on mesophilic and extremely thermophilic chitin-decomposing bacteria from Guaymas Basin and 21°N EPR vent sites. *Bridge Newsletter* 11:24-26.

Ross, D.A., and J. Fenwick. 1992. *Maritime Claims and Marine Scientific Research Jurisdiction* [map]. Woods Hole Oceanographic Institution, Woods Hole, Mass.

Rowe, G., G. Boland, E. Escobar, M. Cruz-Kaegi, A. Newton, D. Piepenburg, and I. Walsh. 1997. Sediment community biomass and respiration in the northeast water polynya, Greenland: A numerical simulation of benthic lander and spade core data. *Journal of Marine Systems* 10:497-515.

Salazar-Vallejo, S.I., and N.E. González (eds.). 1993. Biodiversidad marina y costera de México. CONABIO/CIQRO, México.

Schoenherr, J.R. 1991. Blue whales on high concentrations of euphasiids around Monterey submarine canyon. *Canadian Journal of Zoology* 69:583-594.

Science Applications International Corporation (SAIC). 1988. *Gulf of Mexico Physical Oceanography Program, Final Report*: Year 3, Vol. II. Tech. Rep., MMS contract No. 14-12-0001-29158, OCS Report/MMS 88-0046.

Sericano, J.L., T.L. Wade, T.J. Jackson, J.M. Brooks, B.W. Tripp, J.W. Farrington, L.D. Mee, J.W. Readmann, J.P. Villeneuve, and E.D. Goldberg. 1995. Trace organic contamination in the Americas: An overview of the U.S. National Status and Trends and the International "Mussel Watch" programmes. *Marine Pollution Bulletin.* 31:(4-12):214-229.

Shi, C., and D. Nof. 1993. The splitting of eddies along boundaries. *Journal of Marine Research* 51:771-795.

Shi, C., and D. Nof. 1994. The destruction of lenses and generation of wodons. *Journal of Physical Oceanography* 24:1120-1136.

Simoneit, B.R.T., and P.F. Lonsdale. 1982. Hydrothermal petroleum in mineralized mounds at the seabed of Guaymas Basin. *Nature* 295:198-202.

Simoneit, B.R.T., P.F. Lonsdale, J.M. Edmond, W.C. Shanks III. 1990. Deep-water hydrocarbon seeps in Guaymas Basin, Gulf of California. *Applied Geochemistry* 5:41-49.

Smith, D.C., IV. 1986. A numerical study of Loop Current eddy interaction with topography in the western Gulf of Mexico. *Journal of Physical Oceanography* 16:1260-1272.

Smith, D.C., IV, and J.J. O'Brien. 1983. The interaction of a two layer isolated mesoscale eddy with bottom topography. *Journal of Physical Oceanography* 13:1681-1697.

Smith, P.E. 1995. A warm decade in the Southern California Bight. *CalCOFI Rep.* 36:120-126.

Soto, L.A. 1991. Faunal zonation of the deep-water brachyuran crabs in the Straits of Florida. *Bull. Mar. Sci.* 49(1-2):623-637.

Soto, L.A., and E. Escobar. 1995. Coupling mechanisms related to benthic production in the southwestern Gulf of Mexico. Pp. 233-242 in European Marine Biological Symposium, Greece. Olsen & Olsen International Symposium Series.

Soto, L.A., E. Escobar-Briones, and L.A. Cifuentes. 1996. Further observations of the isotopic composition of megafauna associated with hydrothermal vents in the Guaymas Basin, Gulf of California. *Bridge Newsletter* 10:42-44.

Soto, L.A., and J.F. Grassle. 1988. Megafauna of hydrothermal vents in Guaymas Basin, Gulf of California. Pp. 105 in *Joint Oceanographic Assembly* Abstract 488. IABO.

Southwest Regional Marine Research Program (SWRMRP). 1996. *Research Plan.* California Sea Grant College System, University of California, La Jolla.

Speranza, A., S. Tibaldi, and R. Franchetti. 1995. Global change. Proceedings of the First Demetra Meeting, Chianciano Terme, Italy, October 28-31, 1991. European Commission, Luxembourg.

Steele, J.H. 1996. Regime shifts in fisheries management. *Fisheries Research* 25:19-23.

Stehli, F.G., and J.W. Wells. 1971. Diversity and age pattern in hermatypic corals. *Syst. Zool.* 20:115-126.

Sturges, W. 1993. The annual cycle of the western boundary current in the Gulf of Mexico. *Journal of Geophysical Research* 98C:18053-18068.

Sturges, W., and J.P. Blaha. 1976. A western boundary current in the Gulf of Mexico. *Science* 192:367-369.

Sullivan, S.K. 1997. Ecoregional planning and oceanography of hope: The new wave of conservation in the marine environment. The Nature Conservancy's Annual Meeting 28-29 September 1997. Texas.

Summers, J.K., J.M. Macauley, P.T. Heitmuller, V.D. Engle, A.M. Adams, and G.T. Brooks. 1992. *Annual Statistical Summary: EMAP-Estuaries Louisianan Province—1991.* EPA/600/R-93/001. U.S. Environmental Protection Agency, Gulf Breeze, Florida.

Tershy, B.R., E. VanGelder, and D. Breese. 1993. Relative abundance and seasonal distribution of seabirds in the Canal de Ballenas, Gulf of California. *Condor* 95:458-464.

Tester, P.A., R.P. Stumpf, F.M. Vukovich, P.K. Folwer, and J.T. Turner. 1991. An expatriate red tide bloom: Transport, distribution, and persistence. *Limnology and Oceanography* 36:1053-1061.

Trillmich, F., and K. Ono. 1991. *Effects of El Niño on Pinnipeds.* University of California Press, Berkeley.

Umhoefer, P. J., J. Stock, and A. Martin. 1996. The Penrose Conference Report: Tectonic evolution of the Gulf of California and its margins. *GSA Today* 6(8):16-17.

United Nations. 1983. *Law of the Sea.* St. Martin's Press, Inc., New York.

United Nations. 1995. *Agreement for the Implementation of the Provisions of the United Nations Convention on the Law of the Sea of 10 December 1982 Relating to the Conservation and Management of Straddling Fish Stocks and Highly Migratory Fish Stocks.* New York.

United Nations Environment Programme (UNEP). 1995. *Global Programme of Action for the Protection of the Marine Environment from Land-Based Activities.* UNEP(OCA)/LBA/IG.2/7.

Urban, J., K.C. Balcomb, C. Alvarez, P. Bloedel, J. Cubbage, J. Calambokidis, G. Steiger, and A. Aguyao. 1987. Photo-identification matches of humpback whales between Mexico and Central California. *Seventh Biennial Conference of the Biology of Marine Mammals*, Society for Marine Mammalogy, Lawrence, Kansas.

van Franeker, J.A. 1992. Top predators as indicators for ecosystem events in the confluence zone and the marginal ice zone of the Weddell and Scotia seas, Antarctica, November 1988 to January 1989. *Polar Biology* 12:93-102.

van Vleet, E.S., W.M. Sackett, F.F. Weber, Jr., and S.B. Reinhardt. 1983. Input of pelagic tar into the Northwest Atlantic from the Gulf Loop Current: Chemical characterization and its relationship to weathered IXTOC-I oil. *Can. J. Fish. Aquat. Sci.* 40 (Suppl. 2):12-22.

Vega, A., D. Lluch-Belda, M. Mucino, G. León, S. Hernández, M.R. Luch-Cota, and G. Espinoza. 1997. Development, perspectives and management of lobster and abalone fisheries off northwest Mexico, under a limited access system. Pp. 136-142 in *Developing and Sustaining World Fisheries Resources: The States of Science and Management*. Second World Fisheries Proceedings. CSIRO, Australia.

Velarde, E., and D.W. Anderson. 1994. Conservation and management of seabird islands in the Gulf of California: Setbacks and successes. Pp. 229-243 in D.N. Nettleship, J. Burger, and M. Gochfeld (eds.), *Seabirds on Islands: Threats, Case Studies, and Action Plans: Proceedings of the Seabird Specialist Group Workshop Held at the XX World Conference of the International Council for Bird Preservation*. Birdlife Conservation Series No. 1. Birdlife International, Cambridge, England.

Vidal, F.V. 1980. Part I: The metabolism of arsenic in marine bacteria and yeast; Part 2: Stable isotopes of helium, nitrogen and carbon in the geothermal gases of the subaerial and submarine hydrothermal systems of the Ensenada Quadrangle in Baja California Norte, Mexico; Part 3: Life at high temperatures in the sea: Thermophilic marine bacteria isolated from submarine hot springs, coastal seawater and heat exchangers of seawater cooled power plants. Ph.D. Dissertation, University of California at San Diego.

Vidal, F.V., and V.M.V. Vidal. 1980. Arsenic metabolism in marine bacteria and yeast. *Marine Biology* 60(1):1-7.

Vidal, F.V., J. Welhan, and V.M.V. Vidal. 1982. Stable isotopes of helium, nitrogen and carbon in a coastal submarine hydrotermal system. *J. Volcanol. Geothermal Res.* 12:101-110.

Vidal, O., L.T. Findley, and S. Leatherwood. 1993. Annotated checklist of the marine mammals of the Gulf of California. *Proceedings of the San Diego Society of Natural History* 28:1-16.

Vidal, V.M.V., E.I. Freites, and F.V. Vidal. 1986. The influence of the Orinoco River in the southeastern Caribbean Sea and the Gulf of Paria (abstract). *EOS. Transactions. American Geophysical Union* 67(27):565.

Vidal, V.M.V., and F.V. Vidal. 1997. La importancia de los estudios regionales de circulation oceánica en el Golfo de México. *Revista de la Sociedad Mexicana de Historia Natural* 47:191-200.

Vidal, V.M.V., F.V. Vidal, and A. Hernández. 1990. *Atlas Oceanográfico del Golfo de México*, Vol. 2. Instituto de Investigaciones Eléctricas. Cuernavaca, Morelos, México.

Vidal, V.M.V., F.V. Vidal, A. Hernández, E. Meza, and J.M. Pérez-Molero. 1994b. Baroclinic flows, transports, and kinematic properties in a cyclonic-anticyclonic-cyclonic ring triad in the Gulf of Mexico. *Journal of Geophysical Research* 99C:7571-7597.

Vidal, V.M.V., F.V. Vidal, A. Hernández, E. Meza, and L. Zambrano. 1994d. *Atlas Oceanográfico del Golfo de México*, Vol. 3. Instituto de Investigaciones Eléctricas, Cuernavaca, Morelos, México.

Vidal, V.M.V., F.V. Vidal, and J.D. Issacs. 1981. Coastal submarine hydrothermal activity off northern Baja California. 2. Evolutionary history and isotope geochemistry. *Journal of Geophysical Research* 86:9451-9568.

Vidal, V.M.V., F.V. Vidal, J.D. Issacs, and D.R. Young. 1978. Coastal submarine hydrothermal activity off northern Baja California. *Journal of Geophysical Research* 83:1757-1774.

Vidal, V.M.V., F.V. Vidal, E. Meza, A. Hernández, and L. Zambrano. 1994c. Winter water mass distributions in the western Gulf of Mexico affected by a colliding anticyclonic ring. *Journal of Oceanography* 50:559-588.

Vidal, V.M.V., F.V. Vidal, E. Meza, A. Hernández, L. Zambrano, D.C. Biggs, and K.J. Shaudt. 1994a. Formation of a western boundary current in the Gulf of Mexico from decay of Loop Current anticyclonic rings (abstract). *EOS Trans.* 75(3):223.

Vidal, V.M.V., F.V. Vidal, and J.M. Perez-Molero. 1988. *Atlas Oceanográfico del Golfo de México*, Vol. 1. Instituto de Investigaciones Eléctricas, Cuernavaca, Morelos, México.

Vidal, V.M.V., F.V. Vidal, and J.M. Pérez-Molero. 1992. Collision of a Loop Current anticyclonic ring against the continental shelf slope of the western Gulf of Mexico. *Journal of Geophysical Research* 97C2:2155-2172.

Vidal, V.M.V., F.V. Vidal, J.M. Pérez-Molero, A. Hernandez, R.A. Morales, E. Suárez, and E. Meza. 1989. *Informe Final de las Campañas Oceanográficas ARGOS realizadas en el Golfo de México 1984-1988.* Rep. IIE/13/1926/I 14/F. Instituto de Investigaciones Eléctricas, Cuernavaca, Morelos, México.

Von Damm, K.L., J.M. Edmond, C.I. Measures, and B. Grant. 1985. Chemistry of submarine hydrothermal solutions at Guaymas Basin, Gulf of California. *Geochimica et Cosmochimica Acta* 49:2221-2237.

Vukovich, F.M., and B.W. Crissman. 1986. Aspects of warm rings in the Gulf of Mexico. *Journal of Geophysical Research* 91C:2645-2660.

Vukovich, F.M., B.W. Crissman, M. Bushnell, and W.J. King. 1979. Some aspects of the oceanography of the Gulf of Mexico using satellite and in situ data. *Journal of Geophysical Research* 84C:7749-7768.

Welhan, J.A., and J.E. Lupton. 1987. Light hydrocarbon gases in Guaymas Basin hydrothermal fluids: Thermogenic versus abiogenic origin. *Amer. Assoc. Ret. Geol.* 71:215-223.

Whitehead, H., S. Brennan, and D. Grover. 1992. Distribution and behavior of male sperm whales on the Scotian Shelf, Canada. *Can. J. Zool.* 70:912-918.

Winn, H.E., C.A. Price, and P.W. Sorenson. 1986. The distributional biology of the right whale (*Eubalaena glacialis*) in the Western North Atlantic. *Rep. Intl. Whal. Commn.* (Special Issue 10).

Wooster, W.S., and J.L. Reid. 1963. Eastern boundary currents. Pp. 253-280 in M.N. Hill (ed.), *The Seas,* Vol. 2. Wiley Interscience, New York.

Wunsch, C.I. 1989. Comments on oceanographic instrument development. *Oceanography* 2(2):26.

Wüst, G. 1963. On the stratification and the circulation in the cold water sphere of the Antillean-Caribbean basin. *Deep-Sea Res.* 10:165-187.

Wüst, G. 1964. *Stratification and Circulation in the Antillean-Caribbean Basins*, Part I. Columbia University Press, New York.

Zamora-Casas, C. 1993. Comportamiento del seston en la desembocadura del Río Colorado, Sonora-Baja California. BS Thesis, Facultad de Ciencias Marinas, Universidad Autónoma de Baja California.

APPENDIXES

A

Agreement To Form AMC-NRC Joint Working Group On Ocean Sciences (April 6–7, 1994)

Results of a visit to Mexico by Dr. William Merrell, Chairman of the Ocean Studies Board, National Research Council, National Academy of Sciences, USA, invited by Dr. Mauricio Fortes, President of the Academia de la Investigación Científica (AIC), to discuss possible cooperation in marine sciences.

Because of the importance of the oceans to the environmental and economic well-being of both Mexico and the United States, it is proposed that the Academies of each country appoint a Joint Working Group devoted to the promotion of ocean sciences.

It is proposed that the working group be composed of approximately 10 scientists from each country, representing all disciplines of oceanography and including a small representation of industrial scientists. Co-chairs should be soon appointed by both Academies. The Joint Working Group Members should represent the high scientific standards of both Academies.

The Joint Working Group should be charged to prepare a report that describes why the oceans and ocean research are important to the development of both countries, noting that oceanography is an observational science requiring significant financial support in each country. The document should identify the long-range goals of this research and reiterating why this research is important to the economy and environmental quality of both countries. If possible, the document may include some short-term projects that scientists from both countries could carry out cooperatively to meet the long-range goals. The document should be produced and presented within one year. The results of the working group should be a further step to consolidate the conduct of ocean science between the two countries and to better integrate the ocean interest and understanding of the two countries.

Financial support for the Joint Working Group should be provided by the two Academies to their respective scientists.

This working group should also explore the possibility of organizing a symposium on the state of science for the seas of common interest to Mexico and the United States. The proceedings of this symposium should be in both languages and should be made available for wide distribution in both countries.

Biographies of Joint Working Group Members

AGUSTÍN AYALA-CASTAÑARES is chairman of the Academia Mexicana de Ciencias (AMC) Committee on U.S.-Mexico Collaboration on Ocean Science Research and co-chairman of the AMC-NRC (National Research Council) Joint Working Group on Ocean Sciences. He obtained his doctorate in biology from the Universidad Nacional Autónoma de Mexico (UNAM) in 1963. He received a *Doctor Honoris Causa* from Bordeaux University, France, in 1988. Dr. Ayala-Castañares has worked at UNAM since 1956 including a term as director of the Instituto de Ciencias del Mar y Limnologia (ICMyL, 1981-1987). He was president of the AMC in 1975 and 1976. Dr. Ayala-Castañares was also chairman of the Intergovernmental Oceanographic Commission (IOC) of the United Nations Educational, Scientific, and Cultural Organization (1977-1982). His research focuses on the topics of foraminifera and marine geology.

ROBERT A. KNOX is chairman of the NRC Committee on U.S.-Mexico Collaboration on Ocean Science Research and co-chairman of the AMC-NRC Joint Working Group on Ocean Sciences. He is currently employed as a research oceanographer and associate director for Scripps Institution of Oceanography at the University of California, San Diego. Dr. Knox has served in a variety of positions at Scripps after earning his Ph.D. from the Massachusetts Institute of Technology-Woods Hole Oceanographic Institution joint program in oceanography in 1971. He has also been a member of the Ocean Studies Board (OSB) since January 1994 and cochaired the OSB Committee to Review U.S. Planning for a Global Ocean Observing System.

JOAQUÍN EDUARDO AGUAYO-CAMARGO earned his Ph.D. in tectonics and sedimentation from the University of Texas at Dallas in 1975. He was chair-

man of the Department of the Basin Geological Evaluation at the Instituto Mexicano del Petróleo. From 1991 to 1995 he was director of UNAM's ICMyL. Dr. Aguayo is National Correspondent of Mexico for the International Ridge Inter-Disciplinary Global Experiments (InterRIDGE). He is professor at the graduate School of Marine Sciences, UNAM. His research interests include marine geology (focused on tectonics and sedimentation) and mineral geochemistry.

DANIEL P. COSTA earned a Ph.D. in biology from the University of California at Santa Cruz in 1978. He has been a visiting investigator at the British Antarctic Survey, Cambridge, England, and the Max Planck Institut für Verhaltensphysiologie, Seewiesen, Germany. Dr. Costa spent 2.5 years as a program manager at the Office of Naval Research and 3 years as a member of the scientific steering committee for the Global Ocean Ecosystems Dynamics program. He is currently a professor of biology, vice chair of the Department of Biology, and associate director of the Institute of Marine Science at the University of California at Santa Cruz. Dr. Costa's research focuses on the reproductive and foraging energetics of marine mammals and seabirds and the effects of low-frequency sound on marine organisms.

ELVA G. ESCOBAR-BRIONES earned her Ph.D. in biological oceanography from UNAM in 1987. Dr. Escobar is an associate professor at UNAM's ICMyL and affiliate research professor at Texas A&M University. She is a regular member of the AMC and has been the Latin American Governor of the Crustacean Society since 1996. Dr. Escobar's research interests include marine benthos, the effect of benthic-pelagic coupling on marine biodiversity, cycling of carbon, trophic structure, and energy flow.

D. JOHN FAULKNER earned his Ph.D. in organic chemistry from Imperial College, London, in 1965. Dr. Faulkner has spent most of his professional career at the Scripps Institution of Oceanography, where he is now a professor of marine chemistry. His research interests include the discovery of potential pharmaceuticals from marine invertebrates and the chemical ecology of marine invertebrates.

ARTEMIO GALLEGOS-GARCÍA earned his Ph.D. in physical oceanography from Texas A&M University in 1980. Dr. Gallegos-García has held a research and faculty position at UNAM's ICMyL since 1980. His research interests include ocean dynamics and climate, and satellite imagery applied to the study of the surface circulation of the ocean.

GERARDO GOLD-BOUCHOT earned a doctorate of science in marine science from the Center for Research and Advanced Studies (CINVESTAV) at Merida in 1991. He is a professor and chairman of the Marine Resources Department at CINVESTAV. Dr. Gold's research interests include toxic pollutants and their effects in the marine environment.

EFRAÍN GUTIÉRREZ-GALINDO earned his doctoral degree at the University of Nice, France, in 1980. He is currently employed as senior researcher and director of the Instituto de Investigaciones Oceanologicas (IIO) of the Universidad Autónoma de Baja California (UABC). His research focuses on marine pollution with an emphasis on heavy metals and pesticides.

ADRIANA HUYER earned her Ph.D. in physical oceanography from Oregon State University (OSU) in 1974. Dr. Huyer has held a faculty position at OSU since 1975. Her research interests include coastal upwelling, circulation over continental shelves, and distribution of physical properties in the ocean.

DALE C. KRAUSE earned a Ph.D. in marine geology from the University of California at San Diego in 1961. He is presently associated with the University of California at Santa Barbara. Dr. Krause's research interests include the evolution of the seafloor, continental margins, and pelagic biogeography.

DANIEL LLUCH-BELDA is presently associated with the Centro de Investigaciones Biologicas del Noroeste, S.C. (CIBNOR). Dr. Lluch-Belda is cochairing the Scientific Committee on Oceanic Research (SCOR) Working Group 98 on Worldwide Large-Scale Fluctuations of Sardine and Anchovy Populations. His research focuses on climate-fisheries interactions.

CHRISTOPHER S. MARTENS earned his Ph.D. in chemical oceanography from Florida State University in 1972. Dr. Martens has been a professor of marine science in the Marine Science Program at the University of North Carolina, since 1988. His research interests include chemical processes in organic-rich marine environments, microbially-mediated gas production and consumption, and nutrient and organic matter remineralization.

MARIO MARTÍNEZ-GARCÍA earned a Ph.D. in physics from the California Institute of Technology in 1971. From 1988 to 1996, Dr. Martínez-García was a professor in the Earth Science program at the Centro de Investigación Científica y de Educacion Superior Ensenada, B.C. (CICESE) in Ensenada, and he was general director of the institution. Dr. Martínez-García is now working at the Centro de Investigaciones Científicas del Noroeste, S.C., La Paz, Baja California Sur. Dr. Martínez-García's research interests include the use of electrical and electromagnetic methods for prospecting, both on land and at sea.

CHRISTOPHER N.K. MOOERS earned his Ph.D. in physical oceanography from Oregon State University in 1969. He is a professor of applied marine physics and serves as director of the Ocean Pollution Research Center and the Ocean Prediction Experimental Laboratory at the Rosenstiel School of Marine and Atmospheric Sciences (RSMAS), University of Miami. Dr. Mooers' research inter-

ests include circulation of marginal and semienclosed seas; mesoscale and coastal ocean prediction; circulation dynamics of the coastal ocean; oceanic fronts, jets, and eddies; and coastal upwelling.

JOSÉ LUIS OCHOA DE LA **TORRE** received his Ph.D. in physical oceanography from Scripps Institution of Oceanography in 1983. Dr. Ochoa has spent most of his professional career at CICESE, where he is a researcher and teacher. His research interests include small- and large-scale diffusive processes, wind waves, and numerical modeling of mesoscale processes.

GILBERT T. ROWE earned his Ph.D. in zoology from Duke University in 1968. Dr. Rowe is a professor, head of the Department of Oceanography at Texas A&M University, and codirector of the Institute of Marine Life Sciences. He is the author or editor of three books and is a fellow of the American Association for the Advancement of Science. Dr. Rowe's research interests include marine benthos; benthic-pelagic coupling; cycling of carbon, nitrogen, oxygen, and sulfur; trophodynamics of ecosystems; and food chain modeling.

LUIS A. SOTO received his Ph.D. in biological oceanography from RSMAS at the University of Miami in 1978. He is currently head of the Benthic Ecology Laboratory at UNAM's ICMyL and a regular member of the AMC, the SNI, and the Florida Academy of Science. His research interests include the study of oceanographic processes that determine the structure and functioning of epibenthic communities of continental shelf and deep-sea environments in the Gulf of Mexico and the Gulf of California.

FRANCISCO VICENTE-VIDAL LORANDI earned a Ph.D. in oceanography, with a specialty in applied ocean sciences, from the Scripps Institution of Oceanography in 1980. Dr. Vidal-Vicente Lorandi was employed by the Instituto de Investigaciones Eléctricas (IIE) in Cuernavaca, Morelos, Mexico, from 1980 to 1996 where he served as a senior oceanographer and manager of the Grupo de Estudios Oceanograficos. He is a currently employed by the Instituto Politecnico Nacional as a professor of oceanography and applied ocean sciences and serves as head of the Oceanographic and Ocean Engineering Research Group at the Instituto Politécnico Nacional. He is a regular member of the AMC, the Sistema Nacional de Investigadores of Mexico (SNI), and a fellow of the Sociedad Mexicana para el Progreso de la Ciencia y Tecnología (SOMPROCyT). He is an author of three books and has served on the advisory boards of a number of state and federal agencies. Dr. Vicente-Vidal Lorandi's research interests include mesoscale ocean dynamics, nearshore processes, marine geochemistry, descriptive physical oceanography, physical-biological interactions, and operational oceanography.

VÍCTOR M. VICENTE-VIDAL LORANDI earned his Ph.D. in oceanography from the Scripps Institution of Oceanography in 1978. Dr. Vicente-Vidal Lorandi worked at the IIE, where he was a senior research oceanographer, from 1980 to 1996. He is now professor of oceanography and applied ocean sciences at the Direccion de Estudios de Posgrado e Investigación of the Instituto Politécnico Nacional. He is a regular member of the AMC. Dr. Vicente Vidal-Lorandi's research interests include coastal circulation, modeling of coastal discharges, mesoscale circulation phenomena associated with Loop Current ring interactions with topography, and water mass distribution within the Intra-Americas Sea.

APPENDIX
C

Definition of Acronyms

AGU	American Geophysical Union
AMC	Academia Mexicana de Ciencias
ASLO	American Society for Limnology and Oceanography
CalCOFI	California Cooperative Oceanic Fisheries Investigations
CARIPOL	Pollution Monitoring Programme in the Caribbean (IOCARIBE)
CEC	Commission for Environmental Cooperation (related to NAFTA)
CEP-POL	Caribbean Environmental Program on Pollution (IOC)
CFE	Comisión Federal de Electricidad
CIBNOR	Centro de Investigaciones Biológicas del Noroeste, S.C.
CICESE	Centro de Investigación Científica y de Educación Superior de Ensenada
CICIMAR	Centro Interdisciplinario de Ciencias Marinas
CINVESTAV	Centro de Investigaciones y de Estudios Avanzados (a unit of the Instituto Politécnico Nacional)
CLIVAR	Climate Variability and Predictability program
CODE	Coastal Ocean Dynamics Experiment
CONACyT	Consejo Nacional de Ciencia y Tecnología
CTZ	Coastal Transition Zone experiment
CUE	Coastal Upwelling Experiment
EBC	Eastern Boundary Current experiment
EC	European Community

EEZ	exclusive economic zone
EMAP	Environmental Monitoring and Assessment Program (U.S. EPA)
ENSO	El Niño-Southern Oscillation
EPA	Environmental Protection Agency (U.S.)
ESF	European Science Foundation
FNI	Fundación Nacional de Investigación
GLOBEC	Global Ocean Ecosystems Dynamics program
GOOS	global ocean observing system
IAI	Inter-American Institute for Global Change Research
IAS	Intra-Americas Sea
ICES	International Council for the Exploration of the Seas
ICMyL	Instituto de Ciencias del Mar y Límnologia (UNAM)
IIE	Instituto de Investigaciones Eléctricas
IIO	Instituto de Investigaciones Oceanológicas (UABC)
INE	Instituto Nacional de Ecología
INEGI	Instituto Nacional de Estadística Geografía e Informática
INP	Instituto Nacional de la Pesca
InterRIDGE	International Ridge Inter-Disciplinary Global Experiment
IOC	Intergovernmental Oceanographic Commission
IOCARIBE	Sub-Commission for the Caribbean and Adjacent Regions (IOCARIBE) of the Intergovernmental Oceanographic Commission (IOC) of the United Nations Educational, Scientific and Cultural Organization (UNESCO)
IPN	Instituto Poletécnico Nacional
IRI	International Institute for Climate Change
JGOFS	Joint Global Ocean Flux Study
JWG	Joint Working Group on Ocean Sciences (AMC-NRC)
LATEX	Louisiana-Texas Shelf Circulation and Transport Processes Program
LC	Loop Current (Gulf of Mexico)
LOICZ	Land-Ocean Interactions in the Coastal Zone program
MAST	Marine Science and Technology Programme (EC)
NAFTA	North American Free Trade Agreement
NAS	National Academy of Sciences
NATO	North Atlantic Treaty Organization
NMFS	National Marine Fisheries Service (NOAA)
NOAA	National Oceanic and Atmospheric Administration (U.S.)
NODC	National Oceanic Data Center (NOAA)
NRC	National Research Council (U.S.)
NSF	National Science Foundation (U.S.)
OCE	NSF's Division of Ocean Sciences
ODP	Ocean Drilling Program
OPTOMA	Ocean Prediction Through Observational Analysis

OSB	Ocean Studies Board (NRC)
OSU	Oregon State University
PAHs	polycyclic aromatic hydrocarbons
PEMEX	Petróleos Mexicanos
PICES	North Pacific Marine Sciences Organization
RIDGE	Ridge Inter-Disciplinary Global Experiment
ROOS	regional ocean observing system
RSMAS	Rosenstiel School of Marine and Atmospheric Sciences (University of Miami)
SCI	Science Citation Index
SCOR	Scientific Committee on Oceanic Research
SEMARNP	Secretaría del Medio Ambiente, Recursos Naturales y Pesca
SEP	Secretaría de Educación Pública
SNI	Sistema Nacional de Investigadores
SRE	Secretaría de Relaciones Exteriores
SWRMRP	Southwest Regional Marine Research Program
TAMU	Texas A&M University
UABC	Universidad Autónoma de Baja California
UN	United Nations
UNAM	Universidad Nacional Autónoma de México
UNEP	United Nations Environment Programme
UNESCO	United Nations Educational, Scientific and Cultural Organization
UNOLS	University-National Oceanographic Laboratory System
WOCE	World Ocean Circulation Experiment